精通
Django 3
Web 开发

黄永祥 著

清华大学出版社

北京

内 容 简 介

本书是一本 Django Web 的技术总结，以 Django 3.0 版本实现。全书以一个完整的商城网站开发流程为主线，讲解了 Django 3.0 版本的知识点和新特性以及每一个功能模块的要点和实现方式。主要内容包括：Django 基础、商城的设计说明与配置、商城网址的规划与设计、商城的数据模型搭建与使用、商城的数据业务处理、商城的数据渲染与展示、商品信息模块、用户信息模块、购物功能模块、商城后台管理系统、项目上线与部署等内容。

本书的特点是突出实战，代码注释详尽，与新版本技术紧密联系，适合于有一定 Python 基础的读者、网站开发人员、大学生等使用，也可以供培训机构和大中专院校作为教学用书。

图书在版编目（CIP）数据

精通 Django 3 Web 开发 / 黄永祥著.—北京：清华大学出版社，2020.6（2023.1 重印）
ISBN 978-7-302-55555-1

Ⅰ.①精…　Ⅱ.①黄…　Ⅲ.①软件工具－程序设计　Ⅳ.①TP311.561

中国版本图书馆 CIP 数据核字（2020）第 088374 号

责任编辑：王金柱
封面设计：王　翔
责任校对：闫秀华
责任印制：宋　林

出版发行：清华大学出版社
　　　　网　　　址：http://www.tup.com.cn，http://www.wqbook.com
　　　　地　　　址：北京清华大学学研大厦 A 座　　　　邮　　编：100084
　　　　社 总 机：010-83470000　　　　　　　　　　邮　　购：010-62786544
　　　　投稿与读者服务：010-62776969，c-service@tup.tsinghua.edu.cn
　　　　质 量 反 馈：010-62772015，zhiliang@tup.tsinghua.edu.cn

印 装 者：小森印刷霸州有限公司
经　　销：全国新华书店
开　　本：190mm×260mm　　　　印　　张：17　　　　字　　数：436 千字
版　　次：2020 年 7 月第 1 版　　　　　　　　　　　印　　次：2023 年 1 月第 4 次印刷
定　　价：68.00 元

产品编号：087727-01

前　言

随着技术的不断发展，Python 越来越受到开发者的热爱和追捧，很多企业开始使用 Python 作为网站服务器的开发语言，因此掌握 Web 开发是 Python 开发者必不可少的技能之一。Django 从 2008 年发展到现在，已有成熟的体系和社区，目前是 Python 开发网站的首选 Web 框架。

本书讲述的内容基于 Django 3.0 或以上版本，以电子商务网站的开发过程贯穿全书，从实战中讲述各个知识要点，理论与实践相互结合，通过本书的学习，能让读者一步一步揭开 Django 的神秘面纱，并开发自己的应用。

本书结构

本书共分 11 章，各章内容概述如下：

第 1 章分别讲述 Django 简史、Django 与 WSGI、前端开发语言、Django 3 的安装、PyCharm 搭建开发环境和项目创建与调试。

第 2 章讲述电子商务网站的项目需求，根据开发需求设计网站架构，创建 Django 项目，并设置项目的功能配置。

第 3 章设计电子商务网站的路由地址，讲述路由变量的设置、设置正则表达式、命名空间与路由命名、路由的反向解析和重定向。

第 4 章讲述 Django 如何设计数据模型，通过模型创建数据表，操作模型对象实现数据表的读写。

第 5 章讲述 Django 如何编写数据业务逻辑，包括 HTTP 请求对象、响应内容和视图类的定义过程；分别使用视图函数和视图类编写网站首页的业务逻辑。

第 6 章讲述 Django 如何实现模板的数据渲染，包括模板上下文、模板标签及其自定义、模板继承和过滤器及其自定义，并设计电子商务网站的基础模板和实现首页模板的数据渲染。

第 7 章实现电子商务网站的商品信息模块，包含商品列表页和商品详细页的业务逻辑和数据渲染，讲述如何使用 Django 的分页功能、会话 session 和 Ajax 调用 API 接口。

第 8 章实现电子商务网站的用户信息模块，包含用户注册登录和个人中心页的业务逻辑和数据渲染，讲述如何使用 Django 的 CSRF 防护机制、内置 Auth 认证系统、内置表单类 Form 和 ModelForm。

第 9 章实现电子商务网站的购物功能模块，包含购物车功能页面和在线支付的业务逻辑，讲述如何使用 Ajax 调用 API 接口删除购物车的商品信息和添加支付宝在线支付接口功能。

第 10 章实现电子商务网站的后台管理系统，分别对网站的数据模型实现可视化的数据管理操作，如增删改查操作，并深入讲述后台系统的二次开发过程。

第 11 章分别讲述 Django 如何部署在 Windows 和 Linux 系统。Windows 系统采用 IIS 服务器+wfastcgi+Django 实现部署过程；Linux 系统采用 Nginx+uWSGI+Django 实现部署过程。

本书特色

循序渐进，知识全面：本书站在初学者的角度，围绕 Python 的 Django 框架展开讲解，从初学者必备基础知识着手，循序渐进地介绍了 Django 的各种知识，内容难度适中，由浅入深，实用性强，覆盖面广，条理清晰，且具有较强的逻辑性和系统性。

实例丰富，扩展性强：本书每个知识点都是围绕电子商务项目为例进行讲解，力求让读者更容易地掌握知识要点。本书实例经过作者的精心设计和挑选，根据编者的实际开发经验总结而来，涵盖在实际开发中遇到的各种问题，读者可以根据本书项目扩展开发自己的应用。

基于理论，注重实践：在讲解的过程中，不仅介绍理论知识，而且安排了综合应用实例或小型应用程序，将理论应用到实践中，加强读者的实际开发能力，巩固开发技能和相关知识。

源代码下载

本书所有程序代码均在 Python 3.8 和 Django 3.0 下调试通过，源代码 GitHub 下载地址：
https://github.com/xyjw/Django3-Web
也可以扫描下述二维码获取本书源代码：

如果你在下载过程中遇到问题，可发送邮件至 booksaga@126.com 获得帮助，邮件标题为"精通 Django 3 Web 开发"。

读者对象

本书主要适合以下读者阅读：

- Django 新手及网站开发初学者
- 从事 Python 网站开发的技术人员
- 相了解 Django 3 新特性的开发人员
- 培训机构及大专院校在校学生

虽然笔者力求本书更臻完美，但由于水平所限，难免会出现错误，特别是 Django 版本更新可能导致源代码在运行过程中出现问题，欢迎广大读者和专家给予指正，笔者将十分感谢。

黄永祥

2020 年 5 月 1 日

目　　录

第**1**章

Django 网站开发基础

使用 Django 开发网站开发必须了解 Django 的框架模式和网站的架构原理，若想成为一名合格的网站开发工程师，必须掌握前端基础开发知识（HTML、CSS 和 JavaScript）、Django 的项目搭建和项目开发及调试技巧。

1.1 Django 简史

Django 是一个开放源代码的 Web 应用框架，由 Python 写成，最初用于管理劳伦斯出版集团旗下的一些以新闻内容为主的网站，即 CMS（Content Management System，内容管理系统）软件，于 2005 年 7 月在 BSD（Berkly Softuare Distribution）许可证下发布，这套框架是以比利时的吉卜赛爵士吉他手 Django Reinhardt 来命名的。Django 采用了 MTV 的框架模式，即模型（Model）、模板（Template）和视图（Views），三者之间各自负责不同的职责。

- 模型：数据存取层，处理与数据相关的所有事务，例如如何存取、如何验证有效性、包含哪些行为以及数据之间的关系等。
- 模板：表现层，处理与表现相关的决定，例如如何在页面或其他类型的文档中进行显示。
- 视图：业务逻辑层，存取模型及调取恰当模板的相关逻辑，模型与模板的桥梁。

Django 的主要目的是简便、快速地开发数据库驱动的网站。它强调代码复用，多个组件可以很方便地以插件形式服务于整个框架。Django 有许多功能强大的第三方插件，可以很方便地开发出自己的工具包，这使得 Django 具有很强的可扩展性。此外，Django 还强调快速开发和 DRY（Do Not Repeat Yourself）原则。Django 基于 MTV 的设计十分优美，其具有以下特点：

- 对象关系映射（Object Relational Mapping，ORM）：通过定义映射类来构建数据模型，将模型与关系数据库连接起来，使用 ORM 框架内置的数据库接口可实现复杂的数据操作。
- URL 设计：开发者可以设计任意的 URL（网站地址），而且还支持使用正则表达式设计。
- 模板系统：提供可扩展的模板语言，模板之间具有可继承性。
- 表单处理：可以生成各种表单模型，而且表单具有有效性检验功能。
- Cache 系统：完善的缓存系统，可支持多种缓存方式。
- Auth 认证系统：提供用户认证、权限设置和用户组功能，功能扩展性强。
- 国际化：内置国际化系统，方便开发出多种语言的网站。
- Admin 后台系统：内置 Admin 后台管理系统，系统扩展性强。

1.2　Django 与 WSGI

在 Python 中，很多 Web 应用框架都支持 WSGI（Web Server Gateway Interface），比如 Django、Flask、Tornado 和 Bottle，等等。WSGI 是 Web 服务器网关接口，这是为 Python 语言定义的 Web 服务器和 Web 应用程序或框架之间的一种简单而通用的接口协议，它是将 Web 服务器（例如 Apache 或 Nginx）的请求转发到后端 Python Web 应用程序或 Web 框架。

可能许多读者搞不清楚 Django、WSGI 和 Web 服务器（Apache 或 Nginx）三者之间的关系，简单来说，Django 是一个 Web 应用框架，WSGI 是定义 Web 应用框架和 Web 服务器的通信协议。一个完整的网站必须包含 Web 服务器、Web 应用框架和数据库。用户通过浏览器访问网址的时候，这个访问操作相当于向网站发送一个 HTTP 请求，网站首先由 Web 服务器接受用户的 HTTP 请求，然后 Web 服务器通过 WSGI 将请求转发到 Web 应用框架进行处理，并得出处理结果，Web 应用框架通过 WSGI 将处理结果返回给 Web 服务器，最后由 Web 服务器将处理结果返回到用户的浏览器，用户即可看到相应的网页内容，如图 1-1 所示。

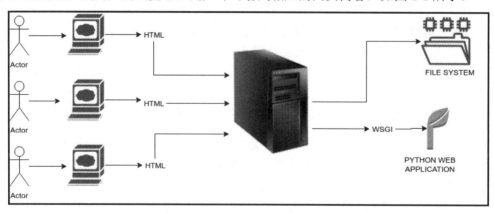

图 1-1　网站运行原理图

　　WSGI 分为两部分：服务端和应用端，服务端也可以称为网关端（即 uWSGI 或 Gunicorn），应用端也称为框架端（即 Django 或 Flask 的 Web 应用框架）。我们知道 WSGI 是 Web 服务器（即 Apache 或 Nginx）与 Web 应用框架的（即 Django 或 Flask 的 Web 应用框架）的通信规范，它没有具体的实现过程，因此由服务端（即 uWSGI 或 Gunicorn）实现通信过程。换句话说，服务端实现服务器和 Web 应用框架的通信传输，根据实际的网站搭建情况，我们将网站架构分为两级架构和三级架构，如图 1-2 所示。

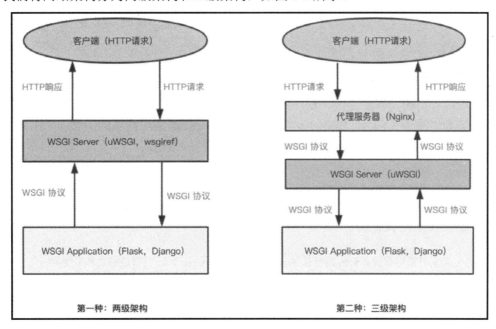

图 1-2　两级架构和三级架构

　　两级架构是将服务端（即 uWSGI 或 Gunicorn）作为 Web 服务器，许多 Web 框架已经附带了 WSGI 的服务端，比如 Django 和 Flask，因此它们能直接运行启动，但这种架构模式只能在开发阶段使用，在上线阶段是无法适用的，因为服务端性能比不上专业 Web 服务器（即 Apache 或 Nginx）。

　　三级架构是将服务端作为中间件，实现 Web 服务器和 Web 应用架构的通信，这种架构模式用于上线阶段。

1.3　HTML、CSS 和 JavaScript

　　网站开发可以分为前端和后端开发，前端开发是指网页设计，我们在浏览器看到网站的图片、文字、音乐视频等内容排版都是由前端开发人员实现的；后端开发是为前端开发提供实际的数据内容和业务逻辑，比如提供文字内容、图片和音乐视频的路径地址等信息。

　　前端开发人员必须掌握 HTML、CSS 和 JavaScript 的基础语言，这些基础语言上延伸了许多前端框架，比如 jQuery、Bootstrap、Vue、React 和 AngularJS 等。后端开发人员必须掌握一种或多种后端开发语言、数据库应用原理、Web 服务器应用原理和基础运维技术，目前较为热门的后端开发语言分别有 Java、PHP、Python 和 GO 语言；数据库为 MySQL、MSSQL、Oracle 和 Redis 等。尽管明确划分了网站开发的职责，在实际工作中，特别是一些中小企业，他们也要求后端开发人员必须掌握前端开发技术，但无须精通前端开发，只要掌握基本的应用开发即可，比如调整网站布局或编写简单的 JavaScript 脚本。

我们除了学习使用 Django 开发网站，还需要掌握前端的基础知识，本节将简单讲述 HTML、CSS 和 JavaScript 的基础知识。

1.3.1　HTML

HTML 是超文本标记语言，标准通用标记语言下的一个应用。"超文本"就是指页面内可以包含图片、链接，甚至音乐、程序等非文字元素。超文本标记语言的结构包括"头"部分（Head）和"主体"部分（Body），其中"头"部分提供关于网页的信息，"主体"部分提供网页的具体内容。下面来看一个简单的 HTML 文档的结构：

```
<!DOCTYPE html> # 声明为 HTML5 文档
# HTML 元素是网页的根元素
<html>
# head 元素包含了文档的元（meta）数据
<head>
# meta 元素可提供有关页面的元信息（meta-information），主要是描述和关键词
<meta charset="utf-8">
# title 元素描述了文档的标题
<title>Python</title>
</head>
# body 元素包含了可见的页面内容
<body>
<h1>我的第一个标题</h1> # 定义一个标题
<p>我的第一个段落。</p> # 元素定义一个段落
</body>
</html>
```

一个完整的网页必定以<html></html>为开头和结尾，整个 HTML 可分为两部分：

（1）<head></head>，主要是对网页的描述、图片和 JavaScript 的引用。<head> 元素包含所有的头部标签元素。在 <head>元素中可以插入脚本（scripts）、样式文件（CSS）及各种 meta 信息。该区域可添加的元素标签有<title>、<style>、<meta>、<link>、<script>、<noscript>和<base>。

（2）<body></body>是网页信息的主要载体。该标签下还可以包含很多类别的标签，不同的标签有不同的作用，标签以<>开头，以</>结尾，<>和</>之间的内容是标签的值和属性，每个标签之间可以是相互独立的，也可以是嵌套、层层递进的关系。

根据这两个组成部分就能很容易地分析整个网页的布局。其中，<body></body>是整个 HTML 的重点部分，通过示例讲述如何分析<body></body>：

```
<body>
<h1>我的第一个标题</h1>
<div>
<p> Python</p>
</div>
<h2>
<p>
<a> Python</a>
</p>
</h2>
</body>
```

上述例子分析如下：

（1）\<h1\>和\<div\>是两个不相关的标签，两个标签是相互独立的。

（2）\<div\>和\<p\>是嵌套关系，\<p\>的上一级标签是\<div\>。

（3）\<h1\>和\<p\>这两个标签是毫无关系的。

（4）\<h2\>标签包含一个\<p\>标签，\<p\>标签再包含一个\<a\>标签，一个标签可以包含多个标签在其中。

除上述示例的标签之外，大部分标签都可以在\<body\>\</body\>中添加，常用的标签如表 1-1 所示。

表 1-1　HTML 常用的标签

HTML 标签	中文释义
img	图片
a	锚
strong	加重（文本）
em	强调（文本）
i	斜体字
b	粗体（文本）
br	换行
div	分隔
span	范围
ol	排序列表
ul	不排序列表
li	列表项目
dl	定义列表
h1~h6	标题 1 到标题 6
p	段落
tr	表格中的一行
th	表格中的表头
td	表格中的一个单元格

1.3.2 CSS

HTML 代码是保存在后缀名为.html 的文件，而 CSS 样式是保存在后缀名为.css 的文件，然后在 HTML 代码中调用 CSS 样式文件。由于 HTML 代码中会存在多个不同的元素，并且每个元素的网页布局各不相同，因此需要使用 CSS 选择器定位每个 HTML 元素，然后再编写相应的 CSS 样式。

CSS 选择器划分了多种类型，同一个 HTML 元素可以使用不同的 CSS 选择器进行定位，实际开发中最常用的 CSS 选择器分别为：类别选择器、标签选择器、ID 选择器、通用选择器和群组选择器，我们将简单讲述如何使用这些 CSS 选择器实现 HTML 元素的网页布局。

为了更好理解 CSS 样式的编写规则，我们将重新定义 HTML 代码，首先在 D 盘中创建文件夹 qd，然后在 qd 文件夹中分别创建 index.html 和 index.css 文件，如图 1-3 所示。

图 1-3 目录结构

然后打开 index.html 文件，在该文件中定义网页元素，详细代码如下。

```html
<html>
<head>
<link rel="stylesheet" type="text/css" href="index.css">
</head>
<body>
<h3>这是标题</h3>
<div class="content">
<p>这是正文</P>
<input id="message" placeholder="输入你的留言">
<br>
<button id="submit" >提交</button>
</div>
</body>
</html>
```

上述代码中使用 link 标签引入同一路径的 index.css 文件，link 标签是在 HTML 代码中引入 CSS 文件，使 CSS 文件的样式代码能在 HTML 代码中生效。然后设置了 5 个不同类型的 HTML 标签，分别为<h3>、<div>、<p>、<input>和<button>，其中<div>设置了 class 属性，<input>和<button>设置了 id 属性。在设置样式之前，我们使用浏览器查看没有样式效果的 index.html 文件，如图 1-4 所示。

图 1-4　网页效果

下一步将使用类别选择器、标签选择器、ID 选择器、通用选择器和群组选择器分别对这些 HTML 标签进行样式设置。打开 qd 文件夹的 index.css 文件，然后在此文件中分别编写 <h3>、<div>、<p>、<input>和<button>的样式代码，代码如下所示。

```css
/*通用选择器*/
* {
font-size:30px
}
 /*标签选择器*/
h3 {
color:blue;
}
 /*类别选择器*/
.content {
text-align:center;
}
 /*ID 选择器*/
#message {
width:500px;
}
 /*群组选择器*/
#submit, p {
color:red;
}
```

上述代码中，我们依次使用通用选择器、标签选择器、类别选择器、ID 选择器和群组选择器设置 index.html 的网页布局，从代码中可以归纳总结 CSS 选择器的语法格式，如下所示。

```css
XXX {
attribute:value;
attribute:value;
}
```

CSS 选择器的语法说明如下：

（1）XXX 代表 CSS 选择器的类型。

（2）在 CSS 选择器后面使用空格并添加中括号{}，在中括号{}里面编写具体的样式设置。

（3）样式设置以 attribute:value 表示，attribute 代表样式名称，value 代表该样式设置的数值。多个样式之间使用分号";"隔开。

（4）如果要对样式添加注释，可以使用"/**/"添加说明。

我们回看 index.css 文件，该文件的样式代码说明如下：

（1）通用选择器：它以符号"*"表示，这是设置整个网页所有元素的样式，用于网页的整体布局。上述代码是将整个网页的字体大小设为 30px。

（2）标签选择器：它以标签名表示，如果网页中有多个相同的标签，那么标签选择器的样式设置都会作用在这些标签。上述代码是将所有 h3 标签的字体颜色设为蓝色。

（3）类别选择器：它以.xxx 表示，其中 xxx 代表标签属性 class 的属性值，这是开发中常用的样式设置之一。使用类别选择器，必须在 HTML 的标签中设置 class 属性，在 class 属性的属性值前面加上实心点"."即可作为类别选择器。上述代码是将 class="content"的标签放置网页居中位置。

（4）ID 选择器：它以#xxx 表示，其中 xxx 代表标签属性 id 的属性值，这也是开发中常用的样式设置之一。使用 ID 选择器，必须在 HTML 的标签中设置 id 属性，在 id 属性的属性值前面加上井号"#"即可作为 ID 选择器。上述代码是将 id=" message"的标签设置宽度为 500px。

（5）群组选择器：它是将多个 CSS 选择器组合成一个群组，并由这个群组对这些标签进行统一的样式设置，每个 CSS 选择器之间使用逗号隔开。上述代码是分别将 id=" submit"的标签和 p 标签的字体颜色设为红色。

最后保存 index.css 文件的样式代码，在浏览器再次查看 index.html 文件的网页效果，如图 1-5 所示。

图 1-5　网页效果

CSS 样式也可以直接在 html 文件里编写，但在企业开发中，一般都采用 HTML 和 CSS 代码分离，这样便于维护和管理，而且利于开发者阅读。

1.3.3　JavaScript

JavaScript（简称"JS"）是一种具有函数优先的轻量级、解释型的编程语言。它是因为开发 Web 页面的脚本语言而出名的，但是也被用到了很多非浏览器环境中，JavaScript 基于原型编程、多范式的动态脚本语言，并且支持面向对象、命令式和声明式的编程风格。简单来说，JavaScript 是能被浏览器解释并执行的一种编程语言。

JavaScript 可以在 HTML 文件里编写，但在企业开发中也是采用 HTML 和 JavaScript 代码分离。为了更好地理解 JavaScript 的代码编写方式，我们在 qd 文件夹中新建 index.js 文件，文件夹的目录结构如图 1-6 所示。

图 1-6　目录结构

首先打开 index.html 文件，在 HTML 代码中引入 JS 文件，并为 button 标签添加事件触发，详细代码如下所示。

```html
<html>
<head>
<link rel="stylesheet" type="text/css" href="index.css">
<script type="text/javascript" src="index.js"></script>
</head>
<body>
<h3>这是标题</h3>
<div class="content">
<p>这是正文</P>
<input id="message" placeholder="输入你的留言">
<br>
<button id="submit" onclick="getInfo()">提交</button>
</div>
</body>
</html>
```

从上述代码看到，script 标签是在 HTML 代码中引入 JS 文件，使得 JS 文件的 JavaScript 代码能在 HTML 代码中生效。button 标签添加了 onclick 属性，该属性是 JS 的事件触发，当用户单击"提交"按钮的时候，浏览器将会触发事件 onclick 所绑定的函数 getInfo()。

JavaScript 除了事件触发 onclick 之外，还提供了其他的事件触发，如表 1-2 所示。

表 1-2　JavaScript 的事件触发

事件触发	说　明
onabort	图像加载被中断时触发
onblur	元素失去焦点时触发
onchange	用户改变文本内容时触发
onclick	鼠标单击某个标签时触发
ondblclick	鼠标双击某个标签时触发

（续表）

事件触发	说　明
onerror	加载文档或图像时发生某个错误时触发
onfocus	元素获得焦点时触发
onkeydown	某个键盘的键被按下时触发
onkeypress	某个键盘的键被按下或按住时触发
onkeyup	某个键盘的键被松开时触发
onload	某个页面或图像完成加载时触发
onmousedown	某个鼠标按键被按下时触发
onmousemove	鼠标移动时触发
onmouseout	鼠标从某元素移开时触发
onmouseover	鼠标被移到某元素之上时触发
onmouseup	某个鼠标按键被松开时触发
onreset	重置按钮被单击时触发
onresize	窗口或框架被调整尺寸时触发
onselect	文本被选定时触发
onsubmit	提交按钮被单击时触发
onunload	用户退出页面时触发

我们回看 index.html 的 button 标签，由于该标签的事件触发 onclick 绑定了函数 getInfo()，因此下一步在 index.js 里定义函数 getInfo()，函数代码如下：

```
function getInfo(){
var txt = document.getElementById("message").value
if (txt){
    alert("你的留言：" + txt + "，已提交成功")
} else {
    alert("请输入你的留言");
}
}
```

上述代码的 document.getElementById 是获取 id="message"的标签（即 input 标签）的属性 value 的属性值，JavaScript 的 document 对象简称为 DOM 对象，它可以定位某个 HTML 标签并进行操作，从而实现网页的动态效果。document 对象定义了 7 个对象方法，每个对象方法的详细说明如表 1-3 所示。

表 1-3　document 对象方法

document 对象方法	说　明
close()	关闭 document.open()方法打开的输出流，并显示选定的数据
getElementById("xxx")	获取 id=xxx 的第一个 HTML 标签对象

（续表）

document 对象方法	说　明
getElementsByName("xxx")	获取所有 name=xxx 的标签对象，并以数组表示
getElementsByTagName("xxx")	获取所有 xxx 标签对象，并以数组表示
open()	收集 document.write() 或 document.writeln() 的数据
write()	编写 HTML 或 JavaScript 代码
writeln()	等同 write() 方法，但在每个表达式后面自动添加换行符

在实际开发中，我们经常使用 getElementById、getElementsByName 和 getElementsByTagName 方法来定位 HTML 标签，然后再对已定位的 HTML 标签进行操作，由于标签的操作方法较多，本书便不再详细讲述了，有兴趣的读者可自行搜索相关资料。

最后保存 index.js 文件的 JavaScript 代码，在浏览器打开 index.html 文件，在网页的文本框输入内容并点击"提交"按钮，如图 1-7 所示。

图 1-7　网页效果

1.4　搭建开发环境

若想使用 Django 开发网站，我们需要在电脑上安装 Django 的开发环境。首先安装 Python 的开发环境，不同的操作系统有不同的安装方法，关于 Python 的安装就不再详细阐述了，本书的开发环境以 Windows10 操作系统、Python 3.8 版本为例。除了安装 Python 之外，我们还需要安装 Django 和 PyCharm，本节将会讲述如何安装 Django 和 PyCharm。

1.4.1　安装 Django 3

安装 Django 可以使用 pip 指令完成，pip 是 Python 的软件包管理工具，它可以帮助我们安装和卸载 Python 的软件包。在 Windows 中安装 Django，首先按快捷键 Windows+R 打开"运行"对话框，然后在对话框中输入"CMD"并按回车键，进入命令提示符窗口（也称为终端）。在命令提示符窗口输入以下安装指令：

```
pip install Django
```

输入上述指令后按回车键，就会自行下载 Django 最新版本并安装，我们只需等待安装完成即可。

除了使用 pip 安装之外，还可以从网上下载 Django 的压缩包自行安装。在浏览器上输入网址（www.lfd.uci.edu/~gohlke/pythonlibs/#django）并找到 Django 的下载链接，如图 1-8 所示。

```
dnspython-1.16.0-py2.py3-none-any.whl
dnslib-0.9.12-py3-none-any.whl
Django-3.0.2-py3-none-any.whl
Django-1.11.27-py2.py3-none-any.whl
```

图 1-8　Django 安装包

然后将下载的 whl 文件放到 D 盘，并打开命令提示符窗口，输入以下安装指令：

```
pip install D:\ Django-3.0.2-py3-none-any.whl
```

输入指令后按回车键，等待安装完成的提示即可。完成 Django 的安装后，需要进一步校验安装是否成功，再次进入命令提示符窗口，输入"python"并按回车键，此时进入 Python 交互解释器，在交互解释器下输入校验代码：

```
>>> import django
>>> django.__version__
'3.0.2'
```

从上面返回的结果可以看到，当前安装的 Django 版本为 3.0.2，说明 Django 安装成功。

1.4.2　安装 PyCharm

PyCharm 是一种 Python IDE，它带有一整套可以帮助用户在使用 Python 语言开发时提高其效率的工具，比如调试、语法高亮、项目管理、代码跳转、智能提示、自动完成、单元测试、版本控制等。此外，该 IDE 提供了一些高级功能，例如支持 Django 框架下的专业 Web 开发。

PyCharm 分为专业版和社区版，专业版是收费的，但功能齐全，如果在 PyCharm 里使用 Django 开发网站，建议使用专业版。社区版是免费使用的，但功能十分有限，两者的功能使用权限如图 1-9 所示。

在浏览器中输入下载地址 http://www.jetbrains.com/pycharm/download，可以看到 PyCharm 分别支持 Windows、Linux 和 MacOS 三大系统的使用，版本分为专业版和社区版。本书以在 Windows 下安装 PyCharm 专业版为例，在官网上下载 Windows 的 PyCharm 专业版安装包，双击打开安装包，并根据安装提示完成安装过程即可。

完成 PyCharm 安装后，在桌面上双击 PyCharm 的图标，将其运行启动。初次运行 PyCharm，用户进行简单的设置后会进入软件激活界面，激活方式有三种：Jetbrains 用户激活、激活码和许可服务器。如图 1-10 所示。

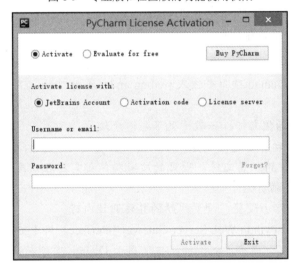

	PyCharm Professional Edition	PyCharm Community Edition
Intelligent Python editor	✓	✓
Graphical debugger and test runner	✓	✓
Navigation and Refactorings	✓	✓
Code inspections	✓	✓
VCS support	✓	✓
Scientific tools	✓	
Web development	✓	
Python web frameworks	✓	
Python Profiler	✓	
Remote development capabilities	✓	
Database & SQL support	✓	

图 1-9 专业版和社区版的功能使用权限

图 1-10 PyCharm 激活界面

1.5 创建 Django 项目

创建 Django 项目可以在终端输入指令完成，也可以在 PyCharm 里创建项目，前者是通过 Django 内置的指令实现，后者是在 PyCharm 的可视化界面完成。

1.5.1 使用内置指令创建项目

一个项目可以理解为一个网站，创建 Django 项目可以在命令提示符窗口输入创建指令完成。打开命令提示符窗口，将当前路径切换到 D 盘并输入项目创建指令：

```
C:\Users\000>d:
```

```
D:\>django-admin startproject MyDjango
```

第一行指令是将当前路径切换到 D 盘；第二行指令是在 D 盘的路径下创建 Django 项目，指令中的"MyDjango"是项目名称，读者可自行命名。项目创建后，可以在 D 盘下看到新创建的文件夹 MyDjango，在 PyCharm 下查看该项目的结构，如图 1-11 所示。

图 1-11　项目目录结构

MyDjango 项目里包含 MyDjango 文件夹和 manage.py 文件，而 MyDjango 文件夹又包含 5 个 .py 文件。项目的每个文件说明如下：

- manage.py：命令行工具，内置多种方式与项目进行交互。在命令提示符窗口下，将路径切换到 MyDjango 项目并输入 python manage.py help，可以查看该工具的指令信息。
- __init__.py：初始化文件，一般情况下无须修改。
- asgi.py：用于启动异步通信服务，比如实现在线聊天等异步通信功能。
- settings.py：项目的配置文件，项目的所有功能都需要在该文件中进行配置，配置说明会在下一章详细讲述。
- urls.py：项目的路由设置，设置网站的具体网址内容。
- wsgi.py：全称为 Python Web Server Gateway Interface，即 Python 服务器网关接口，是 Python 应用与 Web 服务器之间的接口，用于 Django 项目在服务器上的部署和上线，一般不需要修改。

从 Django 3.0 开始，新建的项目都会创建 asgi.py 文件，这是将异步通信服务纳入 Django 的内置功能，也是 Django 3.0 的新特性之一。ASGI 是异步网关协议接口，一个介于网络协议服务和 Python 应用之间的标准接口，能够处理多种通用的协议类型，包括 HTTP、HTTP2 和 WebSocket。

WSGI 是基于 HTTP 协议模式，但它不支持 WebSocket，而 ASGI 则是为了解决 WSGI 不支持当前 Web 开发中的一些新的协议标准（比如 WebSocket）。同时，ASGI 不仅支持 WSGI 原有的模式，而且还支持使用 WebSocket，简单来说，ASGI 是 WSGI 的功能扩展。

完成项目的创建后，接着创建项目应用，项目应用简称为 App，相当于网站功能，每个 App 代表网站的一个功能。App 的创建由文件 manage.py 实现，创建指令如下：

```
D:\>cd MyDjango
D:\MyDjango>python manage.py startapp index
```

从 D 盘进入项目 MyDjango，然后使用 python manage.py startapp XXX 创建，其中 XXX 是应用的名称，读者可以自行命名。上述指令创建了网站首页，再次查看项目 MyDjango 的目录结构，如图 1-12 所示。

图 1-12　目录结构

从图 1-12 可以看到，项目新建了 index 文件夹，其可作为网站首页。在 index 文件夹中可以看到有多个.py 文件和 migrations 文件夹，说明如下：

- migrations：用于生成数据迁移文件，通过数据迁移文件可自动在数据库里生成相应的数据表。
- __init__.py：index 文件夹的初始化文件。
- admin.py：用于设置当前 App 的后台管理功能。
- apps.py：当前 App 的配置信息，在 Django 1.9 版本后自动生成，一般情况下无须修改。
- models.py：定义数据库的映射类，每个类可以关联一张数据表，实现数据持久化，即 MTV 里面的模型（Model）。
- tests.py：自动化测试的模块，用于实现单元测试。
- views.py：视图文件，处理功能的业务逻辑，即 MTV 里面的视图（Views）。

完成项目和 App 的创建后，最后在命令提示符窗口输入以下指令启动项目：

```
C:\Users\000>d:
D:\>cd MyDjango
D:\MyDjango>python manage.py runserver 8001
```

将命令提示符窗口的路径切换到项目的路径，输入运行指令 python manage.py runserver 8001，如图 1-13 所示。其中 8001 是端口号，如果在指令里没有设置端口，端口就默认为 8000。最后在浏览器中输入 http://127.0.0.1:8001/，可看到项目的运行情况，如图 1-14 所示。

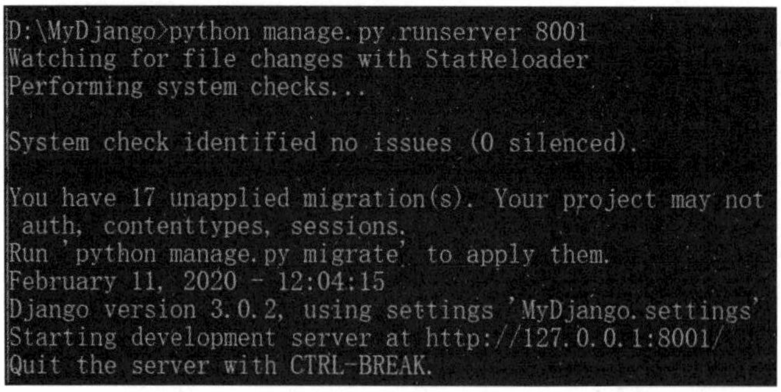

图 1-13　输入运行指令

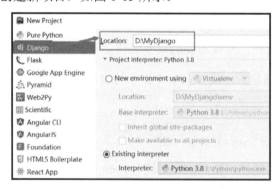

图 1-14　项目运行结果

1.5.2　使用 PyCharm 创建项目

除了在命令提示符窗口创建项目之外，还可以在 PyCharm 中创建项目。PyCharm 必须为专业版才能创建与调试 Django 项目，社区版是不支持此功能的。打开 PyCharm 并在左上方单击 File→New Project，创建新项目，如图 1-15 所示。

图 1-15　创建 Django

项目创建后，可以看到目录结构多出了 templates 文件夹，该文件夹用于存放 HTML 模板文件，如图 1-16 所示。

图 1-16　目录结构

接着创建 App 应用，可以在 PyCharm 的 Terminal 中输入创建指令，创建指令与命令提示符窗口中输入的指令是相同的，如图 1-17 所示。

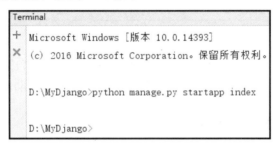

图 1-17　创建 App

完成项目和 App 的创建后，启动项目。如果项目是由 PyCharm 创建的，就直接单击"运行"按钮启动项目，如图 1-18 所示。

图 1-18　启动 Django

如果项目是在命令提示符窗口创建的，想要在 PyCharm 启动项目，而 PyCharm 没有运行脚本，就需要对该项目创建运行脚本，如图 1-19 所示。

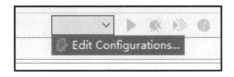

图 1-19　创建运行脚本

然后单击图 1-19 中的 Edit Configurations 就会出现 Run/Debug Configurations 界面，单击该界面左上方的 + 并选择 Django server，最后输入脚本名字，单击 OK 按钮即可创建运行脚本，如图 1-20 所示。

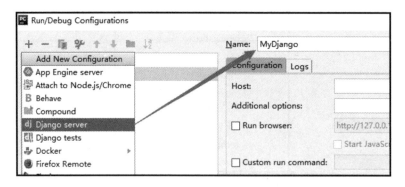

图 1-20 运行脚本

1.6 程序调试技巧

在开发网站的过程中,为了确保功能可以正常运行及验证是否实现开发需求,开发人员需要对已实现的功能进行调试。Django 的调试方式分为 PyCharm 断点调试和调试异常。

1.6.1 PyCharm 的 Debug 模式

我们知道,PyCharm 调试 Django 开发的项目,PyCharm 的版本必须为专业版,而社区版是不具备 Web 开发功能的。使用 PyCharm 启动 Django 的时候,可以发现 PyCharm 上带有爬虫的按钮,该按钮用于开启 Django 的 Debug 调试模式,如图 1-21 所示。

图 1-21 调试按钮

单击图 1-21 中的调试按钮(带有爬虫的按钮),即可开启调试模式,在 PyCharm 的正下方可以看到相关的调试信息,如图 1-22 所示。

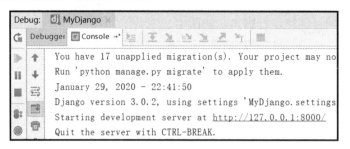

图 1-22 调试信息

从图 1-22 的调试界面可以看到有多个操作按钮,我们将常用的调试按钮的功能说明以表格的形式表示,如表 1-4 所示。

表 1-4　常用的调试按钮的功能说明

按　钮	说　明
Console →"	显示项目的运行信息
Debugger	显示程序的对象信息
	重新运行项目
	继续往下执行程序，直到下一个断点才暂停程序
	暂停当前运行的程序
	停止程序的运行
	查看所有断点信息
	清空 Console 的信息
	程序断点后，执行下一行的代码
	显示当前断点的位置

我们通过简单的示例来讲述如何使用 PyCharm 的调试模式。以 MyDjango 项目为例，在 index 文件夹的 views.py 文件里，视图函数 index 添加变量 value 并且在返回值 return 处设置断点，如图 1-23 所示。

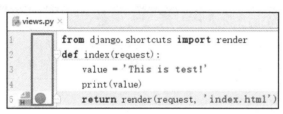

图 1-23　设置断点

设置断点是在图 1-23 的方框里单击一下即可出现红色的圆点，该圆点代表断点设置，当项目开启调试模式并运行到断点所在的代码位置，程序就会暂停运行。

开启 MyDjango 项目的调试模式并在浏览器上访问 127.0.0.1:8000，在 PyCharm 正下方的调试界面里可以看到相关的代码信息，如图 1-24 所示。

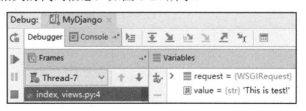

图 1-24　代码信息

调试界面 Debugger 的 Frames 是当前断点的程序所依赖的程序文件，单击某个文件，Variables 就会显示当前文件的程序所生成的对象信息。

单击 按钮，PyCharm 就会自动往下执行程序，直到下一个断点才暂停程序；单击 按钮，PyCharm 只会执行当前暂停位置的下一步代码，这样可以清晰地看到每行代码的执行情况。这两个按钮是断点调试最为常用的，它们能让开发者清晰地了解代码的执行情况和运行逻辑。

如果程序在运行过程中出现异常或者代码中设有输出功能（如 print），这些信息就可以在 PyCharm 正下方调试界面的 Console 里查看，如图 1-25 所示。

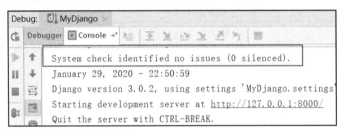

图 1-25 输出信息

启动项目的时候，从图 1-25 的运行窗口可看到"System check identified no issues (0 silenced)"信息，该信息表示 Django 对项目里所有的代码语法进行检测，如果代码语法存在错误，在启动的过程中就会报出相关的异常信息。

图 1-25 中的"This is test!"是视图函数 index 的"print(value)"代码的输出结果；"GET / HTTP/1.1" 200 代表浏览器成功访问 127.0.0.1:8000，其中 200 代表 HTTP 的状态码。

> **注　意**
>
> 断点调试无法在模板文件（templates 的 index.html）设置断点，因此无法对模板文件进行调试，只能通过 PyCharm 的调试界面 Console 或浏览器开发者工具进行调试。

1.6.2　异常提示进行调试

PyCharm 的调试模式无法调试模板文件，而模板文件需要使用 Django 的模板语法，若想调试模板文件，则最有效的方法是查看 PyCharm 或浏览器提示的异常信息。

调试异常需要根据项目运行时所产生的异常信息进行分析，使用浏览器访问路由地址的时候，如果出现异常信息，就可以直接查看异常信息找出错误位置。比如在 templates 的模板文件 index.html 里添加错误的代码，如下所示：

```
<!DOCTYPE html>
<html lang="en">
<head>
    <meta charset="UTF-8">
    <title>Hello World</title>
</head>
<body>
    {# 添加错误代码 static#}
    {% static %}
    <span>Hello World!!</span>
```

```
</body>
</html>
```

当运行 MyDjango 项目并在浏览器访问 127.0.0.1:8000 的时候，PyCharm 正下方的调试界面 Console 就会出现异常信息，从异常信息中可以找到具体的异常位置，如图 1-26 所示。

```
Traceback (most recent call last):
  File "E:\Python\lib\site-packages\django\core\handlers
    response = get_response(request)
  File "E:\Python\lib\site-packages\django\core\handlers
    response = self.process_exception_by_middleware(e, r
  File "E:\Python\lib\site-packages\django\core\handlers
    response = wrapped_callback(request, *callback_args,
  File "D:\MyDjango\index\views.py", line 5, in index
    return render(request,'index.html', locals())
```

图 1-26　异常信息

除了在 PyCharm 正下方的调试界面 Console 中查看异常信息外，还可以在浏览器上分析异常信息，比如模板文件 index.html 的错误语法，Django 还能标记出错位置，便于开发者调试和跟踪，如图 1-27 所示。

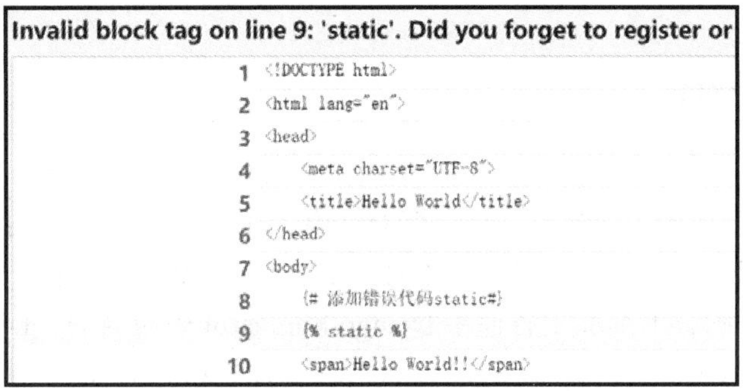

```
Invalid block tag on line 9: 'static'. Did you forget to register or
1   <!DOCTYPE html>
2   <html lang="en">
3   <head>
4       <meta charset="UTF-8">
5       <title>Hello World</title>
6   </head>
7   <body>
8       {# 添加错误代码static#}
9       {% static %}
10      <span>Hello World!!</span>
```

图 1-27　异常信息

还有一种常见的情况是网页能正常显示，但网页内容出现部分缺失，对于这种情况，只能使用浏览器的开发者工具对网页进行分析处理。以 templates 的模板文件 index.html 为例，对其添加正确的代码，但在网页里出现内容缺失，如下所示：

```
<!DOCTYPE html>
<html lang="en">
<head>
    <meta charset="UTF-8">
    <title>Hello World</title>
</head>
<body>
    {# 添加正确代码，但不出现在网页 #}
    <div>Hi,{{ value }}</div>
    <span>Hello World!!</span>
</body>
```

```
</html>
```

再次启动 MyDjango 项目并在浏览器访问 127.0.0.1:8000 的时候，浏览器能正常访问网页，但无法显示{{ value }}的内容，打开浏览器的开发者工具可以看到，{{ value }}的内容是不存在的，如图 1-28 所示。

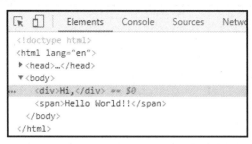

图 1-28　开发者工具

此外，浏览器的开发者工具对于调试 Ajax 和 CSS 样式非常有用。通过生成的网页内容进行分析来反向检测代码的合理性是常见的手段之一，这是通过校验结果与开发需求是否一致的方法来调试项目功能的。

1.7　本章小结

Django 是一个开放源代码的 Web 应用框架，由 Python 写成，最初用于管理劳伦斯出版集团旗下的一些以新闻内容为主的网站，即 CMS 软件，于 2005 年 7 月在 BSD 许可证下发布，这套框架是以比利时的吉卜赛爵士吉他手 Django Reinhardt 来命名的。Django 采用了 MTV 的框架模式，即模型（Model）、模板（Template）和视图（Views），三者之间各自负责不同的职责。

- 模型：数据存取层，处理与数据相关的所有事务，例如如何存取、如何验证有效性、包含哪些行为以及数据之间的关系等。
- 模板：表现层，处理与表现相关的决定，例如如何在页面或其他类型的文档中进行显示。
- 视图：业务逻辑层，存取模型及调取恰当模板的相关逻辑，模型与模板的桥梁。

Django 是一个 Web 应用框架，WSGI 是定义 Web 应用框架和 Web 服务器（Apache 或 Nginx）的通信协议。一个完整的网站必须包含 Web 服务器、Web 应用框架和数据库。用户通过浏览器访问网址的时候，这个访问操作相当于向网站发送一个 HTTP 请求，网站首先由 Web 服务器接受用户的 HTTP 请求，然后 Web 服务器通过 WSGI 接口将请求转发到 Web 应用框架进行处理，并得出处理结果，Web 应用框架通过 WSGI 接口将处理结果返回给 Web 服务器，最后由 Web 服务器将处理结果返回到用户的浏览器，用户即可看到相应的网页内容。

网站开发可以分为前端和后端开发，前端开发是指网页设计，我们在浏览器看到网站的图片、文字、音乐、视频等内容排版都是由前端开发人员实现；后端开发是为前端开发提供实际的数据内容，比如提供文字内容、图片和音乐及视频的路径地址等信息。

前端开发人员必须掌握 HTML、CSS 和 JavaScript 的基础语言，在这些基础语言上延伸了许多前端框架，比如 jQuery、Bootstrap、Vue、React 和 AngularJS 等。后端开发人员必须掌握后端开发语言、数据库应用原理、Web 服务器应用原理和基础运维技术，目前较为热门的后端开发语言分别有 Java、PHP、Python 和 GO 语言；数据库为 MySQL、MSSQL、Oracle 和 Redis 等。尽管明确划分了网站开发的职责，在实际工作中，特别是一些中小企业，他们要求后端开发人员必须掌握前端开发技术，无须精通前端开发，但必须掌握基本的应用开发，比如网站的布局调整或编写简单的 JavaScript 脚本。

Django 的安装建议使用 pip 执行安装，安装的方法如下：

```
# 方法一
pip install Django
# 方法二
pip install D:\ Django-3.0.2-py3-none-any.whl
```

两种不同的安装方法都是使用 pip 执行的，唯一的不同之处在于前者在安装过程中会从互联网下载安装包，而后者直接对本地已下载的安装包进行解压安装。Django 安装完成后，在 Python 交互解释器模式校验安装是否成功：

```
>>> import django
>>> django.__version__
'3.0.2'
```

Django 的目录结构以及含义如下：

- manage.py：命令行工具，内置多种方式与项目进行交互。在命令提示符窗口下，将路径切换到 MyDjango 项目并输入 python manage.py help，可以查看该工具的指令信息。
- __init__.py：初始化文件，一般情况下无须修改。
- asgi.py：用于启动异步通信服务，比如实现在线聊天等异步通信功能。
- settings.py：项目的配置文件，项目的所有功能都需要在该文件中进行配置，配置说明会在下一章详细讲述。
- urls.py：项目的路由设置，设置网站的具体网址内容。
- wsgi.py：全称为 Python Web Server Gateway Interface，即 Python 服务器网关接口，是 Python 应用与 Web 服务器之间的接口，用于 Django 项目在服务器上的部署和上线，一般不需要修改。
- migrations：用于生成数据迁移文件，通过数据迁移文件可自动在数据库里生成相应的数据表。
- __init__.py：index 文件夹的初始化文件。
- admin.py：用于设置当前 App 的后台管理功能。
- apps.py：当前 App 的配置信息，在 Django 1.9 版本后自动生成，一般情况下无须修改。
- models.py：定义数据库的映射类，每个类可以关联一张数据表，实现数据持久化，即 MTV 里面的模型（Model）。

- tests.py：自动化测试的模块，用于实现单元测试。
- views.py：视图文件，处理功能的业务逻辑，即 MTV 里面的视图（Views）。

此外，作为 Web 开发者必须掌握 Django 的功能调试方法，学会如何使用 PyCharm 调试项目以及分析项目在运行过程中出现的异常信息。

第 2 章

商城的设计说明与配置

网站开发隶属于软件工程，开发流程为：需求分析→设计说明（细分为概要设计和详细设计）→代码编写→程序测试→软件交付→客户验收→后期维护。本章分别从需求分析、设计说明的角度研究如何分析客户需求，并根据客户需求设计网站架构。

2.1 需求分析

假设我们是一家软件开发公司，公司员工分别有需求工程师、网页设计师、前端工程师、后端工程师和测试工程师，现有一名客户想开发自家的购物平台，该客户拥有实体门店，专售母婴产品。大多数情况下，客户对网站平台的开发流程只有表面的认知，他们不会提出详细的需求，只会说出他们的目的，比如说"我只想有一个自家的购物平台，能让我的客户在线购买产品，好像淘宝那样就行了。"在实际开发中，我们肯定不能直接仿造淘宝交付给客户，毕竟客户有自己的实体门店，应结合门店现有的业务流程定制购物平台。

对于客户的精简需求，需求工程师需要深入了解客户的具体需求，比如了解客户现有的顾客量、产品类型、实体店的进销存管理方式等因素，这些都会影响网站设计模式，例如现有的顾客数量需要考虑网站的并发量、产品类型影响网站页面设计（如商品详细页的布局设计）、实体店的进销存管理方式影响商品库存管理，是否考虑缺货提醒、预售功能等。

需求工程师根据客户的实际情况，梳理并归纳以下需求要点：

（1）网站需要提供搜索功能，便于用户搜索商品。

（2）搜索结果需要根据销量、价格、上架时间和收藏数量进行排序。

（3）商品详情应有尺寸、原价、活动价、图片展示、收藏功能和购买功能。

（4）用户购买后应看到订单信息，订单信息包括支付金额、购买时间和订单状态。

（5）商品购买应支持在线支付，如支付宝或微信支付等功能。

（6）目前顾客数量约有 3000 人，实体店暂无进销存系统。

在需求分析阶段，需求工程师要不断地与客户反复交流，并将交流结果以 Demo 的方式展示给客户，直到客户确认无误为止。在此阶段，需求工程师需要使用简单的绘图软件完成 Demo 设计，比如 Axure 或 Visio 等软件。除此之外，需求工程师还要将收集的需求信息编写成需求规格说明书。

2.2 设计说明

当我们完成客户的需求分析之后，下一步是执行系统的设计说明，它包括了概要设计和详细设计。概要设计划分为系统总体结构设计、数据结构及数据库设计、概要设计文档说明；详细设计是对系统每个功能模块进行算法设计、业务逻辑处理、网页界面设计、代码设计等具体的实现过程。

在概要设计阶段，系统总体结构设计需要由需求工程师和开发人员共同商议，针对用户需求来商量如何设计系统各个功能模块以及各个模块的数据结构。我们根据用户需求，网站的概要设计说明如下：

（1）网站首页应设有导航栏，并且所有功能展示在导航栏，在导航栏的下面展示各类的热销商品，当单击商品图片时即可进入商品详细页面，导航栏上方设有搜索框，便于用户搜索相关商品。

（2）商品列表页将所有商品以一定规则排序展示，用户可以从销量、价格、上架时间和收藏数量设置商品的排序方式，并且在页面的左侧设置分类列表，选择某一分类可以筛选出相应的商品信息。

（3）商品详细页展示某一商品的主图、名称、规格、数量、详细介绍、购买按钮和收藏按钮，并在商品详细介绍的左侧设置了热销商品列表。

（4）购物车页面只能在用户已登录的情况下才能访问，它是将用户选购的商品以列表形式展示，列表的每行数据包含了商品图片、名称、单价、数量、合计和删除操作，用户可以增减商品的购买数量，并且能自动计算费用。

（5）个人中心页面用于展示用户的基本信息及订单信息，只能在用户已登录的情况下才能访问。

（6）用户登录注册页面是共用一个页面，如果用户账号已存在，则对用户账号密码验证并登录，如果用户不存在，则对当前的账号密码进行注册处理。

（7）数据库使用 MySQL 5.7 以上版本，数据表除了 Django 内置数据表之外，还需定义商品信息表、商品类别表、购物车信息表和订单信息表。

从概要设计看到，我们大概搭建了网站的整体架构，下一步是在整体架构的基础上完善各个功能模块的细节内容。在详细设计中，网站开发最主要的是完成网页设计和数据库的数据结构，如果某些功能涉及复杂的逻辑业务，还需编写相应的算法。

　　根据概要设计说明，分别对网站的网页设计和数据库的数据结构进行具体设计说明。一共设计了 6 个网页界面，每个网页界面的设计说明如下：

　　网站首页一共划分了 5 个不同的功能区域：商品搜索功能、网站导航、广告轮播、商品分类热销、网站尾部，如图 2-1 所示，每个功能的设计说明如下：

　　（1）商品搜索功能：用户输入关键字并单击搜索按钮，网站将进行数据查询处理，将符合条件的商品在商品列表页展示；如果没有输入关键字的情况下单击搜索按钮，网站直接访问商品列表页并展示所有的商品信息。

　　（2）网站导航：设有首页、所有商品、购物车和个人中心的地址链接，每个链接分别对应网站首页、商品列表页、购物车页面和个人中心页面。

　　（3）广告轮播：以图片形式展示，用于商品的广告宣传。

　　（4）商品分类热销：分为今日必抢和分类商品。今日必抢是在所有商品中获取前十名销量最高的商品进行排序；分类商品是在某分类的商品中获取前五名销量最高的商品进行排序。

　　（5）网站尾部：这是每个网站的基本架构，用于说明网站的基本信息，如备案信息、售后服务、联系我们等。

图 2-1　网站首页

　　商品列表页分为 4 个功能区域：商品搜索功能、网站导航、商品分类和商品列表信息，如图 2-2 所示，每个功能的设计说明如下：

　　（1）商品分类：当用户选择某一分类的时候，网站会筛选出对应的商品信息并在右侧的商品列表信息展示。

　　（2）商品列表信息：提供了销量、价格、上架时间和收藏数量的排序方式，商品默认以销量排序，并设置分页功能，每一页只显示 6 条商品信息。

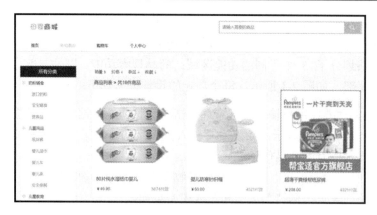

图 2-2 商品列表页

商品详细页分为 5 个功能区：商品搜索功能、网站导航、商品基本信息、商品详细介绍和热销推荐，如图 2-3 所示，每个功能的设计说明如下：

（1）商品基本信息：包含了商品的规格、名称、价格、主图、购买数量、收藏按钮和购买按钮。收藏按钮使用 JavaScript 脚本完成收藏功能，购买按钮将商品信息和购买数量添加到购物车。

（2）商品详细介绍：以图片形式展示，用于描述商品的细节内容。

（3）热销推荐：在所有商品中（排除当前商品之外）获取并展示前五名销量最高的商品。

图 2-3 商品详细页

购物车页面分为 3 个功能区域：商品搜索功能、网站导航、商品的购买费用核算，如图 2-4 所示。商品的购买费用核算允许用户编辑商品的购买数量、选择购买的商品和删除商品，结算按钮根据购买信息自动跳转到支付页面。

图 2-4　购物车页面

　　个人中心页面分为 4 个功能区域：商品搜索功能、网站导航、用户基本信息和订单信息，如图 2-5 所示，用户基本信息和订单信息的设计说明如下：

　　（1）用户基本信息：在网页的左侧位置，展示了用户的头像、名称和登录时间，按钮功能分别有购物车页面链接和退出登录。

　　（2）订单信息：以数据列表展示，每行数据包含了订单编号、价格、购买时间和状态，并设置分页功能，每一页显示 7 条订单信息。

图 2-5　个人中心页面

　　用户登录注册页面分为 3 个功能区域：商品搜索功能、网站导航、登录注册表单，如图 2-6 所示。登录注册表单是共用一个网页表单，如果用户账号已存在，则对用户账号密码验证并登录，如果用户不存在，则对当前的账号密码进行注册处理。

图 2-6　用户登录注册页面

从网站的 6 个页面看到，每个页面的设计和布局都需要数据支持，比如商品的规格、名称、价格、主图等数据信息。由于 Django 内置了用户管理功能，已为我们提供了用户信息表，因此我们只需定义商品信息表、商品类别表、购物车信息表和订单信息表，每个数据表的数据结构如表 2-1 所示。

表 2-1　商品信息表的数据结构

表 字 段	字段类型	含 义
id	Int 类型，长度为 11	主键
name	Varchar 类型，长度为 100	商品名称
sezes	Varchar 类型，长度为 100	商品规格
types	Varchar 类型，长度为 100	商品类型
price	Float 类型	商品价格
discount	Float 类型	折后价格
stock	Int 类型	存货数量
sold	Int 类型	已售数量
likes	Int 类型	收藏数量
created	Date 类型	上架日期
img	Varchar 类型，长度为 100	商品主图
details	Varchar 类型，长度为 100	商品描述

从表 2-1 看到，商品信息表负责记录商品的基本信息，其中商品主图和商品描述是以文件路径的形式记录在数据库中的。一般来说，如果网站中涉及文件的存储和使用，那么数据库最好记录文件的路径地址。若将文件内容以二进制的数据格式写入数据库，则会对数据库造成一定的压力，从而降低网站的响应速度。

商品信息表的字段 types 是代表商品类型，每一个商品类型都记录在商品类别表中，因此商品类别表的数据结构如表 2-2 所示。

表 2-2　商品类别表的数据结构

表 字 段	字段类型	含 义
id	Int 类型，长度为 11	主键
firsts	Varchar 类型，长度为 100	一级分类
seconds	Varchar 类型，长度为 100	二级分类

商品类别表分为一级分类和二级分类，它的设计是由商品列表页的商品分类决定，如图 2-2 所示，比如图 2-2 的"奶粉辅食"作为一级分类，该分类下设置了二级分类（进口奶粉、宝宝辅食、营养品），而商品信息表的字段 types 来自商品类别表的二级分类字段 seconds。

虽然商品信息表的字段 types 来自商品类别表的二级分类字段 seconds，但两个数据表之间并没有设置外键关系，这样的设计方式能够降低两个数据表之间的耦合性。如果网站需要改造成微服务架构或分布式架构，这种设计方式符合微服务或分布式的拆分要求。

购物车信息表的数据来自于商品信息表，为了简化表字段数量，我们在购物车信息表设置字段 commodityInfos_id，该字段是商品信息表的主键 id，从而使商品信息表和购物车信息表构成数据关联，这种方式不仅能简化字段数量，当商品信息发生改动，购物车的商品信息也能及时更新。此外，购物车信息表还需要设置字段 user_id，该字段是 Django 内置用户表的主键 id，用于区分不同用户的购物车信息，因此购物车信息表的数据结构如表 2-3 所示。

表 2-3　购物车信息表的数据结构

表 字 段	字段类型	含 义
id	Int 类型，长度为 11	主键
quantity	Int 类型，长度为 11	购买数量
commodityInfos_id	Int 类型，长度为 11	商品信息表的主键 id
user_id	Int 类型，长度为 11	Django 内置用户表的主键 id

当购物车信息表的商品执行结算操作的时候，结算费用将写入订单信息表的字段 price，并且还需要根据不同的用户区分相应的订单信息，因此订单信息表的数据结构如表 2-4 所示。

表 2-4　订单信息表的数据结构

表 字 段	字段类型	含 义
id	Int 类型，长度为 11	主键
price	Float 类型，长度为 11	订单总价
created	Int 类型，长度为 11	订单创建时间
user_id	Date 类型	Django 内置用户表的主键 id
state	Varchar 类型，长度为 20	订单状态

综合上述，我们将商品信息表、商品类别表、购物车信息表、订单信息表和 Django 内置用户表的数据关系进行整理，如图 2-7 所示。

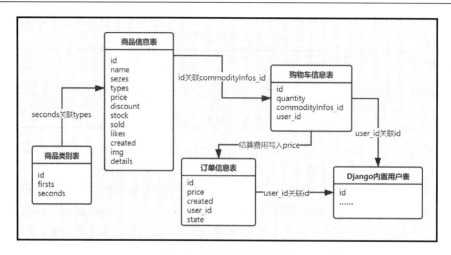

图 2-7　数据表的数据关系

2.3　搭建项目开发环境

当我们了解整个项目的开发设计之后，下一步是根据设计内容编写相应的功能代码。开始搭建网站之前，还需要确认使用哪种开发技术完成项目开发，比如网站的前后端是否分离，前后端分别采用哪些框架实现等。本项目采用前后端不分离模式开发，后端使用 Django 3.0 + MySQL 8.0 实现，前端使用 layui 框架 + jQuery 实现网页设计。

前后端不分离模式要求前端开发人员提供静态的 HTML 模板，并且 HTML 模板实现简单的 JavaScript 脚本功能，如果涉及 Ajax 异步数据传输，则需要在开发阶段中与后端人员相互调试 API 接口的数据结构。

我们将项目命名为 babys，在 Windows 的 CMD 窗口输入 Django 的项目创建指令，然后在新建的项目中创建项目应用（App）index、commodity 和 shopper，具体操作如下所示。

```
# 将 CMD 当前路径切换到 F 盘
C:\WINDOWS\system32>f:
# 在 F 盘创建项目 babys
F:\>django-admin startproject babys
# 将路径切换到项目 babys
F:\>cd babys
# 分别创建项目应用（App）index、commodity 和 shopper
F:\babys>python manage.py startapp index
F:\babys>python manage.py startapp commodity
F:\babys>python manage.py startapp shopper
```

打开项目 babys，分别创建文件夹 media、pstatic 和 templates，整个项目的目录结构如图 2-8 所示。

图 2-8　目录结构

整个项目共有 7 个文件夹和 1 个文件，每个文件夹和文件的功能说明如下：

（1）babys 文件夹与项目名相同，该文件夹下含有文件__init__.py、asgi.py、settings.py、urls.py 和 wsgi.py

（2）commodity 是 Django 创建的项目应用（App），文件夹含有__init__.py、admin.py、apps.py、models.py、tests.py 和 views.py 文件，它主要实现网站的商品列表页和商品详细页。

（3）index 是 Django 创建的项目应用（App），文件夹含有的文件与项目应用（App）commodity 相同，它主要实现网站首页。

（4）media 是网站的媒体资源，用于存放商品的主图和详细介绍图。

（5）pstatic 是网站的静态资源，用于存放网站的静态资源文件，如 CSS、JavaScript 和网站界面图片。

（6）shopper 也是 Django 创建的项目应用（App），它主要实现网站的购物车页面、个人中心页面、用户登录注册页面、在线支付功能等。

（7）templates 用于存放 HTML 模板文件，即网站的网页文件。

（8）manage.py 是项目的命令行工具，内置多种方法与项目进行交互。在命令提示符窗口下，将路径切换到项目 babys 并输入 python manage.py help，可以查看该工具的指令信息。

由于文件夹 media、pstatic 和 templates 是我们自行创建的，因此还需要在这些文件夹中添加前端提供的 HTML 静态模板，详细的添加说明如下：

```
# media 文件夹分别创建文件夹 details 和 imgs
media
  |-details
  |-imgs
# pstatic 文件夹分别创建文件夹 css、img、js 和 layui
# css、img、js 和 layui 文件夹含有多个文件
pstatic
  |-css
    |-main.css
  |-img
    |-多张网站页面的设计图
  |-js
```

```
    |-car.js
    |-mm.js
  |-layui
    |-layui 框架的源码文件
# templates 文件夹存放 6 个 HTML 文件
templates
  |-index.html（网站首页）
  |-login.html（用户注册登录页面）
  |-commodity.html（商品列表页面）
  |-details.html（商品详细页面）
  |-shopcart.html（购物车页面）
  |-shopper.html（个人中心页面）
```

至此，我们已完成项目 babys 的整体架构搭建，整个搭建过程可以分为两个步骤，说明如下：

（1）使用指令创建 Django 项目，并在新建的项目下创建相应的项目应用（App）。

（2）根据前端提供的 HTML 静态模板，分别创建文件夹 media、pstatic 和 templates，并将 HTML 静态模板的 CSS、JavaScript 和 HTML 文件分别放置在文件夹 pstatic 和 templates。

2.4　项目的功能配置

由于文件夹 media、pstatic 和 templates 是我们自行创建的，Django 在运行中无法识别这些文件夹的具体作用，因此，我们还需要在 Django 的配置文件 settings.py 中添加这些文件夹，使 Django 在运行中能识别这些文件夹的作用。

使用 PyCharm 打开项目 babys，然后打开 babys 文件夹的 settings.py 文件，如图 2-9 所示。

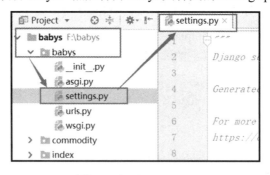

图 2-9　打开 settings.py

Django 已为我们设置了一些默认的配置信息，比如项目路径、密钥配置、域名访问权限、App 列表和中间件等。以项目 babys 为例，settings.py 的默认配置如下：

```
import os
# 项目路径
BASE_DIR = os.path.dirname(os.path.dirname(os.path.abspath(__file__)))
```

```python
# 密钥配置
SECRET_KEY = 'tq%piy+c3pntex*%)7m&1xoo1&1hb6cp2v42eyqaj)%f%jxc&5'
# 调试模式
DEBUG = True
# 域名访问权限
ALLOWED_HOSTS = []
# App 列表
INSTALLED_APPS = [
    'django.contrib.admin',
    'django.contrib.auth',
    'django.contrib.contenttypes',
    'django.contrib.sessions',
    'django.contrib.messages',
    'django.contrib.staticfiles',
]
# 中间件
MIDDLEWARE = [
    'django.middleware.security.SecurityMiddleware',
    'django.contrib.sessions.middleware.SessionMiddleware',
    'django.middleware.common.CommonMiddleware',
    'django.middleware.csrf.CsrfViewMiddleware',
    'django.contrib.auth.middleware.AuthenticationMiddleware',
    'django.contrib.messages.middleware.MessageMiddleware',
    'django.middleware.clickjacking.XFrameOptionsMiddleware',
]
# 路由入口设置
ROOT_URLCONF = 'babys.urls'
# 模板配置
TEMPLATES = [
    {
        'BACKEND': 'django.template.backends.django.DjangoTemplates',
        'DIRS': [],
        'APP_DIRS': True,
        'OPTIONS': {
            'context_processors': [
                'django.template.context_processors.debug',
                'django.template.context_processors.request',
                'django.contrib.auth.context_processors.auth',
                'django.contrib.messages.context_processors.messages',
            ],
        },
    },
]
# WSGI 配置
WSGI_APPLICATION = 'babys.wsgi.application'
```

```
# 数据库配置
DATABASES = {
    'default': {
        'ENGINE': 'django.db.backends.sqlite3',
        'NAME': os.path.join(BASE_DIR, 'db.sqlite3'),
    }
}
# 内置 Auth 认证的功能配置
AUTH_PASSWORD_VALIDATORS = [
    {
    'NAME':
    'django.contrib.auth.password_validation.
UserAttributeSimilarityValidator',
    },
    {
    'NAME':'django.contrib.auth.password_validation.
MinimumLengthValidator',
    },
    {
    'NAME':'django.contrib.auth.password_validation.
CommonPasswordValidator',
    },
    {
    'NAME':'django.contrib.auth.password_validation.
NumericPasswordValidator',
    },
]
# 国际化与本地化配置
LANGUAGE_CODE = 'en-us'
TIME_ZONE = 'UTC'
USE_I18N = True
USE_L10N = True
USE_TZ = True
# 静态资源配置
STATIC_URL = '/static/'
```

上述代码列出了 13 个配置信息，每个配置信息的说明如下：

（1）项目路径 BASE_DIR：主要通过 os 模块读取当前项目在计算机系统的具体路径，该代码在创建项目时自动生成，一般情况下无须修改。

（2）密钥配置 SECRET_KEY：这是一个随机值，在项目创建的时候自动生成，一般情况下无须修改。主要用于重要数据的加密处理，提高项目的安全性，避免遭到攻击者恶意破坏。密钥主要用于用户密码、CSRF 机制和会话 Session 等数据加密。

- 用户密码：Django 内置一套 Auth 认证系统，该系统具有用户认证和存储用户信息等功能，在创建用户的时候，将用户密码通过密钥进行加密处理，保证用户的安全性。

- CSRF 机制：该机制主要用于表单提交，防止窃取网站的用户信息来制造恶意请求。
- 会话 Session：Session 的信息存放在 Cookie 中，以一串随机的字符串表示，用于标识当前访问网站的用户身份，记录相关用户信息。

（3）调试模式 DEBUG：该值为布尔类型。如果在开发调试阶段，那么应设置为 True，在开发调试过程中会自动检测代码是否发生更改，根据检测结果执行是否刷新重启系统。如果项目部署上线，那么应将其改为 False，否则会泄漏项目的相关信息。

（4）域名访问权限 ALLOWED_HOSTS：设置可访问的域名，默认值为空列表。当 DEBUG 为 True 并且 ALLOWED_HOSTS 为空列表时，项目只允许以 localhost 或 127.0.0.1 在浏览器上访问。当 DEBUG 为 False 时，ALLOWED_HOSTS 为必填项，否则程序无法启动，如果想允许所有域名访问，可设置 ALLOW_HOSTS = ['*']。

（5）App 列表 INSTALLED_APPS：告诉 Django 有哪些 App。在项目创建时已有 admin、auth 和 sessions 等配置信息，这些都是 Django 内置的应用功能，各个功能说明如下：

- admin：内置的后台管理系统。
- auth：内置的用户认证系统。
- contenttypes：记录项目中所有 model 元数据（Django 的 ORM 框架）。
- sessions：Session 会话功能，用于标识当前访问网站的用户身份，记录相关用户信息。
- messages：消息提示功能。
- staticfiles：查找静态资源路径。

（6）中间件 MIDDLEWARE：这是一个用来处理 Django 的请求（Request）和响应（Response）的框架级别的钩子，它是一个轻量、低级别的插件系统，用于在全局范围内改变 Django 的输入和输出。

（7）路由入口设置 ROOT_URLCONF：告诉 Django 从哪个文件查找整个项目的路由信息（路由信息即我们定义的网址信息），默认值是与项目同名的文件夹的 urls.py 文件，即 babys 文件夹的 urls.py。

（8）模板配置 TEMPLATES：主要配置模板的解析引擎、模板的存放路径地址以及 Django 内置功能的模板使用配置信息。

（9）WSGI 配置 WSGI_APPLICATION：告诉 Django 如何查找 WSGI 文件，并从 WSGI 文件启动并运行 Django 系统服务，默认值是与项目同名的文件夹的 wsgi.py 文件，即 babys 文件夹的 wsgi.py。

（10）数据库配置 DATABASES：配置数据的连接信息，如连接数据库的模块、数据库名称、数据库的账号密码等，默认连接 sqlite 数据库。

（11）内置 Auth 认证的功能配置 AUTH_PASSWORD_VALIDATORS：主要实现 Django 的 Auth 认证系统的内置功能。

（12）国际化与本地化配置：包含配置属性 LANGUAGE_CODE、TIME_ZONE、

USE_I18N、USE_L10N、USE_TZ，主要实现网站的语言设置、不同时区的时间设置等。

（13）静态资源配置 STATIC_URL：设置静态文件的路径信息。

在网站开发阶段中，我们经常对配置文件 settings.py 的 INSTALLED_APPS、MIDDLEWARE、TEMPLATES、DATABASES 和 STATIC_URL 进行配置，从而完成网站的开发过程，而配置属性 DEBUG 和 ALLOWED_HOSTS 则用于网站上线阶段。

上述配置属性是 Django 默认的功能配置，在实际开发中，可根据实际情况适当添加或删除相应的功能配置。

2.4.1　添加项目应用

我们在项目 babys 添加了项目应用（App）index、commodity 和 shopper，但 Django 在运行过程中依然无法识别新增的项目应用（App），因此还需在 Django 的配置文件 settings.py 添加我们新增的项目应用（App）。在 App 列表 INSTALLED_APPS 分别添加 index、commodity 和 shopper，添加信息如下：

```
INSTALLED_APPS = [
    'django.contrib.admin',
    'django.contrib.auth',
    'django.contrib.contenttypes',
    'django.contrib.sessions',
    'django.contrib.messages',
    'django.contrib.staticfiles',
    'index',
    'commodity',
    'shopper'
]
```

在 App 列表 INSTALLED_APPS 添加项目应用（App）不用考虑添加顺序，一般情况下，新增的项目应用写在 App 列表 INSTALLED_APPS 末端，并且以字符串格式表示。

2.4.2　设置模板信息

在 Web 开发中，模板是一种较为特殊的 HTML 文档。这个 HTML 文档嵌入了一些能够让 Django 识别的变量和指令，然后由 Django 的模板引擎解析这些变量和指令，生成完整的 HTML 网页并返回给用户浏览。模板是 Django 里面的 MTV 框架模式的 T 部分，配置模板路径是为了告诉 Django 在解析模板时，如何找到模板所在的位置。

一般情况下，项目的根目录文件夹 templates 通常存放共用的模板文件，能为各个 App 的模板文件调用，这个模式符合代码重复使用的原则。我们已在项目 babys 创建了文件夹 templates，它是用来存放 Django 模板文件的，在配置文件 settings.py 的配置属性 TEMPLATES 添加文件夹 templates，配置信息如下：

```
TEMPLATES = [
    {
```

```
        'BACKEND': 'django.template.backends.django.DjangoTemplates',
        'DIRS': [os.path.join(BASE_DIR, 'templates'),],
        'APP_DIRS': True,
        'OPTIONS': {
            'context_processors': [
                'django.template.context_processors.debug',
                'django.template.context_processors.request',
                'django.contrib.auth.context_processors.auth',
                'django.contrib.messages.context_processors.messages',
            ],
        },
    },
]
```

模板配置以列表格式表示，每个元素具有不同的含义，其含义说明如下：

- BACKEND：定义模板引擎，用于识别模板里面的变量和指令。内置的模板引擎有 Django Templates 和 jinja2.Jinja2，每个模板引擎都有自己的变量和指令语法。
- DIRS：设置模板所在的路径，告诉 Django 在哪个地方查找模板的位置，默认为空列表。
- APP_DIRS：是否在 App 里查找模板文件。
- OPTIONS：用于填充在 RequestContext 的上下文（模板里面的变量和指令），一般情况下不做任何修改。

模板文件夹也可以在项目应用（App）里面创建，比如在项目应用 index 中创建模板文件夹 temps，那么在 TEMPLATES 的配置属性 DIRS 添加 os.path.join(BASE_DIR, 'index/temp')，其中 index/temp 代表项目应用 index 的模板文件夹 temps；并且配置属性 APP_DIRS 必须设置为 True，否则 Django 无法从项目应用中查找模板文件。

2.4.3　添加中间件

中间件（Middleware）是一个用来处理 Django 请求（Request）和响应（Response）的框架级别的钩子，它是一个轻量、低级别的插件系统，用于在全局范围内改变 Django 的输入和输出。

当用户在网站中进行某个操作时，这个过程是用户向网站发送 HTTP 请求（Request），而网站会根据用户的操作返回相关的网页内容，这个过程称为响应处理（Response）。从请求到响应的过程中，当 Django 接收到用户的请求时，首先经过中间件处理请求信息，执行相关的处理，然后将处理结果返回给用户。中间件的执行流程如图 2-10 所示。

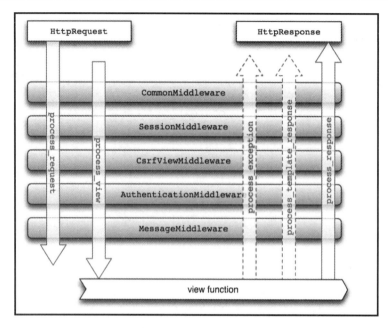

图 2-10　中间件的执行流程

从图 2-10 中能清晰地看到，中间件的作用是处理用户请求信息和返回响应内容。开发者可以根据自己的开发需求自定义中间件，只要将自定义的中间件添加到配置属性 MIDDLEWARE 中即可激活。

一般情况下，Django 默认的中间件配置均可满足大部分的开发需求。我们在项目的 MIDDLEWARE 中添加 LocaleMiddleware 中间件，使得 Django 内置的功能支持中文显示，代码如下：

```
MIDDLEWARE = [
    'django.middleware.security.SecurityMiddleware',
    'django.contrib.sessions.middleware.SessionMiddleware',
    # 添加中间件 LocaleMiddleware
    'django.middleware.locale.LocaleMiddleware',
    'django.middleware.common.CommonMiddleware',
    'django.middleware.csrf.CsrfViewMiddleware',
    'django.contrib.auth.middleware.AuthenticationMiddleware',
    'django.contrib.messages.middleware.MessageMiddleware',
    'django.middleware.clickjacking.XFrameOptionsMiddleware',
]
```

配置属性 MIDDLEWARE 的数据格式为列表类型，每个中间件的设置顺序是固定的，如果随意变更中间件很容易导致程序异常。每个中间件的说明如下：

- SecurityMiddleware：内置的安全机制，保护用户与网站的通信安全。
- SessionMiddleware：会话 Session 功能。
- LocaleMiddleware：国际化和本地化功能。
- CommonMiddleware：处理请求信息，规范化请求内容。

- CsrfViewMiddleware：开启 CSRF 防护功能。
- AuthenticationMiddleware：开启内置的用户认证系统。
- MessageMiddleware：开启内置的信息提示功能。
- XFrameOptionsMiddleware：防止恶意程序单击劫持。

2.4.4　配置数据库

默认情况下，Django 支持使用 PostgreSQL、MySQL、Sqlite3 和 Oracle 数据库，如果要使用其他的数据库，如 MSSQL 或 Redis 等，需要自行安装第三方插件。配置属性 DATABASES 是设置项目所使用的数据库信息，不同的数据库需要设置不同的数据库引擎，数据库引擎用于实现项目与数据库的连接，Django 提供了 4 种数据库引擎：

- 'django.db.backends.postgresql'
- 'django.db.backends.mysql'
- 'django.db.backends.sqlite3'
- 'django.db.backends.oracle'

在创建项目的时候，Django 已默认使用 Sqlite3 数据库，配置文件 settings.py 的配置信息如下所示：

```
DATABASES = {
    'default': {
        'ENGINE': 'django.db.backends.sqlite3',
        'NAME': os.path.join(BASE_DIR, 'db.sqlite3'),
    }
}
```

项目创建之后，如果没有修改配置属性 DATABASES，当启动并运行 Django 时，Django 会自动在项目的目录下创建数据库文件 db.sqlite3，如图 2-11 所示。

图 2-11　目录结构

由于项目 babys 需要使用 MySQL 数据库，因此在配置属性 DATABASES 中设置 MySQL 的连接信息。在配置数据库信息之前，首先确保本地计算机已安装 MySQL 数据库系统，然后再安装 MySQL 的连接模块，Django 可以使用 mysqlclient 和 pymysql 模块实现 MySQL 连接。

mysqlclient 模块可以使用 pip 指令安装，打开命令提示符窗口并输入安装指令 pip install mysqlclient，然后等待模板安装完成即可。

如果使用 pip 在线安装 mysqlclient 的过程中出现错误，还可以选择 whl 文件安装。在浏览器中访问 www.lfd.uci.edu/~gohlke/pythonlibs/#mysqlclient 并下载与 Python 版本相匹配的 mysqlclient 文件。我们将 mysqlclient 文件下载保存在 D 盘，然后打开命令提示符窗口，使用 pip 完成 whl 文件的安装，如下所示：

```
pip install D:\mysqlclient-1.4.6-cp38-cp38-win_amd64.whl
```

完成 mysqlclient 模块的安装后，在项目的配置文件 settings.py 中配置 MySQL 数据库连接信息，代码如下：

```
DATABASES = {
    'default': {
        'ENGINE': 'django.db.backends.mysql',
        'NAME': 'babys',
        'USER':'root',
        'PASSWORD':'1234',
        'HOST':'127.0.0.1',
        'PORT':'3306',
    }
}
```

为了验证数据库连接信息是否正确，我们使用数据库可视化工具 Navicat Premium 打开本地的 MySQL 数据库。在本地的 MySQL 数据库创建数据库 babys，如图 2-12 所示。

图 2-12　数据库 babys

刚创建的数据库 babys 是一个空白的数据库，接着在 PyCharm 的 Terminal 界面下输入 Django 操作指令 python manage.py migrate 来创建 Django 内置功能的数据表。

因为 Django 自带了内置功能，如 Admin 后台系统、Auth 用户系统和会话机制等功能，这些功能都需要借助数据表实现，所以该操作指令可以将内置的迁移文件生成数据表，如图 2-13 所示。

```
Terminal
+  F:\babys>python manage.py migrate
×  Operations to perform:
       Apply all migrations: admin, auth, contenttypes, sessions
```

图 2-13　创建数据表

最后在数据库可视化工具 Navicat Premium 里查看数据库 babys 是否生成相应的数据表，如图 2-14 所示。

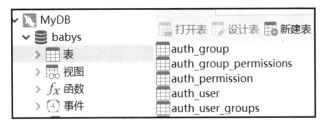

图 2-14　查看数据表

使用 mysqlclient 连接 MySQL 数据库时，Django 对 mysqlclient 版本有要求，打开 Django 的源码查看 mysqlclient 的版本要求，如图 2-15 所示。

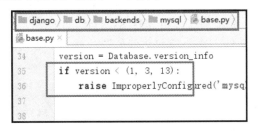

图 2-15　mysqlclient 版本要求

一般情况下，使用 pip 安装 mysqlclient 模块都能符合 Django 的使用要求。如果在开发过程中发现 Django 提示 mysqlclient 过低，那么可以对 Django 的源码进行修改，将图 2-15 的 if 条件判断注释即可。

除了使用 mysqlclient 模块连接 MySQL 之外，还可以使用 pymysql 模块连接 MySQL 数据库。pymysql 模块的安装使用 pip 在线安装即可，在命令提示符窗口下输入 pip install pymysql 指令并等待安装完成即可。

pymysql 模块安装成功后，项目配置文件 settings.py 的数据库配置信息无须修改，只要在 babys 文件夹的 __init__.py 中设置数据库连接模块即可，代码如下：

```
# babys 文件夹的 __init__.py
import pymysql
pymysql.install_as_MySQLdb()
```

若要验证 pymysql 模块连接 MySQL 数据库的功能，建议读者先将 mysqlclient 模块卸载，这样能排除干扰因素，而验证方式与 mysqlclient 模块连接 MySQL 的验证方式一致。记得在验证之前，务必将数据库 babys 的数据表删除，具体的验证过程不再重复讲述。

值得注意的是，如果读者使用的 MySQL 是 8.0 以上版本，在 Django 连接 MySQL 数据库时会提示 django.db.utils.OperationalError 的错误信息，这是因为 MySQL 8.0 版本的密码加密方式发生了改变，8.0 版本的用户密码采用的是 CHA2 加密方式。

为了解决这个问题，我们通过 SQL 语句将 8.0 版本的加密方式改回原来的加密方式，这样可以解决 Django 连接 MySQL 数据库的错误问题。在 MySQL 的可视化工具中运行以下 SQL

语句：

```
# newpassword 是已设置的用户密码
ALTER USER 'root'@'localhost' IDENTIFIED WITH mysql_native_password BY
'newpassword';
FLUSH PRIVILEGES;
```

Django 除了支持 PostgreSQL、SQLite3、MySQL 和 Oracle 之外，还支持 SQL Server 和 MongoDB 的连接。由于不同的数据库有不同的连接方式，因此此处不过多介绍，本书主要以 MySQL 连接为例，若需了解其他数据库的连接方式，可自行搜索相关资料。

2.4.5 配置静态资源

静态资源的配置分别由配置属性 STATIC_URL、STATICFILES_DIRS 和 STATIC_ROOT 完成，默认情况下，Django 只配置了配置属性 STATIC_URL。一个项目在开发过程中肯定需要使用 CSS 和 JavaScript 文件，这些静态文件的存放路径主要在配置文件 settings.py 设置，Django 默认的配置信息如下：

```
# Static files (CSS, JavaScript, Images)
# https://docs.djangoproject.com/en/2.0/howto/static-files/
STATIC_URL = '/static/'
```

上述配置是设置静态资源的路由地址，其作用是使浏览器能成功访问 Django 的静态资源。默认情况下，Django 只能识别项目应用（App）的 static 文件夹里面的静态资源。当项目启动时，Django 会从项目应用（App）里面查找相关的资源文件，查找功能主要由 App 列表 INSTALLED_APPS 的 staticfiles 实现。

Django 在调试模式（DEBUG=True）下只能识别项目应用（App）的 static 文件夹里面的静态资源，并且项目应用（App）的 static 文件夹在创建项目应用的时候不会自动生成，开发者还需要自行在项目应用（App）里面创建 static 文件夹，如果该文件夹改为其他名字，Django 将无法识别；若将 static 文件夹放在 babys 的项目目录下，则 Django 也是无法识别的。

由于 STATIC_URL 的特殊性，在开发中会造成诸多不便，比如将静态文件夹存放在项目的根目录或者定义多个静态文件夹等。以项目 babys 为例，若想在网页上正常访问静态资源文件，可以将文件夹 pstatic 写入资源集合 STATICFILES_DIRS，在配置文件 settings.py 添加并设置配置属性 STATICFILES_DIRS，该属性以列表或元组的形式表示，设置方式如下：

```
# 添加并设置配置属性 STATICFILES_DIRS
STATICFILES_DIRS = (
    os.path.join(BASE_DIR, 'pstatic'),
)
```

如果项目中有多个静态资源文件夹，并且这些文件夹不是在项目应用（App）里面；或者项目应用（App）的静态文件夹名称不是 static，那么我们只需在配置属性 STATICFILES_DIRS 添加对应的文件夹即可

静态资源配置还有 STATIC_ROOT，其作用是在服务器上部署项目，实现服务器和项目

之间的映射。STATIC_ROOT 主要收集整个项目的静态资源并存放在一个新的文件夹，然后由该文件夹与服务器之间构建映射关系。STATIC_ROOT 的配置如下：

```
STATIC_ROOT = os.path.join(BASE_DIR, 'AllStatic')
```

当项目的配置属性 DEBUG 设为 True 的时候，Django 会自动提供静态文件代理服务，此时整个项目处于开发阶段，因此无须使用 STATIC_ROOT。当配置属性 DEBUG 设为 False 的时候，意味着项目进入生产环境，Django 不再提供静态文件代理服务，此时需要在项目的配置文件中设置 STATIC_ROOT。

设置 STATIC_ROOT 需要使用 Django 操作指令 collectstatic 来收集所有的静态资源，这些静态资源会保存在 STATIC_ROOT 所设置的文件夹里。关于 STATIC_ROOT 的使用会在后续的章节详细讲述。

2.4.6　配置媒体资源

一般情况下，STATIC_URL 是设置静态文件的路由地址，如 CSS 样式文件、JavaScript 文件以及常用图片等。对于一些经常变动的资源，通常将其存放在媒体资源文件夹，如用户头像、商品主图、商品详细介绍图等。

媒体资源和静态资源是可以同时存在的，而且两者可以独立运行，互不影响，而媒体资源只有配置属性 MEDIA_URL 和 MEDIA_ROOT。以项目 babys 为例，新建的文件夹 media 是用来存放媒体资源文件的，在配置文件 settings.py 分别设置 MEDIA_URL 和 MEDIA_ROOT，使 Django 在运行的时候能够自动识别媒体资源文件夹 media，详细的设置方式如下：

```
MEDIA_URL = '/media/'
MEDIA_ROOT = os.path.join(BASE_DIR, 'media')
```

配置属性设置后，还需要将 media 文件夹注册到 Django 里，让 Django 知道如何找到媒体文件，否则无法在浏览器中访问该文件夹的文件信息。打开 babys 文件夹的 urls.py 文件，为媒体文件夹 media 添加相应的路由地址，代码如下：

```
# babys 文件夹的 urls.py
from django.contrib import admin
from django.urls import path, re_path
from django.views.static import serve
from django.conf import settings

urlpatterns = [
    path('admin/', admin.site.urls),
    # 配置媒体资源的路由信息
    re_path('media/(?P<path>.*)', serve,
    {'document_root':settings.MEDIA_ROOT}, name='media'),
]
```

最后，我们启动运行项目 babys，在浏览器中分别访问 http://127.0.0.1:8000/static/css/main.css 和 http://127.0.0.1:8000/media/imgs/p1.jpg，前者是访问项目 babys 的静态资源文件夹

pstatic 的文件夹 CSS 的样式文件 main.css，后者是访问媒体资源文件夹 media 的文件夹 imgs 的图片文件 p1.jpg，如图 2-16 所示。

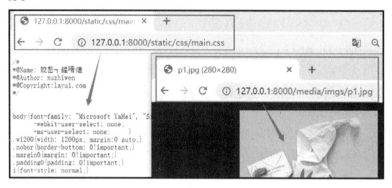

图 2-16　静态资源和媒体资源

2.5　内置指令

我们已掌握了 Django 的项目创建、项目开发调试和基本的功能配置，本节将讲述 Django 内置指令的详细作用，只有了解各个操作指令的功能，才能为我们的项目开发提供巨大的便利和帮助。

在 PyCharm 的 Terminal 或者 Windows 的 CMD 窗口（CMD 窗口路径必须在项目路径下，如项目 babys 的路径）中输入指令 python manage.py help 并按回车键，即可看到相关的指令信息，以 PyCharm 的 Terminal 为例，如图 2-17 所示。

图 2-17　Django 指令信息

Django 的操作指令共有 30 条，每条指令的说明这里以表格形式展示，如表 2-5 所示。

表 2-5　Django 操作指令说明

指　令	说　明
changepassword	修改内置用户表的用户密码
createsuperuser	为内置用户表创建超级管理员账号

指　令	说　明
remove_stale_contenttypes	删除数据库中已不使用的数据表
check	检测整个项目是否存在异常问题
compilemessages	编译语言文件，用于项目的区域语言设置
createcachetable	创建缓存数据表，为内置的缓存机制提供存储功能
dbshell	进入 Django 配置的数据库，可以执行数据库的 SQL 语句
diffsettings	显示当前 settings.py 的配置信息与默认配置的差异
dumpdata	导出数据表的数据并以 JSON 格式存储，如 python manage.py dumpdata index > data.json，这是 index 的模型所对应的数据导出，并保存在 data.json 文件中
flush	清空数据表的数据信息
inspectdb	获取项目所有模型的定义过程
loaddata	将数据文件导入数据表，如 python manage.py loaddatadata.json
makemessages	创建语言文件，用于项目的区域语言设置
makemigrations	从模型对象创建数据迁移文件并保存在 App 的 migrations 文件夹
migrate	根据迁移文件的内容，在数据库里生成相应的数据表
sendtestemail	向指定的收件人发送测试的电子邮件
shell	进入 Django 的 Shell 模式，用于调试项目功能
showmigrations	查看当前项目的所有迁移文件
sqlflush	查看清空数据库的 SQL 语句脚本
sqlmigrate	根据迁移文件内容输出相应的 SQL 语句
sqlsequencereset	重置数据表递增字段的索引值
squashmigrations	对迁移文件进行压缩处理
startapp	创建项目应用 App
startproject	创建新的 Django 项目
test	运行 App 里面的测试程序
testserver	新建测试数据库并使用该数据库运行项目
clearsessions	清除会话 Session 数据
collectstatic	收集所有的静态文件
findstatic	查找静态文件的路径信息
runserver	在本地计算机上启动 Django 项目

表 2-5 简单讲述了 Django 操作指令的作用，对于刚接触 Django 的读者来说，可能并不理解每个指令的具体作用，本节只对这些指令进行概述，读者只需要大概了解，在后续的学习中会具体讲述这些指令的使用方法。此外，有兴趣的读者也可以参考官方文档（docs.djangoproject.com/zh-hans/3.0/ref/django-admin/）。

2.6　本章小结

　　系统总体结构设计需要由需求工程师和开发人员共同商议，针对用户需求来商量如何设计系统各个功能模块以及各个模块的数据结构。本章商城网站的概要设计如下：

　　（1）网站首页应设有导航栏，并且所有功能展示在导航栏，在导航栏的下面展示各类的热销商品，当单击商品图片即可进入商品详细页面，导航栏上方设有搜索框，便于用户搜索相关商品。

　　（2）商品列表页将所有商品以一定的规则排序展示，用户可以从销量、价格、上架时间和收藏数量设置商品的排序方式，并且在页面的左侧设置分类列表，选择某一分类可以筛选出相应的商品信息。

　　（3）商品详细页展示某一商品的主图、名称、规格、数量、详细介绍、购买按钮和收藏按钮，并在商品详细介绍的左侧设置了热销商品列表。

　　（4）购物车页面只能在用户已登录的情况下才能访问，它是将用户选购的商品以列表形式展示，列表的每行数据包含了商品图片、名称、单价、数量、合计和删除操作，用户可以增减商品的购买数量，并且能自动计算费用。

　　（5）个人中心页面是展示用户的基本信息及订单信息，只能在用户已登录的情况下访问。

　　（6）用户登录和注册页面共用一个页面，如果用户账号已存在，则对用户账号密码验证并登录，如果用户不存在，则对当前的账号密码进行注册处理。

　　（7）数据库使用 MySQL 5.7 以上版本，数据表除了 Django 内置数据表之外，还需定义商品信息表、商品类别表、购物车信息表和订单信息表

　　整个项目共有 7 个文件夹和 1 个文件，每个文件夹和文件的功能说明如下：

　　（1）babys 文件夹与项目名相同，该文件夹下含有文件__init__.py、asgi.py、settings.py、urls.py 和 wsgi.py

　　（2）commodity 是 Django 创建的项目应用（App），文件夹含有__init__.py、admin.py、apps.py、models.py、tests.py 和 views.py 文件，它主要实现网站的商品列表页和商品详细页。

　　（3）index 是 Django 创建的项目应用（App），该文件夹含有的文件与项目应用（App）commodity 相同，它主要实现网站首页。

　　（4）shopper 也是 Django 创建的项目应用（App），它主要实现网站的购物车页面、个人中心页面、用户登录注册页面、在线支付功能等。

　　（5）media 是网站的媒体资源，用于存放商品的主图和详细介绍图。

　　（6）pstatic 是网站的静态资源，用于存放网站的静态资源文件，如 CSS、JavaScript 和网站界面图片。

　　（7）templates 用于存放 HTML 模板文件，即网站的网页文件。

　　（8）manage.py 是项目的命令行工具，内置多种方法与项目进行交互。在命令提示符窗

口下，将路径切换到项目 babys 并输入 python manage.py help，可以查看该工具的指令信息。

Django 已为我们设置了一些默认的配置信息，比如项目路径、密钥配置、域名访问权限、App 列表和中间件等，每个配置说明如下：

（1）项目路径 BASE_DIR：主要通过 os 模块读取当前项目在计算机系统的具体路径，该代码在创建项目时自动生成，一般情况下无须修改。

（2）密钥配置 SECRET_KEY：这是一个随机值，在项目创建的时候自动生成，一般情况下无须修改。主要用于重要数据的加密处理，提高项目的安全性，避免遭到攻击者恶意破坏。密钥主要用于用户密码、CSRF 机制和会话 Session 等数据加密。

（3）调试模式 DEBUG：该值为布尔类型。如果在开发调试阶段，那么应设置为 True，在开发调试过程中会自动检测代码是否发生更改，根据检测结果执行是否刷新重启系统。如果项目部署上线，那么应将其改为 False，否则会泄漏项目的相关信息。

（4）域名访问权限 ALLOWED_HOSTS：设置可访问的域名，默认值为空列表。当 DEBUG 为 True 并且 ALLOWED_HOSTS 为空列表时，项目只允许以 localhost 或 127.0.0.1 在浏览器上访问。当 DEBUG 为 False 时，ALLOWED_HOSTS 为必填项，否则程序无法启动，如果想允许所有域名访问，可设置 ALLOW_HOSTS = ['*']。

（5）App 列表 INSTALLED_APPS：告诉 Django 有哪些 App。在项目创建时已有 admin、auth 和 sessions 等配置信息，这些都是 Django 内置的应用功能。

（6）中间件 MIDDLEWARE：这是一个用来处理 Django 请求（Request）和响应（Response）的框架级别的钩子，它是一个轻量、低级别的插件系统，用于在全局范围内改变 Django 的输入和输出。

（7）路由入口设置 ROOT_URLCONF：告诉 Django 从哪个文件查找整个项目的路由信息，默认值是与项目同名的文件夹的 urls.py 文件，即 babys 文件夹的 urls.py。

（8）模板配置 TEMPLATES：主要配置模板的解析引擎、模板的存放路径地址以及 Django 内置功能的模板使用配置信息。

（9）WSGI 配置 WSGI_APPLICATION：告诉 Django 如何查找 WSGI 文件，并从 WSGI 文件启动并运行 Django 系统服务，默认值是与项目同名的文件夹的 wsgi.py 文件，即 babys 文件夹的 wsgi.py。

（10）数据库配置 DATABASES：配置数据的连接信息，如连接数据库的模块、数据库名称、数据库的账号密码等，默认连接 SQLite 数据库。

（11）内置 Auth 认证的功能配置 AUTH_PASSWORD_VALIDATORS：主要实现 Django 的 Auth 认证系统的内置功能。

（12）国际化与本地化配置：包含配置属性 LANGUAGE_CODE、TIME_ZONE、USE_I18N、USE_L10N、USE_TZ，主要实现网站的语言设置、不同时区的时间设置等。

（13）静态资源配置 STATIC_URL：设置静态文件的路径信息。

在 PyCharm 的 Terminal 或者 Windows 的 CMD 窗口（CMD 窗口路径必须在项目路径下，如项目 babys 的路径）中输入指令 python manage.py help 并按回车键。Django 的操作指令共有 30 条，读者必须了解每个指令的具体作用。

第3章

商城网址的规划与设计

路由称为 URL（Uniform Resource Locator，统一资源定位符），也可以称为 URLconf，是对可以从互联网上得到的资源位置和访问方法的一种简洁的表示，是互联网上标准资源的地址。互联网上的每个文件都有一个唯一的路由，用于指出网站文件的路径位置。简单地说，路由可视为我们常说的网址，每个网址代表不同的网页。

3.1 设置路由分发规则

一个完整的路由包含：路由地址、视图函数（或者视图类）、路由变量和路由命名。其中基本的信息必须有：路由地址和视图函数（或者视图类），路由地址即我们常说的网址；视图函数（或者视图类）即项目应用（App）的 views.py 文件所定义的函数或类；路由变量和路由命名是路由的变量和命名设置，使路由具有动态变化和命名引用功能。（动态变化是指一个路由地址按照某个规律演变多种不同的路由地址；命名引用是指在视图、模型等其他项目文件使用路由命名生成相应的路由地址）

在默认情况下，设置路由地址是在项目同名的文件夹的 urls.py 文件里实现，这也是由配置文件 settings.py 的 ROOT_URLCONF 决定，以项目 babys 为例，配置属性 ROOT_URLCONF 指向 babys 文件夹的 urls.py，如图 3-1 所示。

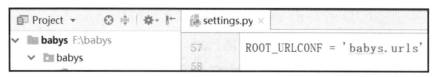

图 3-1 配置属性 ROOT_URLCONF

一个项目中可能设有多个项目应用（App），而 babys 文件夹的 urls.py 是定义项目所有路由地址的总入口，如果项目中所有路由地址都在 babys 文件夹的 urls.py 中定义，当项目功能规模越来越大的时候，babys 文件夹的 urls.py 定义的路由地址就会越来越多，从而造成难以管理的问题。

为了更好区分各个项目应用（App）的路由地址，我们在 babys 文件夹的 urls.py 中分别为每个项目应用（App）定义一条路由入口。首先在每个项目应用（App）的文件夹里创建 urls.py 文件，以项目 babys 的项目应用 index 为例，其目录结构如图 3-2 所示。

图 3-2　目录结构

除了项目应用 index 之外，我们还要在项目应用 shopper 和 commodity 分别创建新的 urls.py 文件。然后在 PyCharm 里打开 babys 文件夹的 urls.py 文件，将项目应用 index、shopper 和 commodity 新建的 urls.py 添加到 babys 文件夹的 urls.py，添加方法由 Django 内置函数 path 和 include 实现，详细代码如下：

```
# babys 文件夹的 urls.py
from django.contrib import admin
from django.urls import path, include, re_path
from django.views.static import serve
from django.conf import settings


urlpatterns = [
    path('admin/', admin.site.urls),
# 添加项目应用 index、commodity 和 shopper 的 urls.py
    path('', include(('index.urls', 'index'), namespace='index')),
    path('commodity', include(('commodity.urls', 'commodity'),
    namespace='commodity')),
    path('shopper',include(('shopper.urls', 'shopper'),
namespace='shopper')),
    # 配置媒体资源的路由信息
    re_path('media/(?P<path>.*)', serve,
  {'document_root':settings.MEDIA_ROOT}, name='media'),
    ]
```

babys 文件夹的 urls.py 定义了 5 条路由信息，分别是 Admin 站点管理、首页地址（项目应用 index 的 urls.py）、商品信息（项目应用 commodity 的 urls.py）、购物车信息（项目应用 shopper 的 urls.py）和媒体资料。其中，Admin 站点管理在创建项目时已自动生成，一般情况下无须更改；媒体资料的路由地址是在第 2.4.6 节配置的。整个 babys 文件夹的 urls.py 的代码说明如下：

- from django.contrib import admin：导入内置 Admin 功能模块。
- from django.urls import path,include：导入 Django 的路由函数模块。
- urlpatterns：代表整个项目的路由集合，以列表格式表示，每个元素代表一条路由信息。
- path('admin/', admin.site.urls)：设定 Admin 管理系统的路由信息。'admin/' 代表 127.0.0.1:8000/admin 的路由地址，admin 后面的斜杠是路径分隔符，其作用等同于计算机中文件目录的斜杠符号；admin.site.urls 指向内置 Admin 功能所自定义的路由信息，可以在 Python 目录 Lib\site-packages\django\contrib\admin\sites.py 中找到具体的定义过程。
- path('', include(('index.urls', 'index'), namespace='index'))：路由地址为 "/"，即 127.0.0.1:8000，通常是网站的首页；路由函数 include 是将该路由地址分发给项目应用 index 的 urls.py 处理。
- path('commodity', include(('commodity.urls', 'commodity'), namespace='commodity'))：路由地址为 "/commodity"，即 127.0.0.1:8000/commodity，这是商品详细和商品列表页面；路由函数 include 是将该路由地址分发给项目应用 commodity 的 urls.py 处理。
- path('shopper', include(('shopper.urls', 'shopper'), namespace='shopper'))：路由地址为 "/shopper"，即 127.0.0.1:8000/shopper，这是购物车、个人中心、用户注册等页面；路由函数 include 是将该路由地址分发给项目应用 shopper 的 urls.py 处理。
- re_path('media/(?P<path>.*)', serve, {'document_root':settings.MEDIA_ROOT}, name='media')：路由地址为 "/media/xxx"，即 127.0.0.1:8000/media/xxx，这是媒体资源定义的路由地址，路由函数 re_path 表示允许在路由地址里面设置正则表达式。

从 babys 文件夹的 urls.py 定义的路由信息得知，每个项目应用（App）的路由地址交给项目应用的 urls.py 自行管理，这是路由的分发规则，使路由按照一定的规则进行分类管理。整个路由设计模式的工作原理说明如下：

（1）当运行 babys 项目时，Django 从 babys 文件夹的 urls.py 找到各个项目应用（App）的 urls.py，然后读取每个项目应用（App）的 urls.py 定义的路由信息，从而生成完整的路由列表。

（2）用户在浏览器上访问某个路由地址时，Django 就会收到该用户的请求信息。

（3）Django 从当前请求信息中获取路由地址，并在路由列表里匹配相应的路由信息，再执行路由信息所指向的视图函数（或视图类），从而完成整个请求响应过程。

3.2 路由分发详解

从 3.1 节看到，我们设置项目路由分发功能的时候，除了使用内置函数 path 和 include 之外，还在路由中设置了参数 namespace，该参数是可选参数，是 Django 设置路由的命名空间。

路由函数 include 设有参数 arg 和 namespace ，参数 arg 指向项目应用 App 的 urls.py 文件，其数据格式以元组或字符串表示；可选参数 namespace 是路由的命名空间。

若要对路由设置参数 namespace，则参数 arg 必须以元组格式表示，并且元组的长度必须为 2。以路由 path('', include(('index.urls', 'index'), namespace='index')) 为例，参数 arg 为 ('index.urls', 'index')，参数的每个元素说明如下：

- 第一个元素为项目应用的 urls.py 文件，比如('index.urls','index')的 "index.urls"，这是代表项目应用 index 的 urls.py 文件。
- 第二个元素可以自行命名，但不能为空，一般情况下是以项目应用的名称进行命名，如('index.urls','index')的 "index" 是以项目应用 index 进行命名的。

如果路由设置参数 namespace 并且参数 arg 为字符串或元组长度不足 2 的时候，比如我们将首页的路由分发设为 path('', include(('index.urls'), namespace='index'))，当运行项目的时候，Django 就会提示错误信息，如图 3-3 所示。

```
File "F:\babys\babys\urls.py", line 23, in <module>
  path('', include(('index.urls'), namespace='index')),
File "E:\Python\lib\site-packages\django\urls\conf.py", line 38, in include
  raise ImproperlyConfigured(
django.core.exceptions.ImproperlyConfigured: Specifying a namespace in include()
```

图 3-3 运行结果

路由函数 include 的作用是将当前路由分配到某个项目应用的 urls.py 文件，而项目应用的 urls.py 文件可以设置多条路由，这种情况类似计算机上的文件夹 A，并且该文件夹下包含多个子文件夹，而 Django 的命名空间 namespace 相当于对文件夹 A 进行命名。

假设项目路由设计为：在 babys 文件夹的 urls.py 定义 3 条路由，每条路由都使用路由函数 include，并分别命名为 A、B、C，每条路由对应某个项目应用的 urls.py 文件，并且每个项目应用的 urls.py 文件里定义若干条路由。

根据上述的路由设计模式，将 babys 文件夹的 urls.py 视为计算机上的 D 盘，在 D 盘下有 3 个文件夹，分别命名为 A、B、C，每个项目应用的 urls.py 所定义的若干条路由可视为这 3 个文件夹里面的文件。在这种情况下，Django 的命名空间 namespace 等同于文件夹 A、B、C 的文件名。

Django 的命名空间 namespace 可以为我们快速定位某个项目应用的 urls.py，再结合路由命名 name 就能快速地从项目应用的 urls.py 找到某条路由的具体信息，这样就能有效管理整个项目的路由列表。有关路由函数 include 的定义过程，可以在 Python 安装目录下找到源码（Lib\site-packages\django\urls\conf.py）进行解读。

3.3　设置商城的路由地址

我们已在 babys 文件夹的 urls.py 分别为项目应用 index、shopper 和 commodity 设置路由分发功能，本节将会在项目应用 index、shopper 和 commodity 的 urls.py 定义网站首页、商品列表页、商品详细页、购物车页面、个人中心页面和用户登录注册页面的路由地址。

首先打开项目应用 index 的 urls.py，在该文件中定义网站首页的路由地址，定义方法如下：

```python
# index 的 urls.py
from django.urls import path
from .views import *

urlpatterns = [
    path('', indexView, name='index'),
]
```

上述代码中，我们只在项目应用 index 的 urls.py 定义了路由地址 index，路由地址由 Django 内置函数 path 完成定义过程，函数 path 设置了 3 个参数，每个参数的说明如下：

（1）第一个参数为空字符串，这是设置具体的路由地址，由于 babys 文件夹的 urls.py 的路由分发为 path('', include(('index.urls', 'index'), namespace='index'))，即代表网址 127.0.0.1:8000，而 index 的 urls.py 定义的路由地址 index 设为空字符串，那么路由地址 index 的网址为 127.0.0.1:8000。

（2）第二个参数为 indexView，这是指向项目应用 index 的 views.py 的某个视图函数或视图类，当用户在浏览器访问 127.0.0.1:8000 的时候，Django 将接收到一个 HTTP 请求，从该请求中获取路由地址并与自身的路由列表进行匹配，如果路由地址匹配成功，Django 将 HTTP 请求交给路由地址指向的某个视图函数或视图类进行业务处理。

（3）第三个参数为 name='index'，这是函数 path 的可选参数，该参数是命名路由地址。实际开发中必须为每个路由地址进行命名，可以在视图或模板中使用路由名称生成相应的路由地址。

下一步打开项目应用 commodity 的 urls.py，在该文件中定义商品列表页和商品详细页的路由地址，详细的定义过程如下：

```python
# 项目应用 commodity 的 urls.py
from django.urls import path
from .views import *
```

```
urlpatterns = [
    path('.html', commodityView, name='commodity'),
    path('/detail.<int:id>.html', detailView, name='detail'),
]
```

上述代码分别定义了商品列表页的路由地址 commodity 和商品详细页的路由地址 detail，路由地址的定义说明如下：

（1）项目应用 commodity 的 urls.py 路由空间是 path('commodity', include(('commodity.urls', 'commodity'), namespace='commodity'))，因此路由 commodity 为 127.0.0.1:8000/commodity.html，路由 detail 为 127.0.0.1:8000/commodity/detail/id.html。

（2）路由 detail 设置了路由变量 id，该变量以整数型表示，它可以代表 1、2、3……等整数，变量 id 对应商品信息表的主键 id，通过改变变量 id 的数值可以查看不同商品的详细介绍。

（3）路由地址的末端设置了".html"，这是一种伪静态 URL 技术，可将网址设置为静态网址，用于 SEO 搜索引擎的爬取，如百度、谷歌等。此外，在末端设置".html"是为变量 id 设置终止符，假如末端没有设置".html"，并且路由变量为字符串类型，在浏览器上输入无限长的字符串，路由也能正常访问。

（4）路由 commodity 和 detail 的业务逻辑处理分别指向项目应用 commodity 的 views.py 定义的视图函数 commodityView 和 detailView。

最后打开项目应用 shopper 的 urls.py，在该文件中定义个人中心页、购物车信息页、用户登录注册页和用户注销的路由地址，详细代码如下：

```
# 项目应用 shopper 的 urls.py
from django.urls import path
from .views import *

urlpatterns = [
    path('.html', shopperView, name='shopper'),
    path('/login.html', loginView, name='login'),
    path('/logout.html', logoutView, name='logout'),
    path('/shopcart.html', shopcartView, name='shopcart'),
]
```

上述代码定义了 4 条路由地址，每个路由所对应的功能说明如下：

（1）路由 shopper 代表个人中心页，它的路由空间是 path('shopper', include(('shopper.urls', 'shopper'), namespace='shopper'))，因此路由地址为 127.0.0.1:8000/shopper.html，个人中心页的业务逻辑由项目应用 shopper 的 views.py 定义的视图函数 shopperView 实现。

（2）路由 login 代表用户登录注册页，路由地址为 127.0.0.1:8000/shopper/login.html，它的业务逻辑由项目应用 shopper 的 views.py 定义的视图函数 loginView 实现。

（3）路由 logout 实现个人中心的用户注销功能，路由地址为 127.0.0.1:8000/shopper/logout.html，它的业务逻辑由项目应用 shopper 的 views.py 定义的视图函数 logoutView 实现。

（4）路由 shopcart 代表购物车信息页，路由地址为 127.0.0.1:8000/shopper/shopcart.html，它的业务逻辑出项目应用 shopper 的 views.py 定义的视图函数 shopcartView 实现。

3.4　路由的定义规则

在 3.3 节看到，我们已在项目应用 index、shopper 和 commodity 的 urls.py 中定义了网站首页、商品列表页、商品详细页、购物车页面、个人中心页面、用户注销和用户登录注册页面的路由地址。综合分析得知，路由地址的定义规则如下：

（1）每个 urls.py 文件的路由地址必须在列表 urlpatterns 里定义，换句话说，每个 urls.py 必须设有一个列表 urlpatterns，该列表是用于定义路由信息。

（2）每条路由是由函数 path 定义，函数 path 设置了 3 个参数：第一个参数是设置具体的路由地址；第二个参数是指向项目应用的 views.py 的某个视图函数或视图类，负责处理路由的业务逻辑；第三个参数为 name='index'，这是函数 path 的可选参数，该参数是命名路由地址。

（3）如果函数 path 第二个参数使用内置函数 include，该路由是实现路由分发功能。也就是说，如果函数 path 的第二个参数是函数 include，该路由为路由分发；如果函数 path 的第二个参数是项目应用的 views.py 的视图类或视图函数，该路由为网站的路由地址。

函数 path 是 Django 2.0 以上版本定义的内置函数，如果开发环境是 Django 1.X 版本，那么路由定义应使用函数 url。从参数的角度分析，函数 path 和函数 url 的参数设置是相同的，只不过函数 url 定义的路由地址需设置路由符号 ^ 和 $。^代表当前路由地址的相对路径；$代表当前路由地址的终止符。

我们以项目应用 commodity 的 urls.py 为例，对路由 commodity 和 detail 使用的函数 url 进行定义，定义过程如下所示。

```
# 项目应用 commodity 的 urls.py
from django.conf.urls import url
from .views import *


urlpatterns = [
   url('^.html$', commodityView, name='commodity'),
   url('^/detail.(?P<id>\d+).html$', detailView, name='detail'),
]
```

从上述代码看到，函数 url 要为每个路由地址设置路由符号^和$，而且路由变量 id 应使用正则表达式表示（如(?P<id>\d+)）。综上所述，Django 1 的路由规则是使用 Django 的 url 函数实现路由定义，并且路由地址设有路由符号^和$，读者需要区分路由符号^和$的作用与使用规则，在某种程度上，它比 Django 2 版本复杂并且代码可读性差，因此 Django 1 的路由规则应该会在 Django 以后的新版本里逐渐淘汰。

3.5　路由变量与正则表达式

路由 detail 在路由地址里设置了路由变量 id，通过动态改变路由变量 id 的数值就能生成相应的商品详细介绍页面，Django 的路由变量分为字符类型、整型、slug 和 uuid，最为常用的是字符类型和整型。各个类型说明如下：

- 字符类型：匹配任何非空字符串，但不含斜杠。如果没有指定类型，就默认使用该类型。
- 整型：匹配 0 和正整数。
- slug：可理解为注释、后缀或附属等概念，常作为路由的解释性字符。可匹配任何 ASCII 字符以及连接符和下画线，能使路由更加清晰易懂。比如网页的标题是 "13 岁的孩子"，其路由地址可以设置为 "13-sui-de-hai-zi"。
- uuid：匹配一个 uuid 格式的对象。为了防止冲突，规定必须使用 "-" 并且所有字母必须小写，例如 075194d3-6885-417e-a8a8-6c931e272f00。

在路由中，如果使用函数 path 定义路由，那么路由变量则使用变量符号 "<>" 定义。在括号里面以冒号划分为两部分，冒号前面代表的是变量的数据类型，冒号后面代表的是变量名，变量名可自行命名，如果没有设置变量的数据类型，就默认为字符类型。比如路由变量<year>、<int:month>和<slug:day>，变量说明如下：

- <year>：变量名为 year，数据格式为字符类型，与<str:year>的含义一样。
- <int:month>：变量名为 month，数据格式为整型。
- <slug:day>：变量名为 day，数据格式为 slug。

除了在路由地址设置变量外，Django 还支持在路由地址外设置变量（路由的可选变量），比如在路由 detail 的路由中添加可选变量 user，如下所示：

```
# 项目应用 commodity 的 urls.py
from django.urls import path
from .views import *

urlpatterns = [
    path('.html', commodityView, {'user': 'admin'}, name='commodity'),
    path('/detail.<int:id>.html', detailView, name='detail'),
]
```

从上述代码可以看出，可选变量 user 的设置规则如下：

- 可选变量只能以字典的形式表示。
- 设置的可选变量只能在视图函数中读取和使用。
- 字典的一个键值对代表一个可选变量，键值对的键代表变量名，键值对的值代表变量值。

- 变量值没有数据格式限制，可以为某个实例对象、字符串或列表（元组）等。
- 可选变量必须在视图函数（视图类）和参数 name 之间。

不管我们在路由地址中添加路由变量或者添加可选变量，只要路由信息里设置了变量，都必须在对应的视图函数里设置对应的函数参数，并且函数参数必须与路由信息的变量名一一对应。

虽然路由变量可以使用字符类型、整型、slug 和 uuid 表示，但某些路由变量会因为业务需求或实际情况而设置一定的范围值，比如变量<int:year>，该变量代表年份，年份都是由 4 位数字组成，而整型的数值可以长达 10 位。为了进一步规范路由变量的数据格式，可以使用正则表达式限制路由变量的取值范围，示例如下：

```
# 某项目应用的 urls.py
from django.urls import re_path
from . import views
urlpatterns = [
re_path('(?P<year>[0-9]{4})/(?P<month>[0-9]{2})/(?P<day>[0-9]{2}).html',
views.mydate)
]
```

路由的正则表达式是由路由函数 re_path 定义的，其作用是对路由变量进行截取与判断，正则表达式是以小括号为单位的，每个小括号的前后可以使用斜杠或者其他字符将其分隔与结束。以上述代码为例，分别将变量 year、month 和 day 以斜杠隔开，每个变量以一个小括号为单位，在小括号内，可分为 3 部分，以(?P<year>[0-9]{4})为例。

- ?P 是固定格式，字母 P 必须为大写。
- <year>为变量名。
- [0-9]{4}是正则表达式的匹配模式，代表变量的长度为 4，只允许取 0~9 的值。

3.6 本章小结

路由称为 URL（Uniform Resource Locator，统一资源定位符），也可以称为 URLconf，是对可以从互联网上得到的资源位置和访问方法的一种简洁的表示，是互联网上标准资源的地址。互联网上的每个文件都有一个唯一的路由，用于指出网站文件的路径位置。简单地说，路由可视为我们常说的网址，每个网址代表不同的网页。

一个完整的路由包含：路由地址、视图函数（或者视图类）、路由变量和路由命名。其中基本的信息必须有：路由地址和视图函数（或者视图类），路由地址即我们常说的网址；视图函数（或者视图类）即项目应用（App）的 views.py 文件所定义的函数或类；路由变量和路由命名是路由的变量和命名设置，使路由具有动态变化和命名引用功能。（动态变化是指一个路由地址按照某个规律演变多种不同的路由地址；命名引用是指在视图、模型等其他项目文

件使用路由命名生成相应的路由地址）

　　路由函数 include 的作用是将当前路由分配到某个项目应用的 urls.py 文件，而项目应用的 urls.py 文件可以设置多条路由，这种情况类似计算机上的文件夹 A，并且该文件夹下包含多个子文件夹，而 Django 的命名空间 namespace 相当于对文件夹 A 进行命名。

　　假设项目路由设计为：在 babys 文件夹的 urls.py 定义 3 条路由，每条路由都使用路由函数 include，并分别命名为 A、B、C，每条路由对应某个项目应用的 urls.py 文件，并且每个项目应用的 urls.py 文件里定义若干条路由。

　　根据上述的路由设计模式，将 babys 文件夹的 urls.py 视为计算机上的 D 盘，在 D 盘下有 3 个文件夹，分别命名为 A、B、C，每个项目应用的 urls.py 所定义的若干条路由可视为这 3 个文件夹里面的文件。在这种情况下，Django 的命名空间 namespace 等同于文件夹 A、B、C 的文件名。

　　路由函数 path 是定义项目的路由信息，定义规则如下：

　　（1）每个 urls.py 文件的路由地址必须在列表 urlpatterns 里定义，换句话说，每个 urls.py 必须设有一个列表 urlpatterns，该列表是用于定义路由信息。

　　（2）每条路由是由函数 path 定义，函数 path 设置了 3 个参数：第一个参数是设置具体的路由地址；第二个参数是指向项目应用的 views.py 的某个视图函数或视图类，负责处理路由的业务逻辑；第三个参数为 name='index'，这是函数 path 的可选参数，该参数是命名路由地址。

　　（3）如果函数 path 第二个参数使用内置函数 include，该路由是实现路由分发功能。也就是说，如果函数 path 的第二个参数是函数 include，该路由为路由分发；如果函数 path 的第二个参数是项目应用的 views.py 的视图类或视图函数，该路由为网站的路由地址。

　　Django 的路由变量分为字符类型、整型、slug 和 uuid，最为常用的是字符类型和整型。各个类型说明如下：

- 字符类型：匹配任何非空字符串，但不含斜杠。如果没有指定类型，就默认使用该类型。
- 整型：匹配 0 和正整数。
- slug：可理解为注释、后缀或附属等概念，常作为路由的解释性字符。可匹配任何 ASCII 字符以及连接符和下画线，能使路由更加清晰易懂。比如网页的标题是 "13 岁的孩子"，其路由地址可以设置为 "13-sui-de-hai-zi"。
- uuid：匹配一个 uuid 格式的对象。为了防止冲突，规定必须使用 "-" 并且所有字母必须小写，例如 075194d3-6885-417e-a8a8-6c931e272f00。

　　路由的正则表达式是由路由函数 re_path 定义的，其作用是对路由变量进行截取与判断，正则表达式是以小括号为单位的，每个小括号的前后可以使用斜杠或者其他字符将其分隔与结束。以上述代码为例，分别将变量 year、month 和 day 以斜杠隔开，每个变量以一个小括号为单位，在小括号内，可分为 3 部分，以(?P<year>[0-9]{4})为例：

- ?P 是固定格式，字母 P 必须为大写。
- <year>为变量名。
- [0-9]{4}是正则表达式的匹配模式，代表变量的长度为4，只允许取0~9的值。

第4章

商城的数据模型搭建与使用

Django 对各种数据库提供了很好的支持，包括 PostgreSQL、MySQL、SQLite 和 Oracle，而且为这些数据库提供了统一的 API 方法，这些 API 统称为 ORM 框架。通过使用 Django 内置的 ORM 框架可以实现数据库连接和读写操作。

ORM 框架是一种程序技术，用于实现面向对象编程语言中不同类型系统的数据之间的转换。从效果上说，它创建了一个可在编程语言中使用的"虚拟对象数据库"，通过对虚拟对象数据库的操作从而实现对目标数据库的操作，虚拟对象数据库与目标数据库是相互对应的。

4.1 定义商城的数据模型

在 2.2 节中，我们已设计了项目 babys 的数据结构，用户信息表是由 Django 内置用户管理功能定义，除此之外，项目还需要定义商品信息表、商品类别表、购物车信息表和订单信息表。我们将商品信息表和商品类别表定义在项目应用 commodity 的 models.py；购物车信息表和订单信息表定义在项目应用 shopper 的 models.py。

首先打开项目应用 commodity 的 models.py 文件，在文件中定义模型 Types 和 CommodityInfos，它们以类的形式表示，并且继承父类 Model，详细的定义过程如下：

```python
# 项目应用 commodity 的 models.py
from django.db import models

class Types(models.Model):
    id = models.AutoField(primary_key=True)
    firsts = models.CharField('一级类型', max_length=100)
```

```
    seconds = models.CharField('二级类型', max_length=100)

    def __str__(self):
        return str(self.id)

    class Meta:
        verbose_name = '商品类型'
        verbose_name_plural = '商品类型'


class CommodityInfos(models.Model):
    id = models.AutoField(primary_key=True)
    name = models.CharField('商品名称', max_length=100)
    sezes = models.CharField('颜色规格', max_length=100)
    types = models.CharField('商品类型', max_length=100)
    price = models.FloatField('商品价格')
    discount = models.FloatField('折后价格')
    stock = models.IntegerField('存货数量')
    sold = models.IntegerField('已售数量')
    likes = models.IntegerField('收藏数量')
    created = models.DateField('上架日期', auto_now_add=True)
    img = models.FileField('商品主图', upload_to=r'imgs')
    details = models.FileField('商品介绍', upload_to=r'details')

    def __str__(self):
        return str(self.id)

    class Meta:
        verbose_name = '商品信息'
        verbose_name_plural = '商品信息'
```

最后再打开项目应用 shopper 的 models.py 文件，在文件中定义模型 CartInfos 和 OrderInfos，模型的定义过程与模型 Types 和 CommodityInfos 相似，如下所示：

```
# 项目应用 shopper 的 models.py
from django.db import models

STATE = (
    ('待支付', '待支付'),
    ('已支付', '已支付'),
    ('发货中', '发货中'),
    ('已签收', '已签收'),
    ('退货中', '退货中'),
)


class CartInfos(models.Model):
    id = models.AutoField(primary_key=True)
```

```python
        quantity = models.IntegerField('购买数量')
        commodityInfos_id = models.IntegerField('商品 ID')
        user_id = models.IntegerField('用户 ID')

        def __str__(self):
            return str(self.id)

        class Meta:
            verbose_name = '购物车'
            verbose_name_plural = '购物车'

class OrderInfos(models.Model):
    id = models.AutoField(primary_key=True)
    price = models.FloatField('订单总价')
    created = models.DateField('创建时间', auto_now_add=True)
    user_id = models.IntegerField('用户 ID')
    state = models.CharField('订单状态', max_length=20, choices=STATE)

    def __str__(self):
        return str(self.id)

    class Meta:
        verbose_name = '订单信息'
        verbose_name_plural = '订单信息'
```

从模型的定义过程分析归纳得知，模型定义可以分为三部分，每个部分的功能说明如下：

（1）定义模型字段，每个模型字段对应数据表的某个表字段，字段以 aa= models.bb(cc) 格式表示，比如 id = models.AutoField(primary_key=True)，其中 id 为模型字段名称，它与数据表的表字段相互对应；models.AutoField 是设置字段的数据类型，常用类型有整型、字符型或浮点型等；primary_key=True 是设置字段属性，例如字段是否为表主键、限制内容长度、设置默认值等。

在实际开发中，我们需要定义不同的字段类型来满足各种开发需求，因此 Django 划分了多种字段类型，在源码目录 django\db\models\fields 的 __init__.py 和 files.py 文件里找到各种模型字段，说明如下：

- AutoField：自增长类型，数据表的字段类型为整数，长度为 11 位。
- BigAutoField：自增长类型，数据表的字段类型为 bigint，长度为 20 位。
- CharField：字符类型。
- BooleanField：布尔类型。
- CommaSeparatedIntegerField：用逗号分隔的整数类型。
- DateField：日期（Date）类型。
- DateTimeField：日期时间（Datetime）类型。

- Decimal：十进制小数类型。
- EmailField：字符类型，存储邮箱格式的字符串。
- FloatField：浮点数类型，数据表的字段类型变成 Double 类型。
- IntegerField：整数类型，数据表的字段类型为 11 位的整数。
- BigIntegerField：长整数类型。
- IPAddressField：字符类型，存储 Ipv4 地址的字符串。
- GenericIPAddressField：字符类型，存储 Ipv4 和 Ipv6 地址的字符串。
- NullBooleanField：允许为空的布尔类型。
- PositiveIntegerFiel：正整数的整数类型。
- PositiveSmallIntegerField：小正整数类型，取值范围为 0~32767。
- SlugField：字符类型，包含字母、数字、下画线和连字符的字符串。
- SmallIntegerField：小整数类型，取值范围为-32,768~+32,767。
- TextField：长文本类型。
- TimeField：时间类型，显示时分秒 HH:MM[:ss[.uuuuuu]]。
- URLField：字符类型，存储路由格式的字符串。
- BinaryField：二进制数据类型。
- FileField：字符类型，存储文件路径的字符串。
- ImageField：字符类型，存储图片路径的字符串。
- FilePathField：字符类型，从特定的文件目录选择某个文件。

在不同的字段类型中，我们还可以设置字段的基本属性，比如 primary_key=True 是将字段设置为主键，每个字段都具有共同的基本属性，如下所示：

- verbose_name：默认为 None，在 Admin 站点管理设置字段的显示名称。
- primary_key：默认为 False，若为 True，则将字段设置成主键。
- max_length：默认为 None，设置字段的最大长度。
- unique：默认为 False，若为 True，则设置字段的唯一属性。
- blank：默认为 False，若为 True，则字段允许为空值，数据库将存储空字符串。
- null：默认为 False，若为 True，则字段允许为空值，数据库表现为 NULL。
- db_index：默认为 False，若为 True，则以此字段来创建数据库索引。
- default：默认为 NOT_PROVIDED 对象，设置字段的默认值。
- editable：默认为 True，允许字段可编辑，用于设置 Admin 的新增数据的字段。
- serialize：默认为 True，允许字段序列化，可将数据转化为 JSON 格式。
- unique_for_date：默认为 None，设置日期字段的唯一性。
- unique_for_month：默认为 None，设置日期字段月份的唯一性。
- unique_for_year：默认为 None，设置日期字段年份的唯一性。
- choices：默认为空列表，设置字段的可选值。
- help_text：默认为空字符串，用于设置表单的提示信息。
- db_column：默认为 None，设置数据表的列名称，若不设置，则将字段名作为数据表的列名。

- db_tablespace：默认为 None，如果字段已创建索引，那么数据库的表空间名称将作为该字段的索引名。注意：部分数据库不支持表空间。
- auto_created：默认为 False，若为 True，则自动创建字段，用于一对一的关系模型。
- validators：默认为空列表，设置字段内容的验证函数。
- error_messages：默认为 None，设置错误提示。

（2）重写函数__str__()，这是设置模型的返回值，默认情况下，返回值为模型名+主键。函数__str__可用于外键查询，比如模型 A 设有外键字段 F，外键字段 F 关联模型 B，当查询模型 A 时，外键字段 F 会将模型 B 的函数__str__返回值作为字段内容。

需要注意的是，函数__str__只允许返回字符类型的字段，如果字段是整型或日期类型的，就必须使用 Python 的 str()函数将其转化成字符类型。

（3）重写 Meta 选项，这是设置模型的常用属性，一共设有 19 个属性，每个属性的说明如下：

- abstract：若设为 True，则该模型为抽象模型，不会在数据库里创建数据表。
- app_label：属性值为字符串，将模型设置为指定的项目应用，比如将 index 的 models.py 定义的模型 A 指定到其他 App 里。
- db_table：属性值为字符串，设置模型所对应的数据表名称。
- db_teblespace：属性值为字符串，设置模型所使用数据库的表空间。
- get_latest_by：属性值为字符串或列表，设置模型数据的排序方式。
- managed：默认值为 True，支持 Django 命令执行数据迁移；若为 False，则不支持数据迁移功能。
- order_with_respect_to：属性值为字符串，用于多对多的模型关系，指向某个关联模型的名称，并且模型名称必须为英文小写。比如模型 A 和模型 B，模型 A 的一条数据对应模型 B 的多条数据，两个模型关联后，当查询模型 A 的某条数据时，可使用 get_b_order()和 set_b_order()来获取模型 B 的关联数据，这两个方法名称的 b 为模型名称小写，此外 get_next_in_order()和 get_previous_in_order()可以获取当前数据的下一条和上一条的数据对象。
- ordering：属性值为列表，将模型数据以某个字段进行排序。
- permissions：属性值为元组，设置模型的访问权限，默认设置添加、删除和修改的权限。
- proxy：若设为 True，则为模型创建代理模型，即克隆一个与模型 A 相同的模型 B。
- required_db_features：属性值为列表，声明模型依赖的数据库功能。比如 ['gis_enabled']，表示模型依赖 GIS 功能。
- required_db_vendor：属性值为列表，声明模型支持的数据库，默认支持 SQLite、PostgreSQL、MySQL 和 Oracle。
- select_on_save：数据新增修改算法，通常无须设置此属性，默认值为 False。
- indexes：属性值为列表，定义数据表的索引列表。
- unique_together：属性值为元组，多个字段的联合唯一，等于数据库的联合约束。
- verbose_name：属性值为字符串，设置模型直观可读的名称并以复数形式表示。

- verbose_name_plural：与 verbose_name 相同，以单数形式表示。
- label：只读属性，属性值为 app_label.object_name，如 index 的模型 PersonInfo，值为 index.PersonInfo。
- label_lower：与 label 相同，但其值为字母小写，如 index.personinfo。

综上所述，模型字段、函数 __str__ 和 Meta 选项是模型定义的基本要素，模型字段的类型、函数 __str__ 和 Meta 选项的属性设置需由开发需求而定。在定义模型时，还可以在模型里定义相关函数，比如 get_absolute_url()，当视图类没有设置属性 success_url 时，视图类的重定向路由地址将由模型定义的 get_absolute_url()提供。

4.2　数据迁移创建数据表

数据迁移是将项目里定义的模型生成相应的数据表，首次在项目里定义模型时，项目所配置的数据库里并没有创建任何数据表，想要通过模型创建数据表，可使用 Django 的操作指令完成创建过程。以项目 babys 为例，在配置文件 settings.py 的 DATABASES 属性配置 MySQL 数据库连接信息，连接本地的 MySQL 数据库系统，如下所示：

```
DATABASES = {
    'default': {
        'ENGINE': 'django.db.backends.mysql',
        'NAME': 'babys',
        'USER': 'root',
        'PASSWORD': '1234',
        'HOST': '127.0.0.1',
        'PORT': '3306',
    }
}
```

下一步是注释项目应用 index、commodity 和 shopper 的 urls.py 定义的路由信息，由于网站的路由地址尚未定义相应的视图函数，因此无法使用 Django 内置指令创建数据表。然后在 PyCharm 的 Terminal 输入 Django 的操作指令，如下所示：

```
F:\babys>python manage.py makemigrations
Migrations for 'commodity':
  commodity\migrations\0001_initial.py
    - Create model CommodityInfos
    - Create model Types
Migrations for 'shopper':
  shopper\migrations\0001_initial.py
    - Create model CartInfos
    - Create model OrderInfos
```

当 makemigrations 指令执行成功后，在项目应用 commodity 和 shopper 的 migrations 文件

夹里分别创建 0001_initial.py 文件，如果项目里有多个 App，并且每个项目应用的 models.py 文件里定义了模型对象，当首次执行 makemigrations 指令时，Django 就在每个项目应用的 migrations 文件夹里创建 0001_initial.py 文件。打开查看项目应用 commodity 的 migrations 的 0001_initial.py 文件，文件内容如图 4-1 所示。

```
class Migration(migrations.Migration):
    initial = True
    dependencies = [
    ]
    operations = [
        migrations.CreateModel(
            name='CommodityInfos',
            fields=[
                ('id', models.AutoField(primary_key=True, serialize=False)),
                ('name', models.CharField(max_length=100, verbose_name='商品名称')),
                ('sezes', models.CharField(max_length=100, verbose_name='颜色规格')),
```

图 4-1　0001_initial.py 文件内容

0001_initial.py 文件将 models.py 定义的模型生成数据表的脚本代码，该文件的脚本代码可被 migrate 指令执行，migrate 指令会根据脚本代码的内容在数据库里创建相应的数据表，只要在 PyCharm 的 Terminal 窗口下输入 migrate 指令即可完成数据表的创建，代码如下：

```
F:\babys>python manage.py migrate
Operations to perform:
  Apply all migrations: admin, auth, commodity, contenttypes, sessions,
shopper
Running migrations:
  Applying contenttypes.0001_initial... OK
```

当指令运行完成后，使用数据库可视化工具打开数据库就能看到新建的数据表，以数据库可视化工具 Navicat Premium 为例，如图 4-2 所示。其中数据表 commodity_types 由项目应用 commodity 定义的模型 Types 创建，而其他数据表是 Django 内置的功能所使用的数据表，分别是会话 Session、用户认证管理和 Admin 后台系统等。

图 4-2　数据表

在开发过程中，开发者因为开发需求而经常调整数据表的结构，比如新增功能、优化现有功能等。假如在上述例子里新增模型 Payment 及其数据表，为了保证不影响现有的数据表，如何通过新增的模型创建相应的数据表？

针对上述问题，我们只需在某个项目应用的 models.py 里定义新的模型 Payment，然后再次执行 makemigrations 和 migrate 指令即可。第二次执行 makemigrations 的时候，新定义的模型会在项目应用的 migrations 文件夹里创建新的 py 文件，当再次运行 migrate 指令的时候，Django 会执行 migrations 文件夹中新建的 py 文件，每次执行 migrate 的操作记录都会记录在内置数据表 django_migrations 中，如图 4-3 所示。

图 4-3　数据表 django_migrations

除了新建模型及其数据表之外，makemigrations 和 migrate 指令还支持模型的修改，从而修改相应的数据表结构，比如新增、修改和删除数据表的某个字段。字段的增删改只需在已有的模型中重新定义即可，然后再次执行 makemigrations 和 migrate 指令。

但在已有模型中新增字段，模型字段必须将属性 null 和 blank 设为 True 或者为模型字段设置默认值（设置属性 default），否则执行 makemigrations 指令会提示字段修复信息，如图 4-4 所示。

```
F:\babys>python manage.py makemigrations
You are trying to add a non-nullable field 'titl
ws).
Please select a fix:
 1) Provide a one-off default now (will be set o
 2) Quit, and let me add a default in models.py
```

图 4-4　字段修复信息

migrate 指令还可以单独执行某个 .py 文件，首次在项目中使用 migrate 指令时，Django 会默认创建内置功能的数据表，如果只想执行项目应用 commodity 的 migrations 文件夹的某个 .py 文件，那么可以在 migrate 指令里指定文件名，指令如下：

```
F:\babys>python manage.py migrate commodity 0001_initial
Operations to perform:
  Target specific migration: 0001_initial, from commodity
Running migrations:
  Applying commodity.0001_initial... OK
```

在 migrate 指令末端设置项目应用名称 commodity 和 migrations 文件夹的 0001_initial 文件名，三者（migrate 指令、项目应用名称 commodity 和 0001_initial 文件名）之间使用空格隔开即可，指令执行完成后，数据库只有数据表 django_migrations、commodity_types 和

commodity_commodityinfos，如图 4-5 所示。

图 4-5 数据表信息

我们知道，migrate 指令根据 migrations 文件夹的 .py 文件创建数据表，但在数据库里，数据表的创建和修改离不开 SQL 语句的支持，因此 Django 提供了 sqlmigrate 指令，该指令能将 .py 文件转化成相应的 SQL 语句。以项目应用 commodity 的 0001_initial.py 文件为例，在 PyCharm 的 Terminal 窗口输入 sqlmigrate 指令，指令末端必须设置项目应用名称和 migrations 文件夹的某个 .py 文件名，三者之间使用空格隔开即可，指令输出结果如图 4-6 所示。

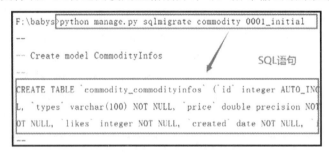

图 4-6 sqlmigrate 指令

除此之外，Django 还提供了很多数据迁移指令，如 squashmigrations、inspectdb、showmigrations、sqlflush、sqlsequencereset 和 remove_stale_contenttypes，这些指令在 2.5 节里已说明过了，此处不再重复讲述。

4.3 数据的导入与导出

在实际开发过程中，我们经常对数据库的数据进行导入和导出操作，比如网站重构、数据分析和网站分布式部署等。一般情况下，我们使用数据库可视化工具来实现数据的导入和导出，以 Navicat Premium 为例，打开某个数据表，单击"导入"或"导出"按钮，按照操作提示即可完成，如图 4-7 所示。

使用数据库可视化工具导入某个表的数据时，如果当前数据表设有外键字段，就必须将外键字段关联的数据表的数据导入，再执行当前数据表的数据导入操作，否则数据无法导入成功。因为外键字段指向它所关联的数据表，如果关联的数据表没有数据，外键字段就无法与关联的数据表生成数据关系，从而使当前数据表的数据导入失败。

图 4-7　数据的导入与导出

除了使用数据库可视化工具实现数据的导入与导出之外，Django 还为我们提供了操作指令（loaddata 和 dumpdata）来实现数据的导入与导出操作。以项目 babys 为例，在数据表 commodity_types 和 commodity_commodityinfos 中分别添加数据，如图 4-8 所示。

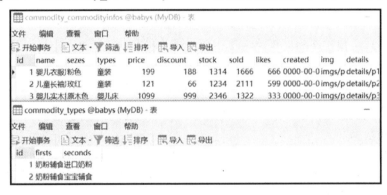

图 4-8　数据表 commodity_types 和 commodity_commodityinfos

在 PyCharm 的 Terminal 窗口输入 dumpdata 指令，将整个项目的数据从数据库里导出并保存到 data.json 文件，其指令如下：

```
F:\babys>python manage.py dumpdata>data.json
```

dumpdata 指令末端使用了符号"＞"和文件名 data.json，这是将项目所有的数据都存放在 data.json 文件中，并且 data.json 的文件路径在项目的根目录（与项目的 manage.py 文件在同一个路径），如图 4-9 所示。

图 4-9　目录结构

如果只想导出某个项目应用的所有数据或者项目应用里某个模型的数据，那么可在 dumpdata 指令末端设置项目名称或项目名称的某个模型名称，指令如下：

```
# 导出项目应用 commodity 的所有模型的数据
```

```
python manage.py dumpdata commodity>data.json
# 导出项目应用 commodity 的模型 Types 的数据
python manage.py dumpdata commodity.Types>types.json
```

一般情况下，使用 dumpdata 指令导出的数据文件都存放在项目的根目录，因为在输入指令时，PyCharm 的 Terminal 窗口的命令行所在路径为项目的根目录，若想更换存放路径，则可改变命令行的当前路径，比如将数据文件存放在 D 盘，其指令如下：

```
# 将命令行路径切换到 D 盘
F:\babys>cd ..
# 命令行在 D 盘路径下使用项目 babys 的 manage 文件执行 dumpdata 指令
F:\>python babys/manage.py dumpdata>data.json
```

若想将导出的数据文件重新导入数据库里，则可使用 loaddata 指令完成，该指令使用方式相对单一，只需在指令末端设置需要导入的文件名即可：

```
F:\babys>python manage.py loaddata data.json
Installed 68 object(s) from 1 fixture(s)
```

loaddata 指令根据数据文件的 model 属性来确定当前数据所属的数据表，并将数据插入数据表，从而完成数据导入。

一般情况下，数据的导出和导入最好以整个项目或整个项目应用的数据为单位，因为数据表之间可能存在外键关联，如果只导入某张数据表的数据，就必须考虑该数据表是否设有外键，并且外键所关联的数据表是否已有数据。

4.4 使用 QuerySet 操作数据

Django 对数据库的数据进行增、删、改操作是借助内置 ORM 框架所提供的 API 方法实现的，简单来说，ORM 框架的数据操作 API 是在 QuerySet 类里面定义的，然后由开发者自定义的模型对象调用 QuerySet 类，从而实现数据操作。

4.4.1 新增数据

Django 提供了多种数据新增方法，开发者可以根据实际情况以及个人使用习惯选择某一种新增方式。为了更好地演示数据库的增、删、改操作，在项目 babys 使用 Shell 模式（启动命令行和执行脚本）进行讲述，该模式方便开发人员开发和调试程序。在 PyCharm 的 Terminal 下开启 Shell 模式，输入 python manage.py shell 指令即可，如图 4-10 所示。

```
F:\babys>python manage.py shell
Python 3.8.1 (tags/v3.8.1:1b293b6, Dec 18 2019,
Type "help", "copyright", "credits" or "license"
(InteractiveConsole)
```

图 4-10　Shell 模式

在 Shell 模式下，若想对数据表 commodity_types 新增数据，则可输入以下代码实现：

```
>>> from commodity.models import Types
>>> t = Types()
>>> t.firsts = '童装'
>>> t.seconds = '女装'
>>> t.save()
# 数据新增后，查看新增数据的主键 id
>>> t.id
```

上述代码是对项目应用 commodity 的模型 Types 进行实例化，再对实例化对象的属性进行赋值，从而实现数据表 commodity_types 的数据新增，代码说明如下：

（1）从项目应用 commodity 的 models.py 文件中导入模型 Types。

（2）对模型 Types 声明并实例化，生成对象 t。

（3）对对象 t 的属性进行逐一赋值，对象 t 的属性来自于模型 Types 所定义的字段。完成赋值后，再由对象 t 调用 save 方法进行数据保存。

代码运行结束后，在数据表 commodity_types 里查看数据的新增情况，如图 4-11 所示。

图 4-11　数据入库

除了上述方法外，数据新增还有以下 3 种常见方法，代码如下：

```
# 方法一
# 使用 create 方法实现数据新增
>>> t = Types.objects.create(firsts='儿童用品', seconds='婴儿车')
# 数据新增后，获取新增数据的主键 id
>>> t.id
# 方法二
# 同样使用 create 方法，但数据以字典格式表示
>>> d = dict(firsts='奶粉辅食', seconds='磨牙饼干')
>>> t = Types.objects.create(**d)
# 数据新增后，获取新增数据的主键 id
```

```
>>> t.id
# 方法三
# 在实例化时直接设置属性值
>>> t = Types(firsts='儿童早教', seconds='童话故事')
>>> t.save()
# 数据新增后，获取新增数据的主键 id
>>> t.id
```

在执行数据新增时，为了保证数据的有效性，我们需要对数据进行去重判断，确保数据不会重复新增。以往的方案都是对数据表进行查询操作，如果查询的数据不存在，就执行数据新增操作。为了简化这一过程，Django 提供了 get_or_create 方法，使用如下：

```
>>> d = dict(firsts='奶粉辅食', seconds='营养品')
>>> t = Types.objects.get_or_create(**d)
# 数据新增后，获取新增数据的主键 id
>>> t[0].id
```

get_or_create 根据每个模型字段的值与数据表的数据进行判断，判断方式如下：

- 只要有一个模型字段的值与数据表的数据不相同（除主键之外），就会执行数据新增操作。
- 如果每个模型字段的值与数据表的某行数据完全相同，就不执行数据新增，而是返回这行数据的数据对象，比如对上述的字典 d 重复执行 get_or_create，第一次是执行数据新增（若执行结果显示为 True，则代表数据新增），第二次是返回数据表已有的数据信息(若执行结果显示为 False，则数据表已存在数据，不再执行数据新增)，如图 4-12 所示。

```
>>> d = dict(firsts='奶粉辅食', seconds='营养品')
>>> Types.objects.get_or_create(**d)
(<Types: 4>, True)
>>> Types.objects.get_or_create(**d)
(<Types: 4>, False)
```

图 4-12　执行结果

除了 get_or_create 之外，Django 还定义了 update_or_create 方法，这是判断当前数据在数据表里是否存在，若存在，则进行更新操作，否则在数据表里新增数据，使用说明如下：

```
# 第一次是新增数据
>>> d = dict(firsts='儿童早教', seconds='儿童玩具')
>>> t = Types.objects.update_or_create(**d)
>>> t
(<Types: 5>, True)
# 第二次是修改数据
>>> t = Types.objects.update_or_create(**d,defaults={'firsts': '教育资料'})
>>> t[0].title
```

update_or_create 是根据字典 d 的内容查找数据表的数据，如果能找到相匹配的数据，就执行数据修改，修改内容以字典格式传递给参数 defaults 即可；如果在数据表找不到匹配的数据，就将字典 d 的数据新增到数据表里。

如果要对某个模型执行数据批量新增操作，那么可以使用 bulk_create 方法实现，只需将数据对象以列表或元组的形式传入 bulk_create 方法即可：

```
>>> t1 = Types(firsts='儿童用品', seconds='湿纸巾')
>>> t2 = Types(firsts='儿童用品', seconds='纸尿裤')
>>> ojb_list = [t1, t2]
>>> Types.objects.bulk_create(ojb_list)
```

在使用 bulk_create 之前，数据类型为模型 Types 的实例化对象，并且在实例化过程中设置每个字段的值，最后将所有实例化对象放置在列表或元组里，以参数的形式传递给 bulk_create，从而实现数据的批量新增操作。

4.4.2　更新数据

更新数据的步骤与数据新增的步骤大致相同，唯一的区别在于数据对象来自数据表，因此需要执行一次数据查询，查询结果以对象的形式表示，并将对象的属性进行赋值处理，代码如下：

```
>>> t = Types.objects.get(id=1)
>>> t.firsts = '儿童用品'
>>> t.save()
```

上述代码获取数据表 commodity_types 里主键 id 等于 1 的数据对象 t，然后修改数据对象 t 的 firsts 属性，从而完成数据修改操作。打开数据表 commodity_types 查看数据修改情况，如图 4-13 所示。

图 4-13　数据表 commodity_types

除此之外，我们还可以使用 update 方法实现数据更新，使用方法如下：

```
# 批量更新一条或多条数据，查询方法使用 filter
# filter 以列表格式返回，查询结果可能是一条或多条数据
>>> Types.objects.filter(id=1).update(seconds='男装')
# 更新数据以字典格式表示
>>> d= dict(seconds='童鞋')
>>> Types.objects.filter(id=1).update(**d)
```

```
# 不使用查询方法，默认对全表的数据进行更新
>>> Types.objects.update(firsts='母婴用品')
# 使用内置 F 方法实现数据的自增或自减
# F 方法还可以在 annotate 或 filter 方法里使用
>>> from django.db.models import F
>>> t = Types.objects.filter(id=1)
# 将 id 字段原有的数据自增加 10，自增或自减的字段必须为数字类型
>>> t.update(id=F('id')+10)
```

在 Django 2.2 或以上版本新增了数据批量更新方法 bulk_update，它的使用与批量新增方法 bulk_create 相似，使用说明如下：

```
# 新增两行数据
>>> t1 = Types.objects.create(firsts='奶粉辅食', seconds='纸尿片')
>>> t2 = Types.objects.create(firsts='儿童用品', seconds='进口奶粉')
# 修改字段 firsts 和 seconds 的数据
>>> t1.firsts = '儿童用品'
>>> t2.seconds = '婴儿车'
# 批量修改字段 firsts 和 seconds 的数据
>>> Types.objects.bulk_update([t1,t2],fields=['firsts','seconds'])
```

4.4.3 删除数据

删除数据有 3 种方式：删除数据表的全部数据、删除一行数据和删除多行数据，实现方式如下：

```
# 删除数据表中的全部数据
>>> Types.objects.all().delete()
# 删除一条 id 为 1 的数据
>>> Types.objects.get(id=1).delete()
# 删除多条数据
>>> Types.objects.filter(firsts='儿童用品').delete()
```

删除数据的过程中，如果删除的数据设有外键字段，就会同时删除外键关联的数据。比如我们在项目应用 index 的 models.py 定义模型 PersonInfo 和 Vocation，如下所示：

```
from django.db import models

class PersonInfo(models.Model):
    id = models.AutoField(primary_key=True)
    name = models.CharField(max_length=20)
    age = models.IntegerField()
    hireDate = models.DateField()

    def __str__(self):
        return self.name
    class Meta:
```

```
        verbose_name = '人员信息'

class Vocation(models.Model):
    id = models.AutoField(primary_key=True)
    job = models.CharField(max_length=20)
    title = models.CharField(max_length=20)
    payment = models.IntegerField(null=True, blank=True)

name=models.ForeignKey(PersonInfo,on_delete=models.CASCADE,related_name='ps')

    def __str__(self):
        return str(self.id)
    class Meta:
        verbose_name = '职业信息'
```

如果删除模型 PersonInfo 里主键等于 3 的数据（简称为数据 A），那么在模型 Vocation 中，有些数据（简称为数据 B）关联了数据 A，在删除数据 A 时，也会同时删除数据 B。假设模型 Vocation 中有 3 行数据（数据 B）关联了模型 PersonInfo 的数据 A，数据删除过程如下所示：

```
>>> PersonInfo.objects.get(id=3).delete()
# 删除结果，共删除 4 条数据
# 其中 Vocation 删除了 3 条数据，PersonInfo 删除了 1 条数据
>>> (4, {'index.Vocation': 3, 'index.PersonInfo': 1})
```

从模型 Vocation 得知，外键字段的参数 on_delete 用于设置数据删除模式，比如模型 Vocation 的外键字段 name 设为 CASCADE 模式，不同的删除模式会影响数据删除结果，说明如下：

- PROTECT 模式：如果删除的数据设有外键字段并且关联其他数据表的数据，就提示数据删除失败。
- SET_NULL 模式：执行数据删除并把其他数据表的外键字段设为 Null，外键字段必须将属性 Null 设为 True，否则提示异常。
- SET_DEFAULT 模式：执行数据删除并把其他数据表的外键字段设为默认值。
- SET 模式：执行数据删除并把其他数据表的外键字段关联其他数据。
- DO_NOTHING 模式，不做任何处理，删除结果由数据库的删除模式决定。

4.4.4　查询单表数据

在更新数据时，往往只修改某行数据的内容，因此在更新数据之前还要对模型进行查询操作，确定数据表某行的数据对象，最后才执行数据更新操作。我们知道数据库设有多种数据查询方式，如单表查询、多表查询、子查询和联合查询等，而 Django 的 ORM 框架对不同的查询方式定义了相应的 API 方法。

以数据表 index_personinfo 和 index_vocation（即 4.4.3 节定义的模型 PersonInfo 和 Vocation）

为例，并为数据表 index_personinfo 和 index_vocation 添加数据，数据内容如图 4-14 所示。

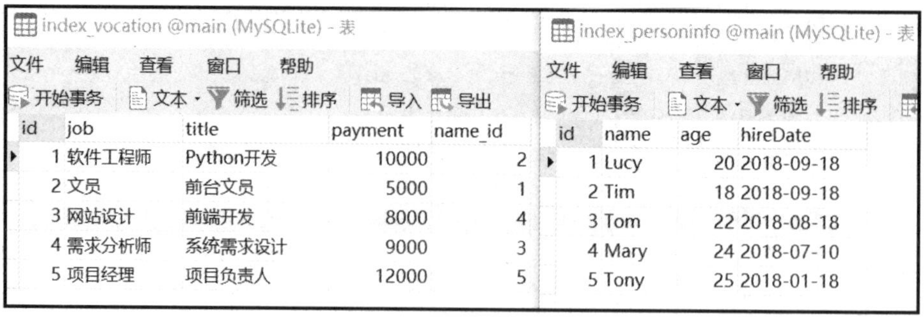

id	job	title	payment	name_id
1	软件工程师	Python开发	10000	2
2	文员	前台文员	5000	1
3	网站设计	前端开发	8000	4
4	需求分析师	系统需求设计	9000	3
5	项目经理	项目负责人	12000	5

id	name	age	hireDate
1	Lucy	20	2018-09-18
2	Tim	18	2018-09-18
3	Tom	22	2018-08-18
4	Mary	24	2018-07-10
5	Tony	25	2018-01-18

图 4-14　数据表 index_personinfo 和 index_vocation

然后在项目 babys 的 Shell 模式下使用 ORM 框架提供的 API 方法实现数据查询，代码如下：

```
>>> from index.models import *
# 全表查询
# SQL: Select * from index_vocation，数据以列表返回
>>> v = Vocation.objects.all()
# 查询第一条数据，序列从 0 开始
>>>v[0].job

# 查询前 3 条数据
# SQL: Select * from index_vocation LIMIT 3
# SQL 语句的 LIMIT 方法，在 Django 中使用列表截取即可
>>> v = Vocation.objects.all()[:3]
>>> v
<QuerySet [<Vocation: 1>, <Vocation: 2>, <Vocation: 3>]>

# 查询某个字段
# SQL: Select job from index_vocation
# values 方法，数据以列表返回，列表元素以字典表示
>>> v = Vocation.objects.values('job')
>>> v[1]['job']

# values_list 方法，数据以列表返回，列表元素以元组表示
>>> v = Vocation.objects.values_list('job')[:3]
>>> v
<QuerySet [('软件工程师',), ('文员',), ('网站设计',)]>

# 使用 get 方法查询数据
# SQL: Select*from index_vocation where id=2
>>> v = Vocation.objects.get(id=2)
>>>v.job
```

```
# 使用 filter 方法查询数据，注意区分 get 和 filter 的差异
>>> v = Vocation.objects.filter(id=2)
>>>v[0].job


# SQL 的 and 查询主要在 filter 里面添加多个查询条件
>>> v = Vocation.objects.filter(job='网站设计', id=3)
>>> v
<QuerySet [<Vocation: 3>]>
#filter 的查询条件可设为字典格式
>>> d=dict(job='网站设计', id=3)
>>> v = Vocation.objects.filter(**d)


# SQL 的 or 查询，需要引入 Q，编写格式：Q(field=value)|Q(field=value)
#多个 Q 之间使用"|"隔开即可
# SQL: Select * from index_vocation where job='网站设计' or id=9
>>> from django.db.models import Q
>>> v = Vocation.objects.filter(Q(job='网站设计')|Q(id=4))
>>> v
<QuerySet [<Vocation: 3>, <Vocation: 4>]>


# SQL 的不等于查询，在 Q 查询前面使用"~"即可
# SQL 语句：SELECT * FROM index_vocation WHERE NOT (job='网站设计')
>>> v = Vocation.objects.filter(~Q(job='网站设计'))
>>> v
<QuerySet [<Vocation: 1>,<Vocation: 2>,<Vocation: 4>,<Vocation: 5>]>
#还可以使用 exclude 实现不等于查询
>>> v = Vocation.objects.exclude(job='网站设计')
>>> v
<QuerySet [<Vocation: 1>,<Vocation: 2>,<Vocation: 4>,<Vocation: 5>]>


# 使用 count 方法统计查询数据的数据量
>>> v = Vocation.objects.filter(job='网站设计').count()


# 去重查询，distinct 方法无须设置参数，去重方式根据 values 设置的字段执行
# SQL: Select DISTINCT job from index_vocation where job = '网站设计'
>>> v = Vocation.objects.values('job').filter(job='网站设计').distinct()
>>> v
<QuerySet [{'job': '网站设计'}]>


# 根据字段 id 降序排列，降序只要在 order_by 里面的字段前面加"-"即可
# order_by 可设置多字段排列，如 Vocation.objects.order_by('-id', 'job')
>>> v = Vocation.objects.order_by('-id')
>>> v


# 聚合查询，实现对数据值求和、求平均值等。由 annotate 和 aggregate 方法实现
```

```
# annotate 类似于 SQL 里面的 GROUP BY 方法
#如果不设置 values，默认对主键进行 GROUP BY 分组
# SQL: Select job,SUM(id) AS 'id__sum' from index_vocation GROUP BY job
>>> from django.db.models import Sum, Count
>>> v = Vocation.objects.values('job').annotate(Sum('id'))
>>> print(v.query)


# aggregate 是计算某个字段的值并只返回计算结果
# SQL: Select COUNT(id) AS 'id_count' from index_vocation
>>> from django.db.models import Count
>>> v = Vocation.objects.aggregate(id_count=Count('id'))
>>> v
{'id_count': 5}


# union、intersection 和 difference 语法
# 每次查询结果的字段必须相同
# 第一次查询结果 v1
>>> v1 = Vocation.objects.filter(payment__gt=9000)
>>> v1
<QuerySet [<Vocation: 1>, <Vocation: 5>]>
# 第二次查询结果 v2
>>> v2 = Vocation.objects.filter(payment__gt=5000)
>>> v2
<QuerySet [<Vocation: 1>,<Vocation: 3>,<Vocation: 4>,<Vocation: 5>]>
# 使用 SQL 的 UNION 来组合两个或多个查询结果的并集
# 获取两次查询结果的并集
>>> v1.union(v2)
<QuerySet [<Vocation: 1>, <Vocation: 3>, <Vocation: 5>]>
# 使用 SQL 的 INTERSECT 来获取两个或多个查询结果的交集
# 获取两次查询结果的交集
>>> v1.intersection(v2)
<QuerySet [<Vocation: 1>, <Vocation: 5>]>
# 使用 SQL 的 EXCEPT 来获取两个或多个查询结果的差
# 以 v2 为目标数据，去除 v1 和 v2 的共同数据
>>> v2.difference(v1)
<QuerySet [<Vocation: 3>, <Vocation: 4>]>
```

上述例子讲述了开发中常用的数据查询方法，但有时需要设置不同的查询条件来满足多方面的查询要求。上述的查询条件 filter 和 get 是使用等值的方法来匹配结果。若想使用大于、不等于或模糊查询的匹配方法，则可在查询条件 filter 和 get 里使用表 4-1 所示的匹配符实现。

表 4-1　匹配符的使用及说明

匹　配　符	使　用	说　明
__exact	filter(job__exact='开发')	精确等于，如 SQL 的 like '开发'
__iexact	filter(job__iexact='开发')	精确等于并忽略大小写
__contains	filter(job__contains='开发')	模糊匹配，如 SQL 的 like '%荣耀%'
__icontains	filter(job__icontains='开发')	模糊匹配，忽略大小写
__gt	filter(id__gt=5)	大于
__gte	filter(id__gte=5)	大于等于
__lt	filter(id__lt=5)	小于
__lte	filter(id__lte=5)	小于等于
__in	filter(id__in=[1,2,3])	判断是否在列表内
__startswith	filter(job__startswith='开发')	以……开头
__istartswith	filter(job__istartswith='开发')	以……开头并忽略大小写
__endswith	filter(job__endswith='开发')	以……结尾
__iendswith	filter(job__iendswith='开发')	以……结尾并忽略大小写
__range	filter(job__range='开发')	在……范围内
__year	filter(date__year=2018)	日期字段的年份
__month	filter(date__month=12)	日期字段的月份
__day	filter(date__day=30)	日期字段的天数
__isnull	filter(job__isnull=True/False)	判断是否为空

从表 4-1 中可以看到，只要在查询的字段末端设置相应的匹配符，就能实现不同的数据查询方式。例如在数据表 index_vocation 中查询字段 payment 大于 8000 的数据，在 Shell 模式下使用匹配符 __gt 执行数据查询，代码如下：

```
>>> from index.models import *
>>> v = Vocation.objects.filter(payment__gt=8000)
>>> v
<QuerySet [<Vocation: 1>,<Vocation: 4>,<Vocation: 5>]>
```

综上所述，在查询数据时可以使用查询条件 get 或 filter 实现，但是两者的执行过程存在一定的差异，说明如下：

● 查询条件 get：查询字段必须是主键或者唯一约束的字段，并且查询的数据必须存在，如果查询的字段有重复值或者查询的数据不存在，程序就会抛出异常信息。

● 查询条件 filter：查询字段没有限制，只要该字段是数据表的某一字段即可。查询结果以列表形式返回，如果查询结果为空（查询的数据在数据表中找不到），就返回空列表。

4.4.5 查询多表数据

在日常的开发中，常常需要对多张数据表同时进行数据查询。多表查询需要在数据表之间建立表关系才能够实现。一对多或一对一的表关系是通过外键实现关联的，而多表查询分为正向查询和反向查询。

以模型 PersonInfo 和 Vocation 为例，模型 Vocation 定义的外键字段 name 关联到模型 PersonInfo。如果查询对象的主体是模型 Vocation，通过外键字段 name 去查询模型 PersonInfo 的关联数据，那么该查询称为正向查询；如果查询对象的主体是模型 PersonInfo，要查询它与模型 Vocation 的关联数据，那么该查询称为反向查询。无论是正向查询还是反向查询，两者的实现方法大致相同，代码如下：

```
# 正向查询
# 查询模型 Vocation 某行数据对象 v
>>> v = Vocation.objects.filter(id=1).first()
# v.name 代表外键 name
# 通过外键 name 去查询模型 PersonInfo 所对应的数据
>>> v.name.hireDate


# 反向查询
# 查询模型 PersonInfo 某行数据对象 p
>>> p = PersonInfo.objects.filter(id=2).first()
# 方法一
# vocation_set 的返回值为 queryset 对象，即查询结果
# vocation_set 的 vocation 为模型 Vocation 的名称小写
# 模型 Vocation 的外键字段 name 不能设置参数 related_name
# 若设置参数 related_name，则无法使用 vocation_set
>>> v = p.vocation_set.first()
>>> v.job
# 方法二
# 由模型 Vocation 的外键字段 name 的参数 related_name 实现
# 外键字段 name 必须设置参数 related_name 才有效，否则无法查询
# 将外键字段 name 的参数 related_name 设为 ps
>>> v = p.ps.first()
>>> v.job
```

正向查询和反向查询还能在查询条件（filter 或 get）里使用，这种方式用于查询条件的字段不在查询对象里，比如查询对象为模型 Vocation，查询条件是模型 PersonInfo 的某个字段，对于这种查询可以采用以下方法实现：

```
# 正向查询
# name__name，前面的 name 是模型 Vocation 的字段 name
# 后面的 name 是模型 PersonInfo 的字段 name，两者使用双下划线连接
>>> v = Vocation.objects.filter(name__name='Tim').first()
# v.name 代表外键 name
```

```
>>> v.name.hireDate

# 反向查询
# 通过外键 name 的参数 related_name 实现反向条件查询
# ps 代表外键 name 的参数 related_name
# job 代表模型 Vocation 的字段 job
p = PersonInfo.objects.filter(ps__job='网站设计').first()
# 通过参数 related_name 反向获取模型 Vocation 的数据
>>> v = p.personinfo.first()
>>> v.job
```

无论是正向查询还是反向查询，它们在数据库里需要执行两次 SQL 查询，第一次是查询某张数据表的数据，再通过外键关联获取另一张数据表的数据信息。为了减少查询次数，提高查询效率，我们可以使用 select_related 或 prefetch_related 方法实现，该方法只需执行一次 SQL 查询就能实现多表查询。

select_related 主要针对一对一和一对多关系进行优化，它是使用 SQL 的 JOIN 语句进行优化的，通过减少 SQL 查询的次数来进行优化和提高性能，其使用方法如下：

```
# select_related 方法，参数为字符串格式
# 以模型 PersonInfo 为查询对象
# select_related 使用 LEFT OUTER JOIN 方式查询两个数据表
# 查询模型 PersonInfo 的字段 name 和模型 Vocation 的字段 payment
# select_related 参数为 ps，代表外键字段 name 的参数 related_name
# 若要得到其他数据表的关联数据，则可用双下划线 "__" 连接字段名
# 双下划线 "__" 连接字段名必须是外键字段名或外键字段参数 related_name
>>>
p=PersonInfo.objects.select_related('ps').values('name','ps__payment')
# 查看 SQL 查询语句
>>> print(p.query)

# 以模型 Vocation 为查询对象
# select_related 使用 INNER JOIN 方式查询两个数据表
# select_related 的参数为 name，代表外键字段 name
>>> v=Vocation.objects.select_related('name').values('name','name__age')
# 查看 SQL 查询语句
>>> print(v.query)

# 获取两个模型的数据，以模型 Vocation 的 payment 大于 8000 为查询条件
>>> v=Vocation.objects.select_related('name').
filter(payment__gt=8000)
# 查看 SQL 查询语句
>>> print(v.query)
# 获取查询结果集的首个元素的字段 age 的数据
# 通过外键字段 name 定位模型 PersonInfo 的字段 age
>>> v[0].name.age
```

除此之外，select_related 还可以支持 3 个或 3 个以上的数据表同时查询，以下面的例子进行说明。

```python
# index 的 models.py
from django.db import models
# 省份信息表
class Province(models.Model):
    name = models.CharField(max_length=10)
    def __str__(self):
        return str(self.name)


# 城市信息表
class City(models.Model):
    name = models.CharField(max_length=5)
    province = models.ForeignKey(Province, on_delete=models.CASCADE)
    def __str__(self):
        return str(self.name)


# 人物信息表
class Person(models.Model):
    name = models.CharField(max_length=10)
    living = models.ForeignKey(City, on_delete=models.CASCADE)
    def __str__(self):
        return str(self.name)
```

在上述模型中，模型 Person 通过外键 living 关联模型 City，模型 City 通过外键 province 关联模型 Province，从而使 3 个模型形成一种递进关系。我们对上述新定义的模型执行数据迁移并在数据表里插入数据，如图 4-15 所示。

id	name	id	name	province_id	id	name	living_id
1	广东省	1	广州	1	1	Lily	1
2	浙江省	2	苏州	2	2	Tom	2
3	海南省	3	杭州	2	3	Lucy	3
		4	海口	3	4	Tim	4
		5	深圳	1	5	Mary	5

图 4-15　数据表信息

例如，查询 Tom 现在所居住的省份，首先通过模型 Person 和模型 City 查出 Tom 所居住的城市，然后通过模型 City 和模型 Province 查询当前城市所属的省份。因此，select_related 的实现方法如下：

```python
>>> p=Person.objects.select_related('living__province').get(name='Tom')
>>> p.living.province
<Province: 浙江省>
```

从上述例子可以发现，通过设置 select_related 的参数值可实现 3 个或 3 个以上的多表查询。例子中的参数值为 living__province，参数值说明如下：

- living 是模型 Person 的外键字段，该字段指向模型 City。
- province 是模型 City 的外键字段，该字段指向模型 Province。

两个外键字段之间使用双下画线连接，在查询过程中，模型 Person 的外键字段 living 指向模型 City，再从模型 City 的外键字段 province 指向模型 Province，从而实现 3 个或 3 个以上的多表查询。

prefetch_related 和 select_related 的设计目的很相似，都是为了减少 SQL 查询的次数，但是实现的方式不一样。select_related 是由 SQL 的 JOIN 语句实现的，但是对于多对多关系，使用 select_related 会增加数据查询时间和内存占用；而 prefetch_related 是分别查询每张数据表，然后由 Python 语法来处理它们之间的关系，因此对于多对多关系的查询，prefetch_related 更有优势。

我们在项目应用 index 的 models.py 里定义模型 Performer 和 Program，分别代表人员信息和节目信息，然后对模型执行数据迁移，生成相应的数据表，模型定义如下：

```python
# index 的 models.py
from django.db import models
class Performer(models.Model):
    id = models.IntegerField(primary_key=True)
    name = models.CharField(max_length=20)
    nationality = models.CharField(max_length=20)
    def __str__(self):
        return str(self.name)


class Program(models.Model):
    id = models.IntegerField(primary_key=True)
    name = models.CharField(max_length=20)
    performer = models.ManyToManyField(Performer)
    def __str__(self):
        return str(self.name)
```

数据迁移成功后，在数据表 index_performer 和 index_program 中分别添加人员信息和节目信息，然后在数据表 index_program_performer 中设置多对多关系，如图 4-16 所示。

id	name	nationality	id	name	id	program_id	performer_id
1	Lily	USA	1	喜洋洋	1	1	1
2	Lilei	CHINA	2	小猪佩奇	2	1	2
3	Tom	US	3	白雪公主	3	1	3
4	Hanmei	CHINA	4	小王子	4	1	4

图 4-16　数据表信息

例如，查询"喜洋洋"节目有多少个人员参与演出，首先从节目表 index_program 里找出"喜洋洋"的数据信息，然后通过外键字段 performer 获取参与演出的人员信息，实现过程如下：

```
# 查询模型 Program 的某行数据
>>> p=Program.objects.prefetch_related('performer').
filter(name='喜洋洋').first()
# 根据外键字段 performer 获取当前数据的多对多或一对多关系
>>> p.performer.all()
```

从上述例子看到，prefetch_related 的使用与 select_related 有一定的相似之处。如果是查询一对多关系的数据信息，那么两者皆可实现，但 select_related 的查询效率更佳。除此之外，Django 的 ORM 框架还提供很多 API 方法，可以满足开发中各种复杂的需求，由于篇幅有限，就不再一一介绍了，有兴趣的读者可在官网上查阅。

4.5 执行原生 SQL 语句

Django 在查询数据时，大多数查询都能使用 ORM 提供的 API 方法，但对于一些复杂的查询可能难以使用 ORM 的 API 方法实现，因此 Django 引入了 SQL 语句的执行方法，有以下 3 种实现方法。

- extra：结果集修改器，一种提供额外查询参数的机制。
- raw：执行原始 SQL 并返回模型实例对象。
- execute：直接执行自定义 SQL。

extra 适合用于 ORM 难以实现的查询条件，将查询条件使用原生 SQL 语法实现，此方法需要依靠模型对象，在某程度上可防止 SQL 注入。在 PyCharm 里打开 extra 源码，如图 4-17 所示，它一共定义了 6 个参数，每个参数说明如下：

- select：添加新的查询字段，即新增并定义模型之外的字段。
- where：设置查询条件。
- params：如果 where 设置了字符串格式化%s，那么该参数为 where 提供数值。
- tables：连接其他数据表，实现多表查询。
- order_by：设置数据的排序方式。
- select_params：如果 select 设置字符串格式化%s，那么该参数为 select 提供数值。

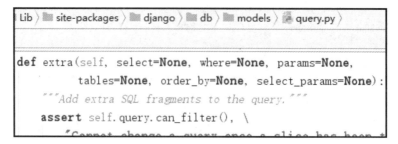

图 4-17 extra 源码

上述参数都是可选参数，我们可根据实际情况选择所需的参数。以模型 Vocation 为例，使用 extra 实现数据查询，代码如下：

```
# 查询字段 job 等于 '网站设计' 的数据
# params 为 where 的%s 提供数值
>>> Vocation.objects.extra(where=["job=%s"],params=['网站设计'])
<QuerySet [<Vocation: 3>]>

# 新增查询字段 seat，select_params 为 select 的%s 提供数值
>>> v=Vocation.objects.extra(select={"seat":"%s"},
select_params=['seatInfo'])
>>> print(v.query)

# 连接数据表 index_personinfo
>>> v=Vocation.objects.extra(tables=['index_personinfo'])
>>> print(v.query)
```

下一步分析 raw 的语法，它和 extra 所实现的功能是相同的，只能实现数据查询操作，并且也要依靠模型对象，但从使用角度来说，raw 更为直观易懂。在 PyCharm 里打开 raw 源码，如图 4-18 所示，它一共定义了 4 个参数，每个参数说明如下：

- raw_query：SQL 语句。
- params：如果 raw_query 设置字符串格式化%s，那么该参数为 raw_query 提供数值。
- translations：为查询的字段设置别名。
- using：数据库对象，即 Django 所连接的数据库。

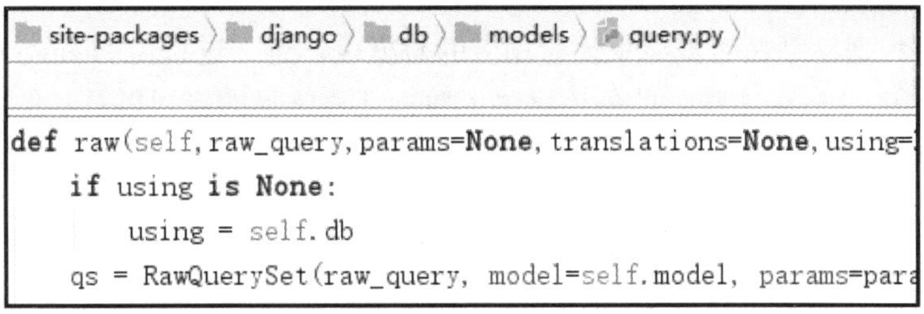

```
site-packages 〉 django 〉 db 〉 models 〉 query.py 〉

def raw(self, raw_query, params=None, translations=None, using=
    if using is None:
        using = self.db
    qs = RawQuerySet(raw_query, model=self.model, params=para
```

图 4-18　raw 源码

上述参数只有 raw_query 是必选参数，其他参数可根据需求自行选择。我们以模型 Vocation 为例，使用 raw 实现数据查询，代码如下：

```
>>> v = Vocation.objects.raw('select * from index_vocation')
>>> v[0]
<Vocation: 1>
```

最后分析 execute 的语法，它执行 SQL 语句无须经过 Django 的 ORM 框架。我们知道 Django 连接数据库需要借助第三方模块实现连接过程，如 MySQL 的 mysqlclient 模块和 SQLite 的 sqlite3 模块等，这些模块连接数据库之后，可通过游标的方式来执行 SQL 语句，而 execute 就是使用这种方式执行 SQL 语句，使用方法如下：

```
>>> from django.db import connection
>>> cursor=connection.cursor()
# 执行 SQL 语句
>>> cursor.execute('select * from index_vocation')
# 读取第一行数据
>>> cursor.fetchone()
# 读取所有数据
>>> cursor.fetchall()
```

execute 能够执行所有的 SQL 语句，但很容易受到 SQL 注入攻击，一般情况下不建议使用这种方式实现数据操作。尽管如此，它能补全 ORM 框架所缺失的功能，如执行数据库的存储过程。

4.6 本章小结

Django 对各种数据库提供了很好的支持，包括 PostgreSQL、MySQL、SQLite 和 Oracle，而且为这些数据库提供了统一的 API 方法，这些 API 统称为 ORM 框架。通过使用 Django 内置的 ORM 框架可以实现数据库连接和读写操作。

ORM 框架是一种程序技术，用于实现面向对象编程语言中不同类型系统的数据之间的转换。从效果上说，它创建了一个可在编程语言中使用的"虚拟对象数据库"，通过对虚拟对象数据库的操作从而实现对目标数据库的操作，虚拟对象数据库与目标数据库是相互对应的。

数据迁移是根据模型在数据库里创建相应的数据表，这一过程由 Django 内置的操作指令 makemigrations 和 migrate 实现，此外还讲述了数据迁移常见的错误以及其他数据迁移指令。

数据导入与导出是对数据表的数据执行导入与导出操作，确保开发阶段、测试阶段和项目上线的数据互不影响。

新增数据由模型实例化对象调用内置方法实现数据新增，比如单数据新增调用 create，查询与新增调用 get_or_create，修改与新增调用 update_or_create，批量新增调用 bulk_create。

更新数据必须执行一次数据查询，再对查询结果进行修改操作，常用方法有：模型实例化、update 方法和批量更新 bulk_update。

删除数据必须执行一次数据查询，再对查询结果进行删除操作，若删除的数据设有外键字段，则删除结果由外键的删除模式决定。

数据查询分为单表查询和多表查询，Django 提供多种不同查询的 API 方法，以满足开发需求。

执行 SQL 语句有 3 种方法实现：extra、raw 和 execute，其中 extra 和 raw 只能实现数据查询，具有一定的局限性；而 execute 无须经过 ORM 框架处理，能够执行所有的 SQL 语句，但很容易受到 SQL 注入攻击。

第 **5** 章

商城的数据业务处理

视图（Views）是 Django 的 MTV 架构模式的 V 部分，主要负责处理用户请求和生成相应的响应内容，然后在页面或其他类型文档中显示。也可以理解为视图是 MVC 架构里面的 C 部分（控制器），主要处理功能和业务上的逻辑。我们习惯使用视图函数处理 HTTP 请求，即在视图里定义 def 函数，这种方式称为 FBV（Function Base Views）。

Web 开发是一项无聊而且单调的工作，特别是在视图功能编写方面更为显著。为了减少这种痛苦，Django 植入了视图类这一功能，该功能封装了视图开发常用的代码，无须编写大量代码即可快速完成数据视图的开发，这种以类的形式实现响应与请求处理称为 CBV（Class Base Views）。

5.1　首页的视图函数

在第 3 章和第 4 章中，我们已为项目 babys 定义了路由信息和数据模型，本节将在此基础上编写视图函数。由于项目 babys 一共有 6 个网页，并且每个网页的视图业务逻辑各有不同，为了让读者更好地理解 Django 的视图功能，我们从网站首页的视图业务逻辑分析并学习视图的定义过程。

编写网站首页的视图业务逻辑之前，确保项目 babys 已定义路由 index，并分别定义了模型 Types、CommodityInfos、CartInfos 和 OrderInfos，所有模型执行了数据迁移，在 MySQL 数据库中生成相应的数据表。

由于项目应用 index 的 urls.py 的路由 index 设置视图函数名为 indexView，因此在项目应用 index 的 views.py 定义视图函数 indexView，定义过程如下：

```
# 项目应用 index 的 views.py
```

```
from django.shortcuts import render
from commodity.models import *
# Create your views here.
def indexView(request):
    title = '首页'
    classContent = ''
    commodityInfos = CommodityInfos.objects.order_by('-sold').all()[:8]

    types = Types.objects.all()
    # 宝宝服饰
    cl = [x.seconds for x in types if x.firsts == '儿童服饰']
clothes=CommodityInfos.objects.filter(types__in=cl).order_by('-sold')[:5]
    # 奶粉辅食
    fl = [x.seconds for x in types if x.firsts == '奶粉辅食']
    food =
CommodityInfos.objects.filter(types__in=fl).order_by('-sold')[:5]
    # 宝宝用品
    gl = [x.seconds for x in types if x.firsts == '儿童用品']
    goods =
CommodityInfos.objects.filter(types__in=gl).order_by('-sold')[:5]
    return render(request, 'index.html', locals())
```

上述代码中，视图函数 indexView 一共定义了 7 个变量，每个变量的作用说明如下：

（1）变量 title 是设置网页标签内容，即 HTML 的 title 标签文本内容，该变量将会在模板中使用。

（2）变量 classContent 是控制网页导航栏的样式，比如当前网页为首页，导航栏的"首页"应设置样式为class="active"，如图 5-1 所示。以此类推，如果网页为购物车页面，导航栏的"购物车"的样式设为 class="active"。

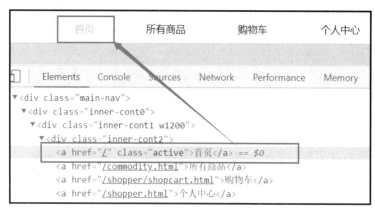

图 5-1　网站首页

（3）变量 commodityInfos 是查询模型 CommodityInfos 销量最高的前 8 条数据，这些数据将显示在首页的"今日必抢"栏目中，如图 5-2 所示。

图 5-2　首页的今日必抢栏目

（4）变量 types 是查询模型 Types 的所有数据，用于变量 cl、fl 和 gl 的数据筛选。

（5）变量 cl 是在变量 types 的基础上，对变量 types 的数据进行筛选，获取字段 firsts 等于"儿童服饰"的所有数据，并以列表格式表示。

（6）变量 clothes 是将变量 cl 作为模型 CommodityInfos 的查询条件，符合条件的数据按销量排序并获取前 5 条数据，这些数据将显示在首页的"宝宝服饰"栏目，如图 5-3 所示。

图 5-3　首页的"宝宝服饰"栏目

（7）变量 fl 是在变量 types 的基础上，对变量 types 的数据进行筛选，获取字段 firsts 等于"奶粉辅食"的所有数据，并以列表格式表示。

（8）变量 food 是将变量 fl 作为模型 CommodityInfos 的查询条件，符合条件的数据按销量排序并获取前 5 条数据，这些数据将显示在首页的"奶粉辅食"栏目，如图 5-4 所示。

图 5-4　首页的"奶粉辅食"栏目

（9）变量 gl 是在变量 types 的基础上，对变量 types 的数据进行筛选，获取字段 firsts 等于"儿童用品"的所有数据,并以列表格式表示。

(10)变量 goods 是将变量 gl 作为模型 CommodityInfos 的查询条件,符合条件的数据按销量排序并获取前 5 条数据,这些数据将显示在首页的"宝宝用品"栏目,如图 5-5 所示。

图 5-5　首页的"宝宝用品"栏目

最后视图函数 indexView 使用 return 设置函数的返回值,只要是 Django 的视图函数,它必须要设置返回值,其作用是将函数中定义的变量传递给模板,然后由模板引擎对这些变量进行解析并渲染到网页上。

5.2　视图的请求对象

网站是根据用户请求来输出相应的响应内容的,用户请求是指用户在浏览器上访问某个网址链接的操作,浏览器会根据网址链接信息向网站发送 HTTP 请求,那么,当 Django 接收到用户请求时,它是如何获取用户请求信息的呢?

当在浏览器上访问某个网址时,其实质是向网站发送一个 HTTP 请求,HTTP 请求分为 8 种请求方式,每种请求方式的说明如表 5-1 所示。

表 5-1　请求方式

请求方式	说　明
OPTIONS	返回服务器针对特定资源所支持的请求方法
GET	向特定资源发出请求(访问网页)
POST	向指定资源提交数据处理请求(提交表单、上传文件)
PUT	向指定资源位置上传数据内容
DELETE	请求服务器删除 request-URL 所标示的资源
HEAD	与 GET 请求类似,返回的响应中没有具体内容,用于获取报头
TRACE	回复和显示服务器收到的请求,用于测试和诊断
CONNECT	HTTP/1.1 协议中能够将连接改为管道方式的代理服务器

在上述的 HTTP 请求方式里,最基本的是 GET 请求和 POST 请求,网站开发者关心的也只有 GET 请求和 POST 请求。GET 请求和 POST 请求是可以设置请求参数的,两者的设置方式如下:

- GET 请求的请求参数是在路由地址后添加 "？" 和参数内容，参数内容以 key=value 形式表示，等号前面的是参数名，后面的是参数值，如果涉及多个参数，每个参数之间就使用 "&" 隔开，如 127.0.0.1:8000/?user=xy&pw=123。
- POST 请求的请求参数一般以表单的形式传递，常见的表单使用 HTML 的 form 标签，并且 form 标签的 method 属性设为 POST。

对于 Django 来说，当它接收到 HTTP 请求之后，会根据 HTTP 请求携带的请求参数以及请求信息来创建一个 WSGIRequest 对象，并且作为视图函数的首个参数，这个参数通常写成 request，该参数包含用户所有的请求信息。在 PyCharm 里打开 WSGIRequest 对象的源码信息（django\core\handlers\wsgi.py），如图 5-6 所示。

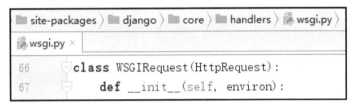

图 5-6　WSGIRequest

从类 WSGIRequest 的定义看到，它继承并重写类 HttpRequest。若要获取用户的请求信息，则只需从类 WSGIRequest 读取相关的类属性即可。下面对一些常用的属性进行说明。

- COOKIE：获取客户端（浏览器）的 Cookie 信息，以字典形式表示，并且键值对都是字符串类型。
- FILES：django.http.request.QueryDict 对象，包含所有的文件上传信息。
- GET：获取 GET 请求的请求参数，它是 django.http.request.QueryDict 对象，操作起来类似于字典。
- POST：获取 POST 请求的请求参数，它是 django.http.request.QueryDict 对象，操作起来类似于字典。
- META：获取客户端（浏览器）的请求头信息，以字典形式存储。
- method：获取当前请求的请求方式（GET 请求或 POST 请求）。
- path：获取当前请求的路由地址。
- session：一个类似于字典的对象，用来操作服务器的会话信息，可临时存放用户信息。
- user：当 Django 启用 AuthenticationMiddleware 中间件时才可用。它的值是内置数据模型 User 的对象，表示当前登录的用户。如果用户当前没有登录，那么 user 将设为 django.contrib.auth.models.AnonymousUser 的一个实例。

由于类 WSGIRequest 继承并重写类 HttpRequest，因此类 HttpRequest 里定义的类方法同样适用于类 WSGIRequest。打开类 HttpRequest 所在的源码文件，如图 5-7 所示。

图 5-7　HttpRequest

类 HttpRequest 一共定义了 31 个类方法，我们选择一些常用的方法进行讲述。

- is_secure(): 是否采用 HTTPS 协议。
- is_ajax(): 是否采用 Ajax 发送 HTTP 请求。判断原理是请求头中是否存在 X-Requested-With:XMLHttpRequest。
- get_host(): 获取服务器的域名。如果在访问的时候设有端口，就会加上端口号，如 127.0.0.1:8000。
- get_full_path(): 返回路由地址。如果该请求为 GET 请求并且设有请求参数，返回路由地址就会将请求参数返回，如/?user=xy&pw=123。
- get_raw_uri(): 获取完整的网址信息，将服务器的域名、端口和路由地址一并返回，如 http://127.0.0.1:8000/?user=xy&pw=123。

回到项目 babys 的项目应用 index 的视图函数 indexView，在定义函数的过程中，我们设置了函数参数 request，该参数代表用户的请求对象，即 WSGIRequest 类的实例化对象。如果要使用 WSGIRequest 类的类属性和方法，可以通过函数参数 request 调用，比如在视图函数 indexView 里调用 WSGIRequest 类的类属性和方法，如下所示。

```python
def indexView(request):
    # 使用 method 属性判断请求方式
    if request.method == 'GET':
        # 类方法的使用
        print(request.is_secure())
        print(request.is_ajax())
        print(request.get_host())
        print(request.get_full_path())
        print(request.get_raw_uri())
        # 属性的使用
        print(request.COOKIES)
        print(request.content_type)
        print(request.content_params)
        print(request.scheme)
        # 获取 GET 请求的请求参数
        print(request.GET.get('user', ''))
        return render(request, 'index.html')
    elif request.method == 'POST':
        # 获取 POST 请求的请求参数
        print(request.POST.get('user', ''))
```

```
return render(request, 'index.html')
```

5.3 视图的响应方式

视图函数是通过 return 方式返回响应内容，然后生成相应的网页内容呈现在浏览器上。
return 是 Python 的内置语法，用于设置函数的返回值，若要设置不同的响应方式，则需要使用 Django 内置的响应类，如表 5-2 所示。

表 5-2 响应类

响应类型	说　明
HttpResponse('Hello world')	状态码 200，请求已成功被服务器接收
HttpResponseRedirect('/')	状态码 302，重定向到首页地址
HttpResponsePermanentRedirect('/')	状态码 301，永久重定向到首页地址
HttpResponseBadRequest('400')	状态码 400，访问的页面不存在或请求错误
HttpResponseNotFound('404')	状态码 404，网页不存在或网页的 URL 失效
HttpResponseForbidden('403')	状态码 403，没有访问权限
HttpResponseNotAllowed('405')	状态码 405，不允许使用该请求方式
HttpResponseServerError('500')	状态码 500，服务器内容错误
JsonResponse({'foo': 'bar'})	默认状态码 200，响应内容为 JSON 数据
StreamingHttpResponse()	默认状态码 200，响应内容以流式输出

不同的响应方式代表不同的 HTTP 状态码，其核心作用是 Web Server 服务器用来告诉浏览器当前的网页请求发生了什么事，或者当前 Web 服务器的响应状态。上述的响应类主要来自于模块 django.http，该模块是实现响应功能的核心。以 HttpResponse 为例，在视图函数中使用 HttpResponse 作为响应函数，如下所示：

```
# 某项目应用的 views.py
from django.http import HttpResponse
def index(request):
    html = '<h1>Hello World</h1>'
    return HttpResponse(html , status=200)
```

视图函数 index 使用响应类 HttpResponse 实现响应过程。从 HttpResponse 的参数可知，第一个参数是响应内容，一般是网页内容或 JSON 数据，网页内容是以 HTML 语言为主的，JSON 数据用于生成 API 接口数据。第二个参数用于设置 HTTP 状态码，它支持 HTTP 所有的状态码。

从源码角度分析，打开响应类 HttpResponse 的源码文件，发现表 5-2 的响应类都是在 HttpResponse 的基础上实现的，只不过它们的 HTTP 状态码有所不同，如图 5-8 所示。

图 5-8　响应函数

从 HttpResponse 的使用过程可知，如果要生成网页内容，就需要将 HTML 语言以字符串的形式表示，如果网页内容过大，就会增加视图函数的代码量，同时也没有体现模板的作用。因此，Django 在此基础上进行了封装处理，定义了函数 render、render_to_response 和 redirect。

render 和 render_to_response 实现的功能是一致的。render_to_response 自 2.0 版本以来已开始被弃用，但并不代表在 2.0 以上版本无法使用，只是大部分开发者都使用 render。因此，本书只对 render 进行讲解。render 的语法如下：

```
render（request, template_name, context = None, content_type = None, status =
None, using = None）
```

render 的参数 request 和 template_name 是必需参数，其余的参数是可选参数。各个参数说明如下：

- request：浏览器向服务器发送的请求对象，包含用户信息、请求内容和请求方式等。
- template_name：设置模板文件名，用于生成网页内容。
- context：对模板上下文（模板变量）赋值，以字典格式表示，默认情况下是一个空字典。
- content_type：响应内容的数据格式，一般情况下使用默认值即可。
- status：HTTP 状态码，默认为 200。
- using：设置模板引擎，用于解析模板文件，生成网页内容。

从 render 的参数看到，参数 context 是将视图函数的变量传递给模板引擎，再由模板引擎解析这些变量并展示在网页上。在实际开发过程中，如果视图传递的变量过多，在设置参数 context 时就显得非常冗余，而且不利于日后的维护和更新。因此，可以使用 Python 内置语法 locals()取代参数 context，比如 5.1 节定义的视图函数 indexView，该函数是使用 locals()取代参数 context。

掌握了 render 的使用方法后，为了进一步了解其原理，在 PyCharm 里查看 render 的源码信息，按键盘上的 Ctrl 键并单击函数 render 即可打开该函数的源码文件，如图 5-9 所示。

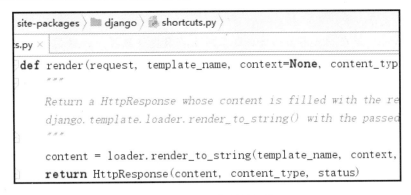

图 5-9　render 的源码文件

函数 render 的返回值调用响应类 HttpResponse 来生成具体的响应内容，这说明响应类 HttpResponse 是 Django 在响应过程中核心的功能类。结合 render 源码进一步阐述 render 读取模板文件的运行过程：

（1）使用 loader.render_to_string 方法读取模板文件内容。

（2）由于模板文件设有模板上下文，因此模板文件解析网页内容的过程需要由模板引擎 using 实现。

（3）解析模板文件的过程中，loader.render_to_string 的参数 context 给模板语法的变量提供具体的数据内容，若模板上下文在该参数里不存在，则对应的网页内容为空。

（4）调用响应类 HttpResponse，并将变量 content（模板文件的解析结果）、变量 content_type（响应内容的数据格式）和变量 status（HTTP 状态码）以参数形式传入 HttpResponse，从而完成响应过程。

综上所述，我们介绍了 Django 的响应类，比如 HttpResponse、HttpResponseRedirect 和 HttpResponseNotFound 等，其中最为核心的响应类是 HttpResponse，它是所有响应类的基础。在此基础上，Django 还进一步封装了响应函数 render，该函数能直接读取模板文件，并且能设置多种响应方式（设置不同的 HTTP 状态码）。

5.4　认识视图类

视图类是通过定义和声明类的形式实现的，根据用途划分 3 部分：数据显示视图、数据操作视图和日期筛选视图。

数据显示视图是将后台的数据展示在网页上，数据主要来自模型，一共定义了 4 个视图类，分别是 RedirectView、TemplateView、ListView 和 DetailView，说明如下：

- RedirectView 用于实现 HTTP 重定向，默认情况下只定义 GET 请求的处理方法。
- TemplateView 是视图类的基础视图，可将数据传递给 HTML 模板，默认情况下只定义 GET 请求的处理方法。
- ListView 是在 TemplateView 的基础上将数据以列表显示，通常将某个数据表的数据以列表表示。
- DetailView 是在 TemplateView 的基础上将数据详细显示，通常获取数据表的单条数据。

数据操作视图是对模型进行操作，如增、删、改，从而实现 Django 与数据库的数据交互。数据操作视图有 4 个视图类，分别是 FormView、CreateView、UpdateView 和 DeleteView，说明如下：

- FormView 视图类使用内置的表单功能，通过表单实现数据验证、响应输出等功能，用于显示表单数据。
- CreateView 实现模型的数据新增功能，通过内置的表单功能实现数据新增。
- UpdateView 实现模型的数据修改功能，通过内置的表单功能实现数据修改。
- DeleteView 实现模型的数据删除功能，通过内置的表单功能实现数据删除。

日期筛选视图是根据模型里的某个日期字段进行数据筛选的，然后将符合结果的数据以一定的形式显示在网页上。简单来说，在列表视图 ListView 或详细视图 DetailView 的基础上增加日期筛选所实现的视图类。它一共定义了 7 个日期视图类，说明如下：

- ArchiveIndexView 是将数据表所有的数据以某个日期字段的降序方式进行排序显示的。
- YearArchiveView 是在数据表筛选某个日期字段某年的所有的数据，默认以升序的方式排序显示，年份的筛选范围由路由变量提供。
- MonthArchiveView 是在数据表筛选某个日期字段某年某月的所有的数据，默认以升序的方式排序显示，年份和月份的筛选范围都由路由变量提供。
- WeekArchiveView 是在数据表筛选某个日期字段某年某周的所有的数据，总周数是将一年的总天数除以 7 所得的，数据默认以升序的方式排序显示，年份和周数的筛选范围都是由路由变量提供的。
- DayArchiveView 是对数据表的某个日期字段精准筛选到某年某月某天，将符合条件的数据以升序的方式排序显示，年份、月份和天数都是由路由变量提供的。
- TodayArchiveView 是在视图类 DayArchiveView 的基础上进行封装处理的，它将数据表某个日期字段的筛选条件设为当天时间，符合条件的数据以升序的方式排序显示。
- DateDetailView 是查询某年某月某日某条数据的详细信息，它在视图类 DetailView 的基础上增加了日期筛选功能，筛选条件主要有年份、月份、天数和某个模型字段，其中某个模型字段必须具有唯一性，才能确保查询的数据具有唯一性。

从日期筛选视图类的继承关系得知，它们的继承关系都有一定的相似之处，说明它们的属性和方法在使用上不会存在太大的差异。因此，我们选择最有代表性的视图类 MonthArchiveView 和 WeekArchiveView 进行讲述，在日常开发中，这两个日期视图类通常用于开发报表功能（月报表和周报表）。

5.5　使用视图类实现商城首页

虽然视图类分为数据显示视图、数据操作视图和日期筛选视图，每种类型的视图类适合特定的使用场景，比如用户的注册登录功能则适合使用数据操作视图，财务报表则适合使用日期筛选视图，商品展示则适用使用数据显示视图。

我们在项目 babys 的项目应用 index 的 views.py 定义了视图函数 indexView，该视图函数主要是查询模型 Types 和 CommodityInfos 的数据信息，将这些数据信息传递给模板引擎并展示在网页上，因此，我们还可以使用数据显示视图的 TemplateView 类实现商城首页的业务逻辑处理。

由于商城首页的数据展示没有实现分页展示，并且数据无须详细展示出来，因此该网页不适合使用视图类 ListView 和 DetailView。

视图类 TemplateView 是所有视图类里最基础的应用视图类，开发者可以直接调用应用视图类，它继承多个父类：TemplateResponseMixin、ContextMixin 和 View。在 PyCharm 里查看视图类 TemplateView 的源码，如图 5-10 所示。

```python
class TemplateView(TemplateResponseMixin, ContextMixin, View
    """
    Render a template. Pass keyword arguments from the URLcon
    """
    def get(self, request, *args, **kwargs):
        context = self.get_context_data(**kwargs)
        return self.render_to_response(context)
```

图 5-10　视图类 TemplateView 的源码

从视图类 TemplateView 的源码看到，它只定义了类方法 get()，该方法分别调用函数方法 get_context_data()和 render_to_response()，从而完成 HTTP 请求的响应过程。类方法 get()所调用的函数方法主要来自父类 TemplateResponseMixin 和 ContextMixin，为了准确地描述函数方法的调用过程，我们以流程图的形式加以说明，如图 5-11 所示。

视图类 TemplateView 的 get()所调用的函数说明如下：

- 视图类 ContextMixin 的 get_context_data()方法用于获取模板上下文内容，模板上下文是将视图里的数据传递到模板文件，再由模板引擎将数据转换成 HTML 网页数据。
- 视图类 TemplateResponseMixin 的 render_to_response()用于实现响应处理，由响应类 TemplateResponse 完成。

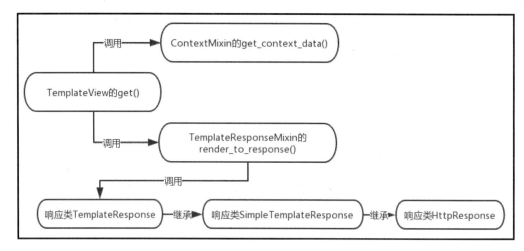

图 5-11　视图类 TemplateView 的定义过程

我们可以在视图类 TemplateView 的源码文件里找到视图类 TemplateResponseMixin 的定义过程，该类设置了 4 个属性和两个类方法，这些属性和类方法说明如下：

- template_name：设置模板文件的文件名。
- template_engine：设置解析模板文件的模板引擎。
- response_class：设置 HTTP 请求的响应类，默认值为响应类 TemplateResponse。
- content_type：设置响应内容的数据格式，一般情况下使用默认值即可。
- render_to_response()：实现响应处理，由响应类 TemplateResponse 完成。
- get_template_names()：获取属性 template_name 的值。

从源码角度分析了视图类 TemplateView 的定义过程，接下来使用视图类 TemplateView 实现商城首页的业务逻辑，在项目应用 index 的 urls.py 重新定义路由 index，代码如下：

```python
# 项目应用 index 的 urls.py
from django.urls import path
from .views import *

urlpatterns = [
    # path('', indexView, name='index'),
    path('', indexClassView.as_view(), name='index'),
]
```

我们将路由 index 改为视图类 indexClassView，如果路由的视图为视图类，视图类必须由调用函数方法 as_view()，这是对视图类进行实例化处理。下一步在项目应用 index 的 views.py 定义视图类 indexClassView，定义过程如下：

```python
# 项目应用 index 的 views.py
from django.views.generic.base import TemplateView
from commodity.models import *
class indexClassView(TemplateView):
    template_name = 'index.html'
```

```
        template_engine = None
        content_type = None
        extra_context = {'title': '首页', 'classContent': ''}

        # 重新定义模板上下文的获取方式
        def get_context_data(self, **kwargs):
            context = super().get_context_data(**kwargs)
            context['commodityInfos'] =
CommodityInfos.objects.order_by('-sold').
                                    all()[:8]
            types = Types.objects.all()
            # 宝宝服饰
            cl = [x.seconds for x in types if x.firsts == '儿童服饰']
            context['clothes'] = CommodityInfos.objects.filter(types__in=cl).
                            order_by('-sold')[:5]
            # 奶粉辅食
            fl = [x.seconds for x in types if x.firsts == '奶粉辅食']
            context['food'] = CommodityInfos.objects.filter(types__in=fl).
                        order_by('-sold')[:5]
            # 宝宝用品
            gl = [x.seconds for x in types if x.firsts == '儿童用品']
            context['goods'] = CommodityInfos.objects.filter(types__in=gl).
                        order_by('-sold')[:5]
            return context


        # 定义 HTTP 的 GET 请求处理方法
        # 参数 request 代表 HTTP 请求信息
        # 若路由设有路由变量, 则可从参数 kwargs 里获取
        def get(self, request, *args, **kwargs):
            pass
            context = self.get_context_data(**kwargs)
            return self.render_to_response(context)


        # 定义 HTTP 的 POST 请求处理方法
        # 参数 request 代表 HTTP 请求信息
        # 若路由设有路由变量, 则可从参数 kwargs 里获取
        def post(self, request, *args, **kwargs):
            pass
            context = self.get_context_data(**kwargs)
            return self.render_to_response(context)
```

视图类 indexClassView 重新定义了 4 个类属性和 3 个类方法, 每个属性和方法的说明如下:

(1) 属性 template_name 设置模板文件名, 网页内容由模板文件 index.html 生成。

（2）属性 template_engine 设置解析模板文件的模板引擎，属性值为 None 则默认使用配置文件 settings.py 的 TEMPLATES 的 BACKEND 所设置的模板引擎。

（3）属性 content_type 设置响应内容的数据格式，属性值为 None 则使用 text/html 作为响应内容的数据格式。

（4）属性 extra_context 来自视图类 ContextMixin，这是为模板文件设置额外变量。在模板文件中可能会使用多个不同的变量，而这些变量是在视图中定义生成的，我们只需将这些变量以字典格式表示并赋值给属性 extra_context 即可。一般情况下，如果变量的值比较固定或具有规律性，笔者建议写入属性 extra_context。

（5）方法 get_context_data()是获取属性 extra_context 的值，如果某些变量具有动态变化或者需要复杂的处理逻辑，可以在此方法里面动态添加这些变量，比如查询模型数据、数据的算法处理等。

（6）方法 get()定义 HTTP 的 GET 请求处理方法，参数 request 代表 HTTP 请求信息，可以从该参数中获取用户的请求信息；该方法调用方法 get_context_data()，获取整个视图所有变量并赋值给 context，然后将 context 传递给 render_to_response()方法，从而完成整个 GET 请求和响应过程。

（7）方法 post()与方法 get()的业务逻辑相似，该方法是处理 POST 请求和响应过程。

综合上述，视图类是通过类继承以及属性方法的重写来实现业务逻辑处理，Django 内置视图类都是继承类 TemplateResponseMixin、ContextMixin 和 View，某些视图在继承过程中可能继承多个父类，比如视图类 ListView，它的继承过程如图 5-12 所示。

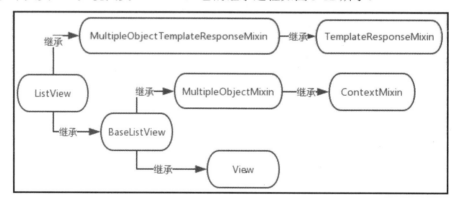

图 5-12　视图类 ListView 的继承过程

我们在学习 Django 内置视图类的时候，必须梳理视图类的继承过程，并归纳类属性和类方法的定义和重写过程，这样才能掌握每个内置视图类的使用方法。

5.6　本章小结

视图（Views）是 Django 的 MTV 架构模式的 V 部分，主要负责处理用户请求和生成相应的响应内容，然后在页面或其他类型文档中显示。也可以理解为视图是 MVC 架构里面的 C 部分（控制器），主要处理功能和业务上的逻辑。我们习惯使用视图函数处理 HTTP 请求，即在视图里定义 def 函数，这种方式称为 FBV（Function Base Views）。

Web 开发是一项无聊而且单调的工作，特别是在视图功能编写方面更为显著。为了减少这种痛苦，Django 植入了视图类这一功能，该功能封装了视图开发常用的代码，无须编写大量代码即可快速完成数据视图的开发，这种以类的形式实现响应与请求处理称为 CBV（Class Base Views）。

若要获取用户的请求信息，则只需从类 WSGIRequest 读取相关的类属性即可。下面对一些常用的属性进行说明。

- COOKIE：获取客户端（浏览器）的 Cookie 信息，以字典形式表示，并且键值对都是字符串类型。
- FILES：django.http.request.QueryDict 对象，包含所有的文件上传信息。
- GET：获取 GET 请求的请求参数，它是 django.http.request.QueryDict 对象，操作起来类似于字典。
- POST：获取 POST 请求的请求参数，它是 django.http.request.QueryDict 对象，操作起来类似于字典。
- META：获取客户端（浏览器）的请求头信息，以字典形式存储。
- method：获取当前请求的请求方式（GET 请求或 POST 请求）。
- path：获取当前请求的路由地址。
- session：一个类似于字典的对象，用来操作服务器的会话信息，可临时存放用户信息。
- user：当 Django 启用 AuthenticationMiddleware 中间件时才可用。它的值是内置数据模型 User 的对象，表示当前登录的用户。如果用户当前没有登录，那么 user 将设为 django.contrib.auth.models.AnonymousUser 的一个实例。

Django 定义的 render()函数是实现用户响应过程，该函数的语法如下：

```
render（request, template_name, context = None, content_type = None, status =
None, using = None）
```

render 的参数 request 和 template_name 是必需参数，其余的参数是可选参数。各个参数说明如下：

- request：浏览器向服务器发送的请求对象，包含用户信息、请求内容和请求方式等。
- template_name：设置模板文件名，用于生成网页内容。
- context：对模板上下文（模板变量）赋值，以字典格式表示，默认情况下是一个空字典。
- content_type：响应内容的数据格式，一般情况下使用默认值即可。
- status：HTTP 状态码，默认为 200。
- using：设置模板引擎，用于解析模板文件，生成网页内容。

视图类是通过定义和声明类的形式实现的，根据用途划分 3 部分：数据显示视图、数据操作视图和日期筛选视图。

数据显示视图是将后台的数据展示在网页上，数据主要来自模型，一共定义了 4 个视图类，分别是 RedirectView、TemplateView、ListView 和 DetailView。

数据操作视图是对模型进行操作，如增、删、改，从而实现 Django 与数据库的数据交互。数据操作视图有 4 个视图类，分别是 FormView、CreateView、UpdateView 和 DeleteView。

日期筛选视图是根据模型里的某个日期字段进行数据筛选的，然后将符合结果的数据以一定的形式显示在网页上。简单来说，在列表视图 ListView 或详细视图 DetailView 的基础上增加日期筛选所实现的视图类。

第6章

商城的数据渲染与展示

Django 作为 Web 框架，需要一种很便利的方法动态地生成 HTML 网页，因此有了模板这个概念。模板包含所需 HTML 的部分代码以及一些特殊语法，特殊语法用于描述如何将视图传递的数据动态插入 HTML 网页中。

Django 可以配置一个或多个模板引擎（甚至是 0 个，如前后端分离，Django 只提供 API 接口，无须使用模板引擎），模板引擎有 Django 模板语言（Django Template Language，DTL）和 Jinja2。Django 模板语言是 Django 内置的功能之一，它包含了模板上下文（亦可称为模板变量）、标签和过滤器，各个功能说明如下：

- 模板上下文是以变量的形式写入模板文件里面，变量值由视图函数或视图类传递所得。
- 标签是对模板上下文进行控制输出，比如模板上下文的判断和循环控制等。
- 模板继承隶属于标签，它是将每个模板文件重复的代码抽取出来并写在一个共用的模板文件中，其他模板文件通过继承共用模板文件来实现完整的网页输出。
- 过滤器是对模板上下文进行操作处理，比如模板上下文的内容截取、替换或格式转换等。

6.1 商城基础模板设计

从 2.2 节的网页静态界面看到，所有网页的顶部都是相同的，包含了商品搜索功能和网站导航，如图 6-1 所示。

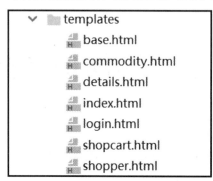

图 6-1　网页顶部

由于每个网页的顶部都相同，也就说这部分的 HTML 代码是完全相同的，因此我们可以将这部分代码单独抽取出来并放置在一个文件中，然后在每个网页的代码中调用该文件，这样符合代码重复使用的设计思路，便于日后的维护和管理。

在项目 babys 的 templates 文件夹新建文件 base.html，如图 6-2 所示。

```
templates
    base.html
    commodity.html
    details.html
    index.html
    login.html
    shopcart.html
    shopper.html
```

图 6-2　templates 文件夹

该文件用于存放每个网页顶部的 HTML 代码，其他 HTML 文件调用 base.html 文件是通过 Django 模板语法实现的。我们在 PyCharm 中打开 base.html 文件并编写以下代码：

```
# templates 文件夹的 base.html
<!DOCTYPE html>
<html lang="en">
<head>
<!- ···········①··········· ->
{% load static %}
<title>{{title}}</title>
<link rel="stylesheet" href="{% static 'css/main.css' %}">
<link rel="stylesheet" href="{% static 'layui/css/layui.css' %}">
<script src="{% static 'layui/layui.js' %}"></script>
</head>
<body>
<div class="header">
<div class="headerLayout w1200">
<div class="headerCon">
<!- ···········②··········· ->
<h1 class="mallLogo">
  <a href="{% url 'index:index' %}" title="母婴商城">
<img src="{% static 'img/logo.png' %}">
  </a>
```

```
</h1>
<!- …………③………… ->
<div class="mallSearch">
  <form action=" {% url 'commodity:commodity' %}" method="get"
class="layui-form" novalidate>
<input type="text" name="n" required lay-verify="required"
autocomplete="off" class="layui-input" placeholder="请输入需要的商品">
<button class="layui-btn" lay-submit lay-filter="formDemo">
    <i class="layui-icon layui-icon-search"></i>
</button>
  </form>
</div>
</div>
</div>
</div>


<div class="content content-nav-base {{classContent}}">
<div class="main-nav">
<div class="inner-cont0">
<div class="inner-cont1 w1200">
<!- …………④………… ->
<div class="inner-cont2">
<a href="{% url 'index:index' %}"
{% if classContent == ''%}class="active"{% endif %}>首页</a>
<a href="{% url 'commodity:commodity' %}"
{% if classContent == 'commoditys'%}class="active"{% endif %}>所有商品</a>
<a href="{% url 'shopper:shopcart' %}"
{% if classContent == 'shopcarts'%}class="active"{% endif %}>购物车</a>
<a href="{% url 'shopper:shopper' %}"
{% if classContent == 'informations'%}class="active"{% endif %}>个人中心</a>
</div>
</div>
</div>
</div>
<!- …………⑤………… ->
{% block content %}{% endblock content %}
</div>
{% block footer %}{% endblock footer %}
<script type="text/javascript">
    {% block script %}{% endblock script %}
</script>
</body>
</html>
```

在上述代码中，我们使用 HTML 代码注释对代码进行功能划分，如<!- …………

①············ ->，一共分为 5 个部分，每个部分的说明如下：

（1）标注①是使用 Django 内置模板语法 static 调用静态资源，比如{% static 'css/main.css' %}是调用 babys\pstatic\css\main.css 文件；在 title 标签中使用双中括号展示变量 title 的值，比如{{title}}，变量 title 来自视图函数或视图类。

（2）标注②是使用 Django 内置模板语法 url 生成路由地址，比如{% url 'index:index' %}是生成网站首页的路由地址，其中 index:index 的第一个 index 代表 babys 文件夹 urls.py 定义的路由命名空间 namespace；第二个代表项目应用 index 的 urls.py 定义的路由命名 name。

（3）标注③是使用 HTML 的 form 标签生成网页表单，用于实现网页的商品搜索功能，表单以 GET 请求方式访问，访问地址暂设为首页，按照设计说明，访问地址应设为商品列表页，由于尚未开发商品列表页，因此暂时设为首页。

（4）标注④是使用 Django 内置模板语法 if 判断变量 classContent 的值，变量 classContent 由视图函数或视图类定义，如果变量 classContent 符合判断条件，则为当前标签添加样式 class="active"。

（5）标注⑤是使用 Django 内置模板语法 block 设置文件调用入口，比如{% block content %}{% endblock content %}，只需在其他的 HTML 文件中编写该语法即可实现调用，此处一共定义了三个调用接口：content、footer 和 script。

6.2　商城首页模板设计

在 5.1 节中已在项目应用 index 的 views.py 定义视图函数 indexView 和视图类 indexClassView，不管是视图函数或视图类，两者都定义了变量 title、classContent、commodityInfos、clothes、food 和 goods，并且这些变量将在模板文件 base.html 和 index.html 里使用。

我们打开模板文件 index.html，在该文件中调用模板文件 base.html，并使用视图函数 indexView 或视图类 indexClassView 定义的变量生成网页数据，模板文件 index.html 的代码如下：

```
# templates 文件夹的 index.html
<!- ············①··········· ->
{% extends 'base.html' %}
{% load static %}
<!- ············②··········· ->
{% block content %}
<div class="category-con">
<div class="category-banner">
<div class="w1200">
  <img src="{% static 'img/banner1.jpg' %}">
</div>
</div>
```

```
</div>
<!- ············③············ ->
<div class="floors">
<div class="sk">
<div class="sk_inner w1200">
<div class="sk_hd">
<a href="javascript:;">
  <img src="{% static 'img/s_img1.jpg' %}">
</a>
</div>
<div class="sk_bd">
<div class="layui-carousel" id="test1">
<div carousel-item>
<div class="item-box">
{% for c in commodityInfos %}
  {% if forloop.counter < 5 %}
<div class="item">
<a href="{% url 'commodity:detail' c.id %}">
    <img src="{{ c.img.url }}"></a>
<div class="title">{{ c.name }}</div>
<div class="price">
  <span>￥{{ c.discount|floatformat:'2' }}</span>
  <del>￥{{ c.price|floatformat:'2' }}</del>
</div>
</div>
  {% endif %}
{% endfor %}
</div>
<div class="item-box">
{% for c in commodityInfos %}
  {% if forloop.counter > 4 %}
<div class="item">
<a href="{% url 'commodity:detail' c.id %}">
    <img src="{{ c.img.url }}"></a>
<div class="title">{{ c.name }}</div>
<div class="price">
  <span>￥{{ c.discount|floatformat:'2' }}</span>
  <del>￥{{ c.price|floatformat:'2' }}</del>
</div>
</div>
  {% endif %}
{% endfor %}
</div>
</div>
</div>
```

```html
</div>
</div>
</div>
</div>
<!- …………④………… ->
<div class="product-cont w1200" id="product-cont">
<div class="product-item product-item1 layui-clear">
<div class="left-title">
  <h4><i>1F</i></h4>
  <img src="{% static 'img/icon_gou.png' %}">
  <h5>宝宝服饰</h5>
</div>
<div class="right-cont">
  <a href="javascript:;" class="top-img">
  <img src="{% static 'img/img12.jpg' %}" alt="">
  </a>
  <div class="img-box">
{% for c in clothes %}
  <a href="{% url 'commodity:detail' c.id %}">
  <img src="{{ c.img.url }}">
  </a>
{% endfor %}
  </div>
</div>
</div>
<div class="product-item product-item2 layui-clear">
<div class="left-title">
  <h4><i>2F</i></h4>
  <img src="{% static 'img/icon_gou.png' %}">
  <h5>奶粉辅食</h5>
</div>
<div class="right-cont">
  <a href="javascript:;" class="top-img">
  <img src="{% static 'img/img12.jpg' %}" alt="">
  </a>
  <div class="img-box">
{% for f in food %}
<a href="{% url 'commodity:detail' f.id %}">
<img src="{{ f.img.url }}">
</a>
{% endfor %}
  </div>
</div>
</div>
<div class="product-item product-item3 layui-clear">
```

```
<div class="left-title">
  <h4><i>3F</i></h4>
  <img src="{% static 'img/icon_gou.png' %}">
  <h5>宝宝用品</h5>
</div>
<div class="right-cont">
  <a href="javascript:;" class="top-img">
  <img src="{% static 'img/img12.jpg' %}">
  </a>
  <div class="img-box">
{% for g in goods %}
<a href="{% url 'commodity:detail' g.id %}">
<img src="{{ g.img.url }}">
</a>
{% endfor %}
  </div>
</div>
</div>
</div>
{% endblock content %}
<!- …………⑤………… ->
{% block footer %}
<div class="footer">
<div class="ng-promise-box">
<div class="ng-promise w1200">
<p class="text">
  <a class="icon1" href="javascript:;">7 天无理由退换货</a>
  <a class="icon2" href="javascript:;">满 99 元全场免邮</a>
  <a class="icon3" style="margin-right: 0" href="javascript:;">100%品质保证
</a>
  </p>
  </div>
  </div>
  <div class="mod_help w1200">
  <p>
<a href="javascript:;">关于我们</a>
<span>|</span>
<a href="javascript:;">帮助中心</a>
<span>|</span>
<a href="javascript:;">售后服务</a>
<span>|</span>
<a href="javascript:;">母婴资讯</a>
<span>|</span>
<a href="javascript:;">关于货源</a>
  </p>
```

```
    </div>
    </div>
    {% endblock footer %}

    {% block script %}
    layui.config({
        base: '{% static 'js/' %}'
      }).use(['mm','carousel'],function(){
          var carousel = layui.carousel,
        mm = layui.mm;
        var option = {
            elem: '#test1'
            ,width: '100%'
            ,arrow: 'always'
            ,height:'298'
            ,indicator:'none'
        }
        carousel.render(option);
    });
    {% endblock script %}
```

根据模板文件 index.html 实现的功能划分，可分为 5 部分，每部分的功能说明如下：

（1）标注①是使用 Django 内置语法 extends 调用模板文件 base.html，使 base.html 和 index.html 产生关联；使用{% load static %}读取静态资源，静态资源的加载过程由配置文件 settings.py 的配置属性 INSTALLED_APPS 的 django.contrib.staticfiles 完成。

（2）标注②是重写 base.html 定义的接口 content，在网页中添加广告轮播功能，该功能暂以单张图片为主，图片来自静态资源文件 pstatic/img/banner1.jpg。

（3）标注③是实现"今日必抢"的商品热销功能，该功能共分为 2 页，每页自动进行轮播展示，每一页展示 4 件热销商品信息，每个商品显示商品名称、商品主图、商品原价和折后价。

由于"今日必抢"分为 2 页展示，因此 HTML 代码相应定义了 2 个<div class="item-box">标签，这 2 个标签使用了模板语法 for 和 if 对变量 commodityInfos 进行遍历和判断。变量 commodityInfos 共有 8 个商品信息，第一个 div 标签获取前 4 件商品信息，第二个标签获取最后 4 件商品信息，通过模板语法 if 控制变量 commodityInfos 的商品展示。

变量 commodityInfos 每次遍历是获取某个商品的所有信息，并从这些信息中获取商品名称、商品主图、商品原价和折后价，详细说明如下：

①{% url 'commodity:detail' c.id %}是使用商品的主键字段 id 生成对应的商品详细页的路由地址，当单击商品即可查看商品详细页。模板语法 url 是获取 Django 定义的路由列表，commodity:detail 代表项目应用 commodity 的 urls.py 定义的路由 detail；c.id 代表当前遍历对象的主键 id，并作为路由 detail 的路由变量。

②{{ c.img.url }}代表当前遍历对象的字段 img，由于变量 commodityInfos 是模型

CommodityInfos 的数据对象，字段 img 是 FileField 类型，因此可以使用 c.img.url 获取文件的路径地址，即商品主体的路径地址。

③{{ c.name }}获取当前遍历对象的字段 name，用于显示商品名称。

④{{ c.discount|floatformat:'2' }}获取当前遍历对象的字段 discount，用于显示商品折后价，并使用过滤器 floatformat（过滤器也是模板语法）保留字段 discount 的 2 位小数。

⑤{{ c.price|floatformat:'2' }}获取当前遍历对象的字段 price，用于显示商品原价，并使用过滤器 floatformat（过滤器也是模板语法）保留字段 price 的 2 位小数。

（4）标注④是实现某分类的商品热销功能，分别为"宝宝服饰"、"奶粉辅食"和"宝宝用品"，对应变量 clothes、food 和 goods。每个分类只显示 5 件销量最高的商品信息，并展示每件商品的主图和设置商品详细页的路由地址，如变量 clothes，每次遍历对象为 c，其中{% url 'commodity:detail' c.id %}是生成商品详细页的路由地址，{{ c.img.url }}是生成商品主图的路径地址。

（5）标注⑤是重写 base.html 定义的接口 footer 和 script。接口 footer 是生成首页的底部信息，效果如图 6-3 所示；接口 script 是编写"今日必抢"的页面轮播功能。

图 6-3　首页的底部信息

综合上述，我们已完成共用模板文件 base.html 和首页模板文件 index.html 的代码编写，由于模板文件 base.html 和 index.html 使用了其他网页的路由地址，为了能使网站正常运行，分别对项目应用 commodity 和 shopper 的 urls.py 定义的路由信息取消代码注释（因为 4.2 节执行数据迁移的时候已对路由信息执行代码注释），并在 views.py 定义相应的视图函数，详细代码如下：

```
# 项目应用 commodity 的 views.py
from django.http import HttpResponse

def commodityView(request):
    return HttpResponse('Hello World')

def detailView(request, id):
    return HttpResponse('Hello World')


# 项目应用 shopper 的 views.py
from django.http import HttpResponse

def shopperView(request):
```

```
    return HttpResponse('Hello World')

def loginView(request):
    return HttpResponse('Hello World')

def logoutView(request):
    return HttpResponse('Hello World')

def shopcartView(request):
    return HttpResponse('Hello World')
```

在运行网站首页之前，确保数据表 commodity_types 和 commodity_commodityinfos 存在测试数据，网站的数据主要是由 Admin 后台管理系统负责管理和维护，数据表的每个字段具有一定的数据格式，因此读者可以从源码文件 chapter6\babys.sql 导入测试数据。除此之外，商品主图文件应放置在项目文件夹 media/imgs。

我们在 PyCharm 运行项目 babys，控制台会提示警告信息，如图 6-4 所示，警告信息提示路由地址的首个字符为 "/"，如无必要建议去掉字符 "/"。警告信息通过简单规则检测路由地址是否符合命名标准，此处警告信息可以忽略，如果读者略有强迫症，亦可以自行重新定义路由信息。

```
WARNINGS:
?: (urls.W002) Your URL pattern '/detail.<int:id>.html' [name
?: (urls.W002) Your URL pattern '/login.html' [name='login']
?: (urls.W002) Your URL pattern '/logout.html' [name='logout'
?: (urls.W002) Your URL pattern '/shopcart.html' [name='shopc

System check identified 4 issues (0 silenced).
March 06, 2020 - 22:48:01
Django version 3.0.2, using settings 'babys.settings'
Starting development server at http://127.0.0.1:8000/
Quit the server with CTRL-BREAK.
```

图 6-4　警告信息

最后在浏览器访问 http://127.0.0.1:8000/即可看到商城首页，如图 6-5 所示。

图 6-5　商城首页

6.3　模板上下文

模板上下文（亦可以称为模板变量）是模板中基本的组成单位，上下文的数据由视图函数或视图类传递。它以{{ variable }}表示，variable 是上下文的名称，它支持 Python 所有的数据类型，如字典、列表、元组、字符串、整型或实例化对象等。上下文的数据格式不同，在模板里的使用方式也有所差异，如下所示：

```
# 假如 variable1 = '字符串或整型'
<div>{{ variable1 }}</div>
# 输出 "<div>字符串或整型</div>"

# 假如 variable2={'name': '字典或实例化对象'}
<div>{{ variable2.name }}</div>
# 输出 "<div>字典或实例化对象</div>"

# 假如 variable3 = ['元组或列表']
<div>{{ variable3.0 }}</div>
# 输出 "<div>元组或列表</div>"
```

从上述代码发现，如果上下文的数据带有属性，就可以在上下文的末端使用"."来获取某个属性的值。比如上下文为字典或实例化对象，在上下文末端使用"."并写入属性名称即可在网页上显示该属性的值；若上下文为元组或列表，则在上下文末端使用"."并设置索引下标来获取元组或列表的某个元素值。

如果视图没有为模板上下文传递数据或者模板上下文的某个属性、索引下标不存在，Django 就会将其设为空值。例如获取 variable2 的属性 age，由于上述的 variable2 并不存在属性 age，因此网页上将会显示"<div></div>"。

在 PyCharm 的 Debug 调试模式里分析 Django 模板引擎的运行过程。打开函数 render 所在的源码文件，变量 content 是模板文件的解析结果，它是由函数 render_to_string 完成解析过程的，如图 6-6 所示。

```
def render(request, template_name, context=None, conter
    """
    Return a HttpResponse whose content is filled with
    django.template.loader.render_to_string() with the
    """
    content = loader.render_to_string(template_name, co
    return HttpResponse(content, content_type, status)
```

图 6-6　函数 render 的源码信息

想要分析 Django 模板引擎的解析过程，还需要从函数 render_to_string 深入分析，通过

PyCharm 打开函数 render_to_string 的源码信息，发现它调用了函数 get_template 或 select_template，我们沿着函数调用的方向去探究整个解析过程，梳理函数之间的调用关系，最终得出模板解析过程，如图 6-7 所示。

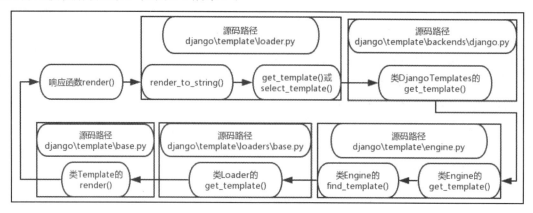

图 6-7　Django 模板引擎的解析过程

整个解析过程调用了多个函数和类方法，每个函数和类方法在源码里都有功能注释，这里不再详细讲述，读者可自行在源码里查阅。

6.4　内置标签及自定义

标签是对模板上下文进行控制输出，它是以{% tag %}表示的，其中 tag 是标签的名称，Django 内置了许多模板标签，比如{% if %}（判断标签）、{% for %}（循环标签）或{% url %}（路由标签）等。

内置的模板标签可以在 Django 源码（\django\template\defaulttags.py）里找到定义过程，每个内置标签都有功能注释和使用方法，本书只列举常用的内置标签，如表 6-1 所示。

表 6-1　常用的内置标签

标　签	描　述
{% for %}	遍历输出上下文的内容
{% if %}	对上下文进行条件判断
{% csrf_token %}	生成 csrf_token 的标签，用于防护跨站请求伪造攻击
{% url %}	引用路由配置的地址，生成相应的路由地址
{% with %}	将上下文名重新命名
{% load %}	加载导入 Django 的标签库
{% static %}	读取静态资源的文件内容
{% extends xxx %}	模板继承，xxx 为模板文件名，使当前模板继承 xxx 模板
{% block xxx %}	重写父类模板的代码

在上述常用标签中，每个标签的使用方法都是各不相同的。下面通过简单的例子来进

一步了解标签的使用方法：

```
# for 标签，支持嵌套，myList 可为列表、元组或某个对象
# item 可自定义命名，代表当前循环的数据对象
# {% endfor %}是循环区域终止符，代表这区域的代码由标签 for 输出
{% for item in myList %}
{{ item }}
{% endfor %}


# if 标签，支持嵌套
# 判断条件符与上下文之间使用空格隔开，否则程序会抛出异常
# {% endif %}与{% endfor %}的作用是相同的
{% if name == "Lily" %}
{{ name }}
{% elif name == "Lucy" %}
{{ name }}
{% else %}
{{ name }}
{% endif %}


# url 标签
# 生成不带变量的 URL 地址
<a href="{% url 'index' %}">首页</a>
# 生成带变量的 URL 地址
<a href="{% url 'page' 1 %}">第 1 页</a>


# with 标签，与 Python 的 with 语法的功能相同
# total=number 无须空格隔开，否则抛出异常
{% with total=number %}
{{ total }}
{% endwith %}


# load 标签，导入静态文件标签库 staticfiles
# staticfiles 来自 settings.py 的 INSTALLED_APPS
{% load staticfiles %}


# static 标签，来自静态文件标签库 staticfiles
{% static "css/index.css" %}
```

在 for 标签中，模板还提供了一些特殊的变量来获取 for 标签的循环信息，变量说明如表6-2 所示。

表 6-2　for 标签模板变量说明

变　量	描　述
forloop.counter	获取当前循环的索引,从 1 开始计算
forloop.counter0	获取当前循环的索引,从 0 开始计算
forloop.revcounter	索引从最大数开始递减,直到索引到 1 位置
forloop.revcounter0	索引从最大数开始递减,直到索引到 0 位置
forloop.first	当遍历的元素为第一项时为真
forloop.last	当遍历的元素为最后一项时为真
forloop.parentloop	在嵌套的 for 循环中,获取上层 for 循环的 forloop

上述变量来自于 forloop 对象,该对象是在模板引擎解析 for 标签时生成的。通过简单的例子来进一步了解 forloop 的使用,例子如下:

```
{% for name in name_list %}
{% if forloop.counter == 1 %}
<span>这是第一次循环</span>
{% elifforloop.last %}
<span>这是最后一次循环</span>
{% else %}
<span>本次循环次数为: {{forloop.counter }}</span>
{% endif %}
{% endfor %}
```

除了使用内置的模板标签之外,我们还可以自定义模板标签。以 MyDjango 为例,在 PyCharm 新建项目 MyDjango 和创建项目应用 index,然后在项目的根目录下创建新的文件夹,文件夹名称可自行命名,本示例命名为 mydefined;然后在该文件夹下创建初始化文件 __init__.py 和 templatetags 文件夹,其中 templatetags 文件夹的命名是固定不变的;最后在 templatetags 文件夹里创建初始化文件 __init__.py 和自定义标签文件 mytags.py,项目的目录结构如图 6-8 所示。

图 6-8　目录结构

由于在项目的根目录下创建了 mydefined 文件夹,因此在配置文件 settings.py 的属性

INSTALLED_APPS 里添加 mydefined，否则 Django 在运行时无法加载 mydefined 文件夹的内容，配置信息如下：

```
INSTALLED_APPS = [
    'django.contrib.admin',
    'django.contrib.auth',
    'django.contrib.contenttypes',
    'django.contrib.sessions',
    'django.contrib.messages',
    'django.contrib.staticfiles',
    'index',
    # 添加自定义模板标签的文件夹
    'mydefined'
]
```

下一步在项目的 mytags.py 文件里自定义标签，我们将定义一个名为 reversal 的标签，它是将标签里的数据进行反转处理，定义过程如下：

```
from django import template
# 创建模板对象
register = template.Library()
# 定义模板节点类
class ReversalNode(template.Node):
    def __init__(self, value):
        self.value = str(value)
    # 数据反转处理
    def render(self, context):
        return self.value[::-1]


# 声明并定义标签
@register.tag(name='reversal')
# parse 是解析器对象，token 是被解析的对象
def do_reversal(parse, token):
    try:
        # tag_name 代表标签名，即 reversal
        # value 是由标签传递的数据
        tag_name, value = token.split_contents()
    except:
        raise template.TemplateSyntaxError('syntax')
    # 调用自定义的模板节点类
    return ReversalNode(value)
```

在 mytags.py 文件里分别定义了类 ReversalNode 和函数 do_reversal，两者实现功能说明如下：

- 函数 do_reversal 经过装饰器 register.tag(name='reversal')处理，这是让函数执行模板标

签注册，标签名称由装饰器参数 name 进行命名，如果没有设置参数 name，就以函数名作为标签名称。函数名没有具体要求，一般以"do_标签名称"或"标签名称"作为命名规范。

- 函数参数 parse 是解析器对象，当 Django 运行时，它将所有标签和过滤器进行加载并生成到 parse 对象，在解析模板文件里面的标签时，Django 就会从 parse 对象查找对应的标签信息。
- 函数参数 token 是模板文件使用标签时所传递的数据对象，主要包括标签名和数据内容。
- 函数 do_reversal 对参数 token 使用 split_contents()方法（Django 的内置方法）进行取值处理，从中获取数据 value，并将 value 传递给自定义模板节点类 ReversalNode。
- 类 ReversalNode 是将 value 执行字符串反转处理，并生成模板节点对象，用于模板引擎解析 HTML 语言。

为了验证自定义标签 reversal 的功能，我们分别在项目应用 index 的 url.py、views.py 和 templates 文件夹的模板文件 index.html 里编写以下代码：

```python
# index 的 url.py
from django.urls import path
from .views import *
urlpatterns = [
    # 定义路由
    path('', index, name='index'),
]


# index 的 views.py
from django.shortcuts import render
def index(request):
    return render(request, 'index.html', locals())


# templates 的 index.html
{#导入自定义标签文件 mytags#}
{% load mytags %}
<!DOCTYPE html>
<html>
<body>
{% reversal 'Django' %}
</body>
</html>
```

在模板文件 index.html 中使用自定义标签时，必须使用{% load mytags %}将自定义标签文件导入，告知模板引擎从哪里查找自定义标签，否则无法识别自定义标签，并提示 TemplateSyntaxError 异常。运行 MyDjango 项目，在浏览器上访问 127.0.0.1:8000，网页上会将"Django"反转显示，如图 6-9 所示。

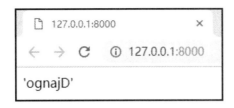

图 6-9　自定义标签 reversal

综上所述，我们发现自定义标签 reversal 的定义方式与内置标签的定义方式是相同的，两者最大的区别在于：

- 自定义标签需要在项目里搭建目录环境。
- 在使用时需要在模板文件里导入自定义标签文件。

6.5　模板文件的继承关系

模板继承是通过模板标签来实现的，其作用是将多个模板文件的共同代码集中在一个新的模板文件中，然后各个模板可以直接调用新的模板文件，从而生成 HTML 网页，这样可以减少模板之间重复的代码，范例如下：

```
<!DOCTYPE html>
<html>
<head>
<meta charset="UTF-8">
<title>{{ title }}</title>
</head>
<body>
    <a href="{% url 'index:index' %}">首页</a>
    <h1>Hello Django</h1>
</body>
</html>
```

上述代码是一个完整的模板文件，一个完整的模板通常有\<head\>和\<body\>两部分，而每个模板的\<head\>和\<body\>的内容都会有所不同，因此除了这两部分的内容之外，可以将其他内容写在共用模板文件里。

以 MyDjango 为例，在 PyCharm 新建项目 MyDjango 和创建项目应用 index，并且在 templates 文件夹里创建 base.html 文件，该文件作为共用模板，如图 6-10 所示，然后在 base.html 文件编写以下代码：

```
<!DOCTYPE html>
<html>
<head>
<meta charset="UTF-8">
```

```
{% block title %}
    <title>首页</title>
{% endblock %}
</head>
<body>
{% block body %}{% endblock %}
</body>
</html>
```

图 6-10　目录结构

在 base.html 的代码中看到，<title>写在模板标签{% block title %}{% endblock %}里面，而<body>里的内容改为{% block body %}{% endblock %}。block 标签是为其他模板文件调用时提供内容重写的接口，body 是对这个接口进行命名。在一个模板中可以添加多个 block 标签，只要每个 block 标签的命名不相同即可。接着在模板 index.html 中调用共用模板 base.html，代码如下：

```
{% extends "base.html" %}
{% block body %}
<a href="{% url 'index:index' %}">首页</a>
<h1>Hello Django</h1>
{% endblock %}
```

模板 index.html 调用共用模板 base.html 的实质是由模板继承实现的，调用步骤如下：

- 在模板 index.html 中使用 {% extends "base.html" %} 来继承模板 base.html 的所有代码。
- 通过使用标签{% block title %}或{% block body %}来重写模板 base.html 的网页内容。
- 如果没有使用标签 block 重写共用模板的内容，网页内容将由共用模板提供。比如模板 index.html 没有使用标签{% block title %}重新定义<title>，那么网页标题内容应由模板 base.html 设置的<title>提供。
- 标签 block 必须使用{% endblock %} 结束 block 标签。

从模板 index.html 看到，模板继承与 Python 的类继承原理是一致的，通过继承方式使其具有父类的功能和属性，同时也可以通过重写来实现复杂多变的开发需求。

为了验证模板继承是否正确，运行 MyDjango 并访问 127.0.0.1:8000，查看网页标题（标题由模板 base.html 的<title>提供）和网页信息（重写模板 base.html 的{% block body %}），如图 6-11 所示。

图 6-11 运行结果

6.6 内置过滤器及自定义

过滤器主要是对上下文的内容进行操作处理，如替换、反序和转义等。通过过滤器处理上下文可以将其数据格式或内容转化为我们想要的显示效果，而且相应减少视图的代码量。过滤器的使用方法如下：

```
{{ variable | filter }}
```

若上下文设有过滤器，则模板引擎在解析上下文时，首先由过滤器 filter 处理上下文 variable，然后将处理后的结果进行解析并显示在网页上。variable 代表模板上下文，管道符号 "|" 代表当前上下文使用过滤器，filter 代表某个过滤器。单个上下文可以支持多个过滤器同时使用，例如：

```
{{ variable | filter | lower}}
```

在使用的过程中，有些过滤器还可以传入参数，但仅支持传入一个参数。带参数的过滤器与参数之间使用冒号隔开，并且两者之间不能留有空格，例如：

```
{{ variable | date:"D d M Y"}}
```

Django 的内置过滤器可以在源码（\django\template\defaultfilters.py）里找到具体的定义过程，如表 6-3 所示。

表 6-3 内置过滤器

内置过滤器	使用形式	说 明
add	{{value | add:"2"}}	将 value 的值增加 2
addslashes	{{value | addslashes}}	在 value 中的引号前增加反斜线
capfirst	{{value | capfirst}}	value 的第一个字符转化成大写形式
cut	{{value | cut:arg}}	从 value 中删除所有 arg 的值。如果 value 是 "String with spaces"，arg 是 ""，那么输出的是 "Stringwithspaces"
date	{{value | date:"D d M Y"}}	将日期格式数据按照给定的格式输出

（续表）

内置过滤器	使用形式	说　明
default	{{value | default:"nothing"}}	如果 value 的意义是 False，那么输出值为过滤器设定的默认值
default_if_none	{{value | default_if_none:"null"}}	如果 value 的意义是 None，那么输出值为过滤器设定的默认值
dictsort	{{value | dictsort:"name"}}	如果 value 的值是一个列表，里面的元素是字典，那么返回值按照每个字典的关键字排序
dictsortreversed	{{value | dictsortreversed: "name"}}	如果 value 的值是一个列表，里面的元素是字典，每个字典的关键字反序排序
divisibleby	{{value | divisibleby:arg}}	如果 value 能够被 arg 整除，那么返回值将是 True
escape	{{value | escape}}	控制 HTML 转义，替换 value 中的某些 HTML 特殊字符
escapejs	{{value | escapejs}}	替换 value 中的某些字符，以适应 JavaScript 和 JSON 格式
filesizeformat	{{value | filesizeformat}}	格式化 value，使其成为易读的文件大小，例如 13KB、4.1MB 等
first	{{value | first}}	返回列表中的第一个 Item，例如 value 是列表 ['a','b','c']，那么输出将是'a'
floatformat	{{value | floatformat}}或 {{value|floatformat:arg}}	对数据进行四舍五入处理，参数 arg 是保留小数位，可以是正数或负数，如{{ value|floatformat: "2" }}是保留两位小数。若无参数 arg，则默认保留 1 位小数，如{{ value|floatformat}}
get_digit	{{value | get_digit:"arg"}}	如果 value 是 123456789，arg 是 2，那么输出的是 8
iriencode	{{value | iriencode}}	如果 value 中有非 ASCII 字符，那么将其转化成 URL 中适合的编码
join	{{value | join:"arg"}}	使用指定的字符串连接一个 list，作用如同 Python 的 str.join(list)
last	{{value | last}}	返回列表中的最后一个 Item
length	{{value | length}}	返回 value 的长度
length_is	{{value | length_is:"arg"}}	如果 value 的长度等于 arg，例如 value 是 ['a','b','c']，arg 是 3，那么返回 True
linebreaks	{{value|linebreaks}}	value 中的"\n"将被\ 替代，并且将整个 value 使用\<p>包围起来，从而适合 HTML 的格式
linebreaksbr	{{value |linebreaksbr}}	value 中的"\n"将被\ 替代
linenumbers	{{value | linenumbers}}	为显示的文本添加行数
ljust	{{value | ljust}}	以左对齐方式显示 value
center	{{value | center}}	以居中对齐方式显示 value

（续表）

内置过滤器	使用形式	说　明
rjust	{{value | rjust}}	以右对齐方式显示 value
lower	{{value | lower}}	将一个字符串转换成小写形式
make_list	{{value | make_list}}	将 value 转换成 list。例如 value 是 Joel，输出 [u'J',u'o',u'e',u'l']；如果 value 是 123，那么输出 [1,2,3]
pluralize	{{value | pluralize}}或 {{value | pluralize:"es"}}或 {{value | pluralize:"y,ies"}}	将 value 返回英文复数形式
random	{{value | random}}	从给定的 list 中返回一个任意的 Item
removetags	{{value | removetags:"tag1 tag2 tag3..."}}	删除 value 中 tag1,tag2…的标签
safe	{{value | safe}}	关闭 HTML 转义，告诉 Django 这段代码是安全的，不必转义
safeseq	{{value | safeseq}}	与上述 safe 基本相同，但有一点不同：safe 针对字符串，而 safeseq 针对多个字符串组成的 sequence
slice	{{some_list | slice:":2"}}	与 Python 语法中的 slice 相同，":2"表示截取前两个字符，此过滤器可用于中文或英文
Slugify	{{value | slugify}}	将 value 转换成小写形式，同时删除所有分单词字符，并将空格变成横线。例如，value 是 Joel is a slug，那么输出的将是 joel-is-a-slug
striptags	{{value | striptags}}	删除 value 中的所有 HTML 标签
time	{{value | time:"H:i"}}或 {{value | time}}	格式化时间输出，如果 time 后面没有格式化参数，那么输出按照默认设置的进行
truncatewords	{{value | truncatewords:2}}	将 value 进行单词截取处理，参数 2 代表截取前两个单词，此过滤器只可用于英文截取。例如 value 是 Joel is a slug，那么输出将是 Joel is
upper	{{value | upper}}	转换一个字符串为大写形式
urlencode	{{value | urlencode}}	将字符串进行 URLEncode 处理
urlize	{{value | urlize}}	将一个字符串中的 URL 转化成可单击的形式。如果 value 是 Check out www.baidu.com，那么输出的将是 Check out <a href="http://www.baidu.com"> www.baidu.com</a>
wordcount	{{value | wordcount}}	返回字符串中单词的数目
wordwrap	{{value | wordwrap:5}}	按照指定长度分割字符串

（续表）

内置过滤器	使用形式	说　明
timesince	{{value | timesince:arg}}	返回参数 arg 到 value 的天数和小时数。如果 arg 是一个日期实例，表示 2006-06-01 午夜，而 value 表示 2006-06-01 早上 8 点，那么输出结果返回"8 hours"
timeuntil	{{value | timeuntil}}	返回 value 距离当前日期的天数和小时数

使用过滤器的过程中，上下文、管道符号"|"和过滤器之间没有规定使用空格隔开，但为了符合编码的规范性，建议使用空格隔开。倘若过滤器需要设置参数，过滤器、冒号和参数之间不能有空格，否则会提示异常信息，如图 6-12 所示。

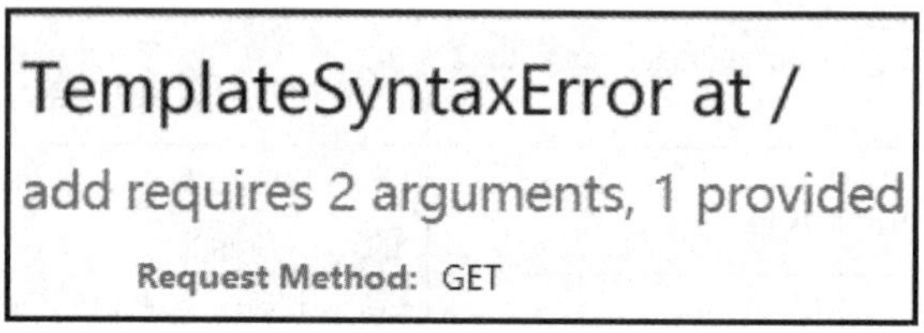

TemplateSyntaxError at /

add requires 2 arguments, 1 provided

Request Method: GET

图 6-12　异常信息

在实际开发中，如果内置过滤器的功能不太适合开发需求，我们可以自定义过滤器来解决问题。以 6.4 节的 MyDjango 为例，在 mydefined 的 templatetags 里创建 myfilter.py 文件，并在该文件里编写以下代码：

```
# templatetags 的 myfilter.py
from django import template
# 创建模板对象
register = template.Library()
# 声明并定义过滤器
@register.filter(name='replace')
def do_replace(value, agrs):
    oldValue = agrs.split(':')[0]
    newValue = agrs.split(':')[1]
    return value.replace(oldValue, newValue)
```

过滤器与标签的自定义过程有相似之处，但过滤器的定义过程比标签更简单，只需定义相关函数即可。上述定义的过滤器是实现模板上下文的字符替换，定义过程说明如下：

- 函数 do_replace 由装饰器 register.filter(name='replace')处理，对函数执行过滤器注册操作。
- 装饰器参数 name 用于为过滤器命名，如果没有设置参数 name，就以函数名作为过滤器名。函数名没有具体要求，一般以"do_过滤器名称"或"过滤器名称"作为命名规范。
- 参数 value 代表使用当前过滤器的模板上下文，参数 agrs 代表过滤器的参数。函数将参数 agrs 以冒号进行分割，用于参数 value（模板上下文）进行字符串替换操作，函数必须将处理结果返回，否则在使用过程中会出现异常信息。

为了验证自定义过滤器 replace 的功能，将项目应用 index 的 views.py 和 templates 文件夹的模板文件 index.html 的代码进行修改：

```
# index 的 views.py
from django.shortcuts import render
def index(request):
    value = 'Hello Python'
    return render(request, 'index.html', locals())


# templates 的 index.html
{#导入自定义过滤器文件 myfilter#}
{% load myfilter %}
<!DOCTYPE html>
<html>
<body>
<div>替换前：{{ value }}</div>
<br>
<div>替换后：
{{ value | replace:'Python:Django' }}
</div>
</body>
</html>
```

模板文件 index.html 使用自定义过滤器时，需要使用{% load myfilter %}导入过滤器文件，这样模板引擎才能找到自定义过滤器，否则会提示 TemplateSyntaxError 异常。过滤器 replace 将模板上下文 value 进行字符串替换，将 value 里面的 Python 替换成 Django，运行结果如图 6-13 所示。

图 6-13　运行结果

6.7　本章小结

Django 模板语言是 Django 内置的功能之一，它包含了模板上下文(亦可称为模板变量)、标签和过滤器，各个功能说明如下：

- 模板上下文是以变量的形式写入模板文件里面，变量值由视图函数或视图类传递所得。

- 标签是对模板上下文进行控制输出，比如模板上下文的判断和循环控制等。
- 模板继承隶属于标签，它是将每个模板文件重复的代码抽取出来并写在一个共用的模板文件中，其他模板文件通过继承共用模板文件来实现完整的网页输出。
- 过滤器是对模板上下文进行操作处理，比如模板上下文的内容截取、替换或格式转换等。

模板上下文（亦可以称为模板变量）是模板中基本的组成单位，上下文的数据由视图函数或视图类传递。它以{{ variable }}表示，variable 是上下文的名称，它支持 Python 所有的数据类型，如字典、列表、元组、字符串、整型或实例化对象等。

标签是对模板上下文进行控制输出，它是以{% tag %}表示的，其中 tag 是标签的名称，Django 内置了许多模板标签，比如{% if %}（判断标签）、{% for %}（循环标签）或{% url %}（路由标签）等。

模板继承是通过模板标签来实现的，其作用是将多个模板文件的共同代码集中在一个新的模板文件中，然后各个模板可以直接调用新的模板文件，从而生成 HTML 网页，这样可以减少模板之间重复的代码。

过滤器主要是对上下文的内容进行操作处理，如替换、反序和转义等。通过过滤器处理上下文可以将其数据格式或内容转化为我们想要的显示效果，而且相应减少视图的代码量。

第 **7** 章

商品信息模块

项目 babys 的商品模块分为商品列表页和商品详细页，本章分别从页面的业务逻辑和数据渲染的角度深入讲述如何实现网站的商品列表页和商品详细页，并深入分析页面实现过程中所使用的技术要点。

7.1 商品列表页的业务逻辑

商品列表页将所有商品以一定的规则排序展示，用户可以从销量、价格、上架时间和收藏数量设置商品的排序方式，并且在页面的左侧设置分类列表，选择某一分类可以筛选出相应的商品信息，网页效果如图 7-1 所示。

图 7-1 商品列表页

从图 7-1 可以看到，商品列表页的顶部设有商品搜索功能和导航栏，这部分功能已在模板文件 base.html 实现了；网页顶部下方划分为 3 部分：分类列表、排序设置和商品列表，每部分的详细说明如下：

（1）分类列表的数据来自商品类别表，比如图7-1的"奶粉辅食"来自模型 Types 的 firsts 字段，该分类下的"进口奶粉"是模型 Types 的 seconds 字段，当用户单击网页的"进口奶粉"时，网站将会查询模型 CommodityInfos 的字段 types 等于"进口奶粉"的数据，并将符合条件的数据展示在右侧的商品列表中。

（2）排序设置是根据当前商品列表的数据进行排序显示，每次排序都会重新查询模型 CommodityInfos 的数据。如果用户已对商品进行分类查询，即已单击分类列表的某个分类，比如单击网页的"进口奶粉"，然后再单击"价格"排序，那么网站将会查询模型 CommodityInfos 的字段 types 等于"进口奶粉"的数据并以价格从高到低进行排序。

（3）商品列表是展示当前的商品信息，默认情况下是显示整个网站的商品信息，以"销量"从高到低进行排序。商品信息设置了分页功能，每一页只显示 6 条商品信息，当单击分页导航栏的某个分页时，网站将会根据当前的商品排序方式选择对应的商品信息，比如当前商品列表有 18 条商品信息，并且以销量进行排序，那么第一页应显示销量第 1 到第 6 的商品信息，第二页应显示销量第 7 到第 12 的商品信息……以此类推。

除此之外，当我们在顶部的商品搜索功能输入某个关键字并单击查询按钮的时候，网站将关键字与模型 CommodityInfos 的字段 name 进行匹配，符合条件的商品信息展示在商品列表页，这些数据还可以选择分类显示、排序设置和分页查询。

综合上述，商品列表页需要实现商品关键字查询、商品分类筛选、商品排序设置和分页显示，这四种查询方式可以任意组合并且互不干扰。数据查询适合使用 HTTP 的 GET 请求实现，因此，我们为这四种查询方式分别设置请求参数 n、t、s 和 p。由于项目应用 commodity 的 urls.py 已定义路由 commodity，所以在 PyCharm 打开项目应用 commodity 的 views.py 定义视图函数 commodityView，代码如下：

```python
# 项目应用 commodity 的 views.py
from django.shortcuts import render
from django.core.paginator import Paginator
from django.core.paginator import EmptyPage
from django.core.paginator import PageNotAnInteger
from .models import *
def commodityView(request):
    title = '商品列表'
    classContent = 'commoditys'
    # 根据模型 Types 生成商品分类列表
    firsts = Types.objects.values('firsts').distinct()
    typesList = Types.objects.all()
    # 获取请求参数
    t = request.GET.get('t', '')
    s = request.GET.get('s', 'sold')
    p = request.GET.get('p', 1)
```

```
n = request.GET.get('n', '')

# 根据请求参数查询商品信息
commodityInfos = CommodityInfos.objects.all()
if t:
    types = Types.objects.filter(id=t).first()
    commodityInfos = commodityInfos.filter(types=types.seconds)
if s:
    commodityInfos = commodityInfos.order_by('-' + s)
if n:
    commodityInfos = commodityInfos.filter(name__contains=n)
# 分页功能
paginator = Paginator(commodityInfos, 6)
try:
    pages = paginator.page(p)
except PageNotAnInteger:
    pages = paginator.page(1)
except EmptyPage:
    pages = paginator.page(paginator.num_pages)

return render(request, 'commodity.html', locals())
```

视图函数 commodityView 定义了多个变量，其中变量 title 和 classContent 是对应模板 base.html 的模板变量 title 和 classContent，网页效果如图 7-2 所示。

图 7-2　网页效果

变量 firsts 和 typesList 是查询模型 Type 的数据，前者是对字段 firsts 去重查询，获取所有商品的一级分类，后者是查询模型 Type 的所有数据，它们将显示在网页列表页的分类列表。

变量 n、t、s 和 p 是获取请求参数 n、t、s 和 p 的参数值，只要某个变量的值不为空，该变量将作为变量 commodityInfos 的查询条件，每个变量的查询说明如下：

（1）变量 n 是商品搜索功能的关键字，它与模型 CommodityInfos 的字段 name 进行模糊匹配，因此查询条件为 name__contains=n。

（2）变量 t 是查询某个分页的商品信息，它以整型格式表示，代表模型 Type 的主键 id，因此程序首先查询模型 Type 的字段 id 等于 t 的数据 A，然后从数据 A 中获取字段 seconds 的数据 B，最后查询模型 CommodityInfos 等于数据 B 的数据，从而得到某个分页的商品信息。

（3）变量 s 是设置商品的排序方式，如果请求参数 s 为空，则默认变量 s 等于字符串 sold，而字符串 sold 代表模型 CommodityInfos 的字段 sold，因此请求参数 s 的值为 sold、price、created 和 likes，分别对应模型 CommodityInfos 的字段 sold、price、created 和 likes。

（4）变量 p 是设置商品信息的页数，默认变量 p 等于 1，代表当前第一页的商品信息，即当前排序的第 1 到第 6 的商品信息。

变量 commodityInfos 是模型 CommodityInfos 的查询对象，通过判断变量 n、t 和 s 是否为空，从而决定变量 commodityInfos 是否添加相应的查询条件，每执行一次查询条件，查询结果重新赋值给变量 commodityInfos，覆盖上一次的查询结果，从而使变量 n、t 和 s 对应的查询结果能够相互兼容。

当程序得到最终的查询结果（即变量 commodityInfos），然后对变量 commodityInfos 进行分页处理，数据分页由 Django 内置分页功能完成，其中 Paginator(commodityInfos, 6) 的 6 代表每一页的数据量，即每页显示 6 条商品信息。如果参数 p 的数值不为整数，则默认返回第一页的商品信息；如果参数 p 的数值大于分页后的总页数，则默认返回最后一页的商品信息。

7.2　分页功能的机制和原理

Django 已为开发者提供了内置的分页功能，开发者无须自己实现数据分页功能，只需调用 Django 内置分页功能的函数即可实现。实现数据的分页功能需要考虑多方面的因素，分别说明如下：

- 当前用户访问的页数是否存在上（下）一页。
- 访问的页数是否超出页数上限。
- 数据如何按页截取，如何设置每页的数据量。

对于上述考虑因素，Django 内置的分页功能已提供解决方法，而且代码的实现方式相对固定，便于开发者理解和使用。分页功能由 Paginator 类实现，我们在 PyCharm 里查看该类的定义过程，如图 7-3 所示。

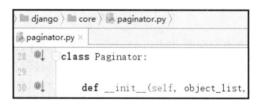

图 7-3　源码文件 paginator.py

Paginator 类一共定义了 4 个初始化参数和 8 个类方法，每个初始化参数和类方法的说明如下：

- object_list：必选参数，代表需要进行分页处理的数据，参数值可以为列表、元组或 ORM 查询的数据对象等。

- per_page：必选参数，设置每一页的数据量，参数值必须为整型。
- orphans：可选参数，如果最后一页的数据量小于或等于参数 orphans 的值，就将最后一页的数据合并到前一页的数据。比如有 23 行数据，若参数 per_page=10、orphans=5，则数据分页后的总页数为 2，第一页显示 10 行数据，第二页显示 13 行数据。
- allow_empty_first_page：可选参数，是否允许第一页为空。如果参数值为 False 并且参数 object_list 为空列表，就会引发 EmptyPage 错误。
- validate_number()：验证当前页数是否大于或等于 1。
- get_page()：调用 validate_number() 验证当前页数是否有效，函数返回值调用 page()。
- page()：根据当前页数对参数 object_list 进行切片处理，获取页数所对应的数据信息，函数返回值调用 _get_page()。
- _get_page()：调用 Page 类，并将当前页数和页数所对应的数据信息传递给 Page 类，创建当前页数的数据对象。
- count()：获取参数 object_list 的数据长度。
- num_pages()：获取分页后的总页数。
- page_range()：将分页后的总页数生成可循环对象。
- _check_object_list_is_ordered()：如果参数 object_list 是 ORM 查询的数据对象，并且该数据对象的数据是无序排列的，就提示警告信息。

从 Paginator 类定义的 get_page()、page() 和 _get_page() 得知，三者之间存在调用关系，我们将它们的调用关系以流程图的形式表示，如图 7-4 所示。

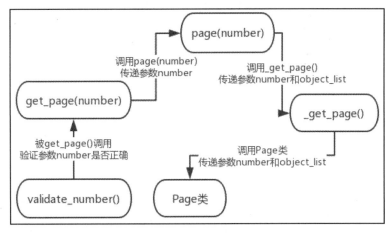

图 7-4　函数的调用关系

从图 7-4 得知，我们将 Paginator 类实例化之后，再由实例化对象调用 get_page() 即可得到 Page 类的实例化对象。在源码文件 paginator.py 中可以找到 Page 类的定义过程，它一共定义了 3 个初始化参数和 7 个类方法，每个初始化参数和类方法的说明如下：

- object_list：必选参数，代表已切片处理的数据对象。
- number：必选参数，代表用户传递的页数。

- paginator: 必选参数，代表 Paginator 类的实例化对象。
- has_next(): 判断当前页数是否存在下一页。
- has_previous(): 判断当前页数是否存在上一页。
- has_other_pages(): 判断当前页数是否存在上一页或者下一页。
- next_page_number(): 如果当前页数存在下一页，就输出下一页的页数，否则抛出 EmptyPage 异常。
- previous_page_number(): 如果当前页数存在上一页，就输出上一页的页数，否则抛出 EmptyPage 异常。
- start_index(): 输出当前页数的第一行数据在整个数据列表的位置，数据位置从 1 开始计算。
- end_index(): 输出当前页数的最后一行数据在整个数据列表的位置，数据位置从 1 开始计算。

上述是从源码的角度剖析分页功能的参数和方法，下一步在 PyCharm 的 Terminal 中开启 Django 的 Shell 模式，简单地讲述如何使用分页功能，代码如下：

```
F:\babys>>python manage.py shell
# 导入分页功能模块
>>> from django.core.paginator import Paginator
# 生成数据列表
>>> objects = [chr(x) for x in range(97,107)]
>>> objects
['a', 'b', 'c', 'd', 'e', 'f', 'g', 'h', 'i', 'j']
# 将数据列表以每 3 个元素分为一页
>>> p = Paginator(objects, 3)
# 输出全部数据，即整个数据列表
>>> p.object_list
['a', 'b', 'c', 'd', 'e', 'f', 'g', 'h', 'i', 'j']
# 获取数据列表的长度
>>> p.count
10
# 分页后的总页数
>>> p.num_pages
4
# 将页数转换成 range 循环对象
>>> p.page_range
range(1, 5)
# 获取第二页的数据信息
>>> page2 = p.get_page(2)
# 判断第二页是否存在上一页
>>> page2.has_previous()
True
# 如果当前页存在上一页，就输出上一页的页数
# 否则抛出 EmptyPage 异常
```

```
>>> page2.previous_page_number()
1
# 判断第二页是否存在下一页
>>> page2.has_next()
True
# 如果当前页存在下一页，就输出下一页的页数
# 否则抛出 EmptyPage 异常
>>> page2.next_page_number()
3
# 判断当前页是否存在上一页或者下一页
>>> page2.has_other_pages()
True
# 输出第二页所对应的数据内容
>>> page2.object_list
['d', 'e', 'f']
# 输出第二页的第一行数据在整个数据列表的位置
# 数据位置从 1 开始计算
>>> page2.start_index()
4
# 输出第二页的最后一行数据在整个数据列表的位置
# 数据位置从 1 开始计算
>>> page2.end_index()
```

7.3　商品列表页的数据渲染

从视图函数 commodityView 看到，视图函数最终使用模板文件 commodity.html 作为 HTTP 响应。在模板文件 commodity.html 中，我们需要使用变量 firsts、typesList、n、t、s、p 和 pages 进行数据渲染和展示，打开模板文件 commodity.html，其模板语法如下：

```
# templates 文件夹的 commodity.html
<!- ···········①··········· ->
{% extends 'base.html' %}
{% load static %}
{% block content %}
<div class="commod-cont-wrap">
<div class="commod-cont w1200 layui-clear">
<div class="left-nav">
<div class="title">所有分类</div>
<div class="list-box">
{% for f in firsts %}
<dl>
 <dt>{{ f.firsts }}</dt>
 {% for t in typesList %}
```

```
{% if t.firsts == f.firsts %}
<dd>
<a href="{% url 'commodity:commodity' %}?t={{ t.id }}&n={{ n }}">
{{ t.seconds }}</a></dd>
 {% endif %}
 {% endfor %}
</dl>
{% endfor %}
</div>
</div>


<!- …………②………… ->
<div class="right-cont-wrap">
<div class="right-cont">
<div class="sort layui-clear">
  <a {% if not s or s == 'sold' %}class="active" {% endif %}
  href="{% url 'commodity:commodity' %}?t={{ t }}&s=sold&n={{ n }}">销量</a>
  <a {% if s == 'price' %}class="active" {% endif %}
  href="{% url 'commodity:commodity' %}?t={{ t }}&s=price&n={{ n }}">价格</a>
  <a {% if s == 'created' %}class="active" {% endif %}
  href="{% url 'commodity:commodity' %}?t={{ t }}&s=created&n={{ n }}">新品
</a>
  <a {% if s == 'likes' %}class="active" {% endif %}
  href="{% url 'commodity:commodity' %}?t={{ t }}&s=likes&n={{ n }}">收藏</a>
</div>


<!- …………③………… ->
<div class="prod-number">
<a href="javascript:;">商品列表</a>
<span>></span>
<a href="javascript:;">共{{ commodityInfos|length }}件商品</a>
</div>
<div class="cont-list layui-clear" id="list-cont">
{% for p in pages.object_list %}
<div class="item">
<div class="img">
  <a href="{% url 'commodity:detail' p.id %}">
  <img height="280" width="280" src="{{ p.img.url }}"></a>
</div>
<div class="text">
  <p class="title">{{ p.name }}</p>
  <p class="price">
<span class="pri">¥{{ p.price|floatformat:'2' }}</span>
<span class="nub">{{ p.sold }}付款</span>
  </p>
```

```
</div>
</div>
{% endfor %}
</div>
</div>
</div>


<!- ············④············ ->
<div id="demo0" style="text-align: center;">
<div class="layui-box layui-laypage layui-laypage-default" id="layui-laypage-1">
{% if pages.has_previous %}
<a href="{% url 'commodity:commodity' %}?t={{ t }}&s={{ s }}
&n={{ n }}&p={{ pages.previous_page_number }}"
class="layui-laypage-prev">上一页</a>
{% endif %}


{% for page in pages.paginator.page_range %}
{% if pages.number == page %}
   <span class="layui-laypage-curr">
   <em class="layui-laypage-em"></em><em>{{ page }}</em>
   </span>
{% elif pages.number|add:'-1' == page or pages.number|add:'1' == page %}
   <a href="{% url 'commodity:commodity' %}?t={{ t }}&s={{ s }}
   &n={{ n }}&p={{ page }}">{{ page }}</a>
{% endif %}
{% endfor %}


{% if pages.has_next %}
<a href="{% url 'commodity:commodity' %}?t={{ t }}&s={{ s }}
&n={{ n }}&p={{ pages.pages.next_page_number }}"
class="layui-laypage-next">下一页</a>
{% endif %}
</div>
</div>
</div>
</div>
{% endblock content %}


<!- ············⑤············ ->
{% block script %}
  layui.config({
    base: '{% static 'js/' %}'
  }).use(['mm','laypage','jquery'],function(){
      var laypage = layui.laypage,$ = layui.$,
      mm = layui.mm;
```

```
    $('.list-box dt').on('click',function(){
      if($(this).attr('off')){
        $(this).removeClass('active').siblings('dd').show()
        $(this).attr('off','')
      }else{
        $(this).addClass('active').siblings('dd').hide()
        $(this).attr('off',true)
      }
    })
});
{% endblock script %}
```

模板文件 commodity.html 按照功能划分可分为 5 个部分，在代码中依次标记了①②③④⑤，每个部分的功能说明如下：

（1）标注①首先调用共用模板文件 base.html，使 base.html 和 commodity.html 产生关联；再使用{% load static %}读取静态资源，然后重写接口 content；最后遍历视图函数 commodityView 定义的变量 firsts 和 typesList，将模型 Type 的数据生成网页的分类列表，每个二级分类设置了相应的链接，所有链接都是指向商品列表页，只不过每个链接的请求参数 t 和 n 各不相同。

（2）标注②设置了商品的排序方式，分别有"销量"、"价格"、"新品"和"收藏"，通过判断变量 s 来控制每个链接的样式设置，如变量 s 等于空或者等于 sold，那么"销量"样式设为 class="active"。每个排序方式设置了相应的链接，所有链接都是指向商品列表页，每个链接的请求参数 t、s 和 n 各不相同。

（3）标注③是遍历变量 pages 的 object_list 方法生成商品列表，由于变量 pages 已设置每页的商品显示数量，因此遍历完成后只会显示 6 条商品信息，每次遍历对象 p 代表模型 CommodityInfos 的某行数据，每条商品信息包含了商品详细页的地址链接，以模型 CommodityInfos 的主键 id 作为商品详细页的变量 id；模型 CommodityInfos 的字段 img 调用 url 方法可生成图片的地址链接；字段 name、price 和 sold 分别设置商品的名称、价格和销量数。

（4）标注④是使用变量 pages 的方法实现分页功能列表，比如判断当前页数是否存在上一页，则可以使用变量 pages 的 has_previous 方法判断；获取上一页的页数则使用变量 pages 的 previous_page_number 实现。

变量 pages 调用 paginator.page_range 方法获取数据分页后的总页数，然后在遍历过程中，每次遍历对象 page 与 pages.number 进行对比，pages.number 首先使用过滤器 add 进行自增 1 或自减 1，再与遍历对象 page 对比，如果判断成功，则生成分页按钮。比如当前页数是第二页，那么分页功能则会生成第一页和第三页的按钮，如图 7-5 所示。

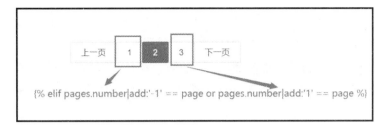

图 7-5　分页按钮

（5）标注⑤是重写 base.html 的接口 script，该脚本是实现商品分类列表的动态缩放效果。分类列表列举了一级分类和二级分类，单击一级分类前面的符号即可实现二级分类的缩放功能，如图 7-6 所示。

图 7-6　动态缩放

7.4　商品详细页的业务逻辑

商品详细页是整个网站的核心网页之一，所有网页展示的商品信息都设置了商品详细页的地址链接。根据开发需求，商品详细页展示某一商品的主图、名称、规格、数量、详细介绍、购买按钮和收藏按钮，并在商品详细介绍的左侧设置了热销商品列表，如图 7-7 所示。

图 7-7　商品详细页

从图 7-7 可以看到，商品详细页分为 5 个功能区：商品搜索功能、网站导航、商品基本信息、商品详细介绍和热销推荐，每个功能的设计说明如下：

（1）商品基本信息：包含了商品的规格、名称、价格、主图、购买数量、收藏按钮和购买按钮。收藏按钮使用 JavaScript 脚本完成收藏功能，购买按钮将商品信息和购买数量添加到购物车。

（2）商品详细介绍：以图片形式展示，用于描述商品的细节内容。

（3）热销推荐：在所有商品中（排除当前商品之外）获取并展示前五名销量最高的商品。

换句话说，商品基本信息和商品详细介绍皆来自模型 CommodityInfos 的某条商品信息；热销推荐是查询模型 CommodityInfos 前五名销量最高的商品（排除当前商品之外）；商品收藏则由 JavaScript 脚本完成。

我们首先实现商品详细页的数据展示，在 PyCharm 中打开项目应用 commodity 的 views.py 定义视图函数 detailView，代码如下：

```python
# 项目应用 commodity 的 views.py
from django.shortcuts import render
from .models import *


def detailView(request, id):
    title = '商品介绍'
    classContent = 'datails'
    commoditys = CommodityInfos.objects.filter(id=id).first()
    items = CommodityInfos.objects.exclude(id=id).order_by('-sold')[:5]
    likesList = request.session.get('likes', [])
    likes = True if id in likesList else False
    return render(request, 'details.html', locals())
```

视图函数 detailView 设置了参数 id，因为路由 detail 设置了路由变量 id，相应地，视图函数必须设置相应的函数参数，并且路由变量名称必须与视图函数的参数名称相同，否则程序将提示 TypeError 异常，如图 7-8 所示。

```
    response = self.process_exception_by_middleware(e, request)
  File "E:\Python\lib\site-packages\django\core\handlers\base.py", line 113,
    response = wrapped_callback(request, *callback_args, **callback_kwargs)
TypeError: detailView() got an unexpected keyword argument 'id'
[12/Mar/2020 16:09:47] "GET /commodity/detail.17.html HTTP/1.1" 500 65631
```

图 7-8　TypeError 异常

如果路由设置了路由变量，而对应的视图函数没有设置相应的函数参数，程序也会提示 TypeError 异常；如果路由设置了多个路由变量，视图函数应按照路由变量的设置顺序依次添加对应的函数参数。

视图函数 detailView 定义了变量 title、classContent、commoditys 和 items，其中变量 title

和 classContent 将作用于模板文件 base.html，而 commoditys、items 和 likes 分别在模板文件 details.html 实现商品展示、热销推荐和收藏按钮的样式设置。

　　变量 items 是查询模型 CommodityInfos 前五名销量最高的商品信息，在查询过程中可以使用 exclude 将当前商品信息排除。

　　变量 likesList 是当前用户与 Django 的会话连接，即 session 会话，session 是用户在网站的一个身份凭证，而且 Session 能存储该用户的一些数据信息。

　　变量 likes 是判断变量 likesList 是否含有当前商品的主键 id，如果当前商品的主键 id 已在变量 likesList 中，那么说明用户已收藏了当前商品。

7.5　商品详细页的数据渲染

　　视图函数 detailView 使用模板文件 details.html 作为响应内容，在模板文件 details.html 中，我们需要使用变量 commoditys 和 items 进行数据渲染和展示，打开模板文件 details.html，其模板语法如下：

```
# templates 文件夹的 details.html
<!- …………①………… ->
{% extends 'base.html' %}
{% load static %}
{% block content %}
<div class="data-cont-wrap w1200">
<div class="crumb">
<a href="{% url 'index:index' %}">首页</a>
<span>></span>
<a href="{% url 'commodity:commodity' %}">所有商品</a>
<span>></span>
<a href="javascript:;">产品详情</a>
</div>

<!- …………②………… ->
<div class="product-intro layui-clear">
<div class="preview-wrap">
  <img height="300" width="300" src="{{ commoditys.img.url }}">
</div>
<div class="itemInfo-wrap">
<div class="itemInfo">
<div class="title">
<h4>{{ commoditys.name }}</h4>
{% if likes %}
<span id="collect">
<i class="layui-icon layui-icon-rate-solid"></i>收藏</span>
```

```
{% else %}
<span id="collect">
<i class="layui-icon layui-icon-rate"></i>收藏</span>
{% endif %}
</div>
<div class="summary">
  <p class="reference"><span>参考价</span>
  <del>¥{{ commoditys.price|floatformat:'2' }}</del></p>
  <p class="activity"><span>活动价</span><strong class="price">
  <i>¥</i></i>{{ commoditys.discount|floatformat:'2' }}</strong></p>
  <p class="address-box"><span>送    至</span>
  <strong class="address">广东  广州  天河区</strong></p>
</div>
<div class="choose-attrs">
  <div class="color layui-clear">
  <span class="title">规    格</span>
  <div class="color-cont">
  <span class="btn active">{{ commoditys.sezes }}</span></div></div>
  <div class="number layui-clear">
  <span class="title">数    量</span>
  <div class="number-cont">
  <span class="cut btn">-</span>
  <input onkeyup="if(this.value.length==1)
  {this.value=this.value.replace(/[^1-9]/g,'')}
  else{this.value=this.value.replace(/\D/g,'')}"
  onafterpaste="if(this.value.length==1)
  {this.value=this.value.replace(/[^1-9]/g,'')}
  else{this.value=this.value.replace(/\D/g,'')}"
  maxlength="4" type="" id="quantity" value="1">
  <span class="add btn">+</span></div></div>
</div>
<div class="choose-btns">
<a class="layui-btn layui-btn-danger car-btn">
<i class="layui-icon layui-icon-cart-simple"></i>加入购物车</a>
</div>
</div>
</div>
</div>


<!-- …………③………… -->
<div class="layui-clear">
<div class="aside">
<h4>热销推荐</h4>
<div class="item-list">
{% for item in items %}
```

```
<div class="item">
<a href="{% url 'commodity:detail' item.id %}">
<img height="280" width="280" src="{{ item.img.url }}">
</a>
<p>
  <span title="{{ item.name }}">
  {% if item.name|length > 15 %}
    {{ item.name|slice:":15" }}...
  {% else %}
    {{ item.name|slice:":15" }}
  {% endif %}
  </span>
  <span class="pric">￥{{ item.discount|floatformat:'2' }}</span>
</p>
</div>
{% endfor %}
</div>
</div>


<!- ············④············ ->
<div class="detail">
<h4>详情</h4>
<div class="item">
<img width="800" src="{{ commoditys.details.url }}">
</div>
</div>
</div>
</div>
{% endblock content %}

<!- ············⑤············ ->
{% block script %}
layui.config({
base: '{% static 'js/' %}'
}).use(['mm','jquery'],function(){
  var mm = layui.mm,$ = layui.$;
  var cur = $('.number-cont input').val();
  $('.number-cont .btn').on('click',function(){
if($(this).hasClass('add')){
  cur++;
}else{
  if(cur > 1){
    cur--;
  }
}
```

```
$('.number-cont input').val(cur)
  })

$('.layui-btn.layui-btn-danger.car-btn').on('click',function(){
var quantity = $("#quantity").val();
window.location = "{% url 'shopper:shopcart' %}?
id={{ commoditys.id }}&quantity=" + quantity
});

$('#collect').on('click',function(){
var url = "{% url 'commodity:collect' %}?id={{ commoditys.id }}"
$.get(url ,function(data,status){
    if (status==200){
            $('#collect').find("i").removeClass("layui-icon-rate")
            $('#collect').find("i").addClass("layui-icon-rate-solid")
    }
    alert(data.result);
});
});
});
{% endblock script %}
```

模板文件 details.html 按照功能划分可分为 5 个部分，在代码中依次标记了①②③④⑤，每个部分的功能说明如下：

（1）标注①是调用模板文件 base.html 并重写接口 content，然后使用模板语法 url 在"首页"和"所有商品"分别设置路由 index 和 commodity 的路由地址。

（2）标注②是使用变量 commoditys 生成商品的基本信息，包括商品主图、名称、规格、原价和折后价。商品购买数量使用 JavaScript 脚本实现动态增减功能；商品收藏通过判断变量 likes 来控制按钮的样式设置，如果变量 likes 为 True，说明当前用户已收藏商品，按钮上的星星以实心表示；如果变量 likes 为 False，说明当前用户尚未收藏商品，按钮上的星星以空心表示，如图 7-9 所示。

图 7-9　样式设置

（3）标注③是使用变量 item 生成商品的热销推荐，每个商品只展示商品主图、名称和折后价，商品主图设置了该商品详细页的地址链接，当用户单击商品主图，浏览器即可自动访问该商品详细页。

（4）标注④是使用变量commoditys的字段details的url属性生成商品详细图的地址链接，因为字段 details 为 FileField 类型，可以使用 url 属性来获取图片的地址链接。

（5）标注⑤重写模板文件 base.html 的接口 script，它一共编写了 3 个 JavaScript 脚本，每个脚本实现的功能说明如下：

- 第一个脚本（即layui.config(…)）是实现商品购买数量的动态增减功能，在脚本代码中，var cur=$('.number-cont input').val()是获取商品购买数量输入框的数值，而$('.number-cont .btn').on('click',function()是对商品购买数量按钮绑定事件触发函数，$('.number-cont .btn')是定位商品购买数量的增减按钮，如图7-10所示。在这个事件触发函数中，如果单击的按钮对象含有add样式，则认为单击"+"按钮，那么商品购买数量的输入框自增加1；反之则认为单击"-"按钮，程序就判断商品数量是否大于1，若大于1，则在商品购买数量的输入框执行自减1操作。

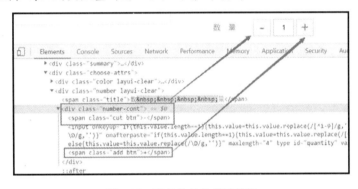

图 7-10　商品数量的增减按钮

- 第二个脚本（即$('.layui-btn.layui-btn-danger.car-btn').on(…)）是将"加入购物车"按钮绑定事件触发函数。在脚本中获取商品购买数量（即var quantity = $("#quantity").val()），然后使用模板语法url生成路由shopcart的路由地址，即用户单击"加入购物车"按钮之后，浏览器访问路由shopcart的路由地址，并将商品购买数量quantity和商品主键id作为路由shopcart的请求参数。

  虽然"加入购物车"按钮设有HTML的标签a，我们还可以在标签a里面设置href属性，但是商品购买数量是动态变化的，如果在标签a里面设置href属性，每次添加或减少商品购买数量，href属性的url地址的请求参数quantity应要随之变化。

- 第三个脚本（即$('#collect').on(…)）是对收藏按钮绑定事件触发函数，它是向路由collect发送HTTP的GET请求，并将商品主键id作为请求参数，如果HTTP的响应内容为"收藏成功"，则说明当前商品已被用户收藏，网页的收藏按钮的空心星星转为实心星星，并提示"收藏成功"。

7.6　Ajax 实现商品收藏

在模板文件 details.html 中，我们通过重写模板文件 base.html 的接口 script，并对商品收藏按钮绑定了事件触发函数，它是向路由 collect 发送 HTTP 的 GET 请求，这个 HTTP 请求过程是在 JavaScript 代码中完成的，这种实现方式称为 Ajax 请求。

Ajax 即 "Asynchronous Javascript And XML"（异步 JavaScript 和 XML），这是指一种创建交互式、快速动态网页应用的网页开发技术，无须重新加载整个网页的情况下，能够更新部分网页的技术。简单来说，Ajax 是向网站的某个路由地址发送 HTTP 请求（可以是 GET 请求或 POST 请求）并获取响应内容，响应内容经过 JavaScript 处理后再渲染到网页上，从而完成网页内容的局部更新。一般情况下，Ajax 请求的响应内容以 JSON 格式为主。

商品收藏按钮是向路由 collect 发送 HTTP 的 GET 请求，因此我们在项目应用 commodity 的 urls.py 和 views.py 定义路由 collect 及其视图函数 collectView，代码如下所示：

```
# 项目应用 commodity 的 urls.py
from django.urls import path
from .views import *

urlpatterns = [
    path('.html', commodityView, name='commodity'),
    path('/detail.<int:id>.html', detailView, name='detail'),
    path('/collect.html', collectView, name='collect')
]



项目应用 commodity 的 views.py
from .models import *
from django.http import JsonResponse
from django.db.models import F


def collectView(request):
    id = request.GET.get('id', '')
    result = {"result": "已收藏"}
    likes = request.session.get('likes', [])
    if id and not int(id) in likes:
        # 对商品的收藏数量执行自增加 1
        CommodityInfos.objects.filter(id=id).update(likes=F('likes')+1)
        result['result'] = "收藏成功"
        request.session['likes'] = likes + [int(id)]
    return JsonResponse(result)
```

视图函数 collectView 通过读写用户的会话 session 数据来记录商品的收藏情况，具体的业务逻辑说明如下：

（1）首先从请求对象 request 获取请求参数 id 的值，并赋值给变量 id，它代表当前商品的主键 id；然后设置响应内容 result，并以字典格式表示；最后从请求对象 request 获取会话 session 数据 likes，如果存在数据 likes，则赋值给变量 likes，否则变量 likes 设置空列表。

（2）如果变量 id 不为空，并且变量 id 不在变量 likes 里面（变量 likes 以列表格式表示），那么说明当前商品尚未被当前用户加入收藏，程序将执行商品收藏。

（3）将变量 id 作为模型 CommodityInfos 的查询条件，再由查询对象使用 update()和 F()方法实现字段 likes 的自增加 1 操作；然后将响应内容 result 改为"收藏成功"；最后将当前商品主键 id 写入会话 session 数据 likes，标记当前商品已被当前用户收藏了。

（4）视图函数返回值使用 JsonResponse 将变量 result 作为响应内容，JsonResponse 能将 Python 的字典转换为 JSON 数据。此外还可以使用 HttpResponse 方式实现，不过需要自行将字典转换 JSON 数据，比如 HttpResponse(json.dumps(result), content_type='application/json')，首先使用 JSON 模块转换字典 result，然后响应类型 content_type 要设为 application/json。

7.7　Session 的配置与操作

在视图函数 detailView 和 collectView 中，我们通过请求对象 request 读写会话 session 数据，在 5.2 节中，Django 接收的 HTTP 请求信息里带有 Cookie 信息，Cookie 的作用是为了识别当前用户的身份，通过以下例子来说明 Cookie 的作用。

浏览器向服务器（Django）发送请求，服务器做出响应之后，二者便会断开连接（会话结束），下次用户再来请求服务器，服务器没有办法识别此用户是谁。比如用户登录功能，如果没有 Cookie 机制支持，那么只能通过查询数据库实现，并且每次刷新页面都要重新操作一次用户登录才可以识别用户，这会给开发人员带来大量的冗余工作，简单的用户登录功能会给服务器带来巨大的负载压力。

Cookie 是从浏览器向服务器传递数据，让服务器能够识别当前用户，而服务器对 Cookie 的识别机制是通过 Session 实现的，Session 存储了当前用户的基本信息，如姓名、年龄和性别等。由于 Cookie 存储在浏览器里面，而且 Cookie 的数据是由服务器提供的，如果服务器将用户信息直接保存在浏览器中，就很容易泄露用户信息，并且 Cookie 大小不能超过 4KB，不能支持中文，因此需要一种机制在服务器的某个域中存储用户数据，这个域就是 Session。

总而言之，Cookie 和 Session 是为了解决 HTTP 协议无状态的弊端、为了让浏览器和服务端建立长久联系的会话而出现的，两者的关系说明如下：

- Session 存储在服务器端，Cookie 存储在客户端，所以 Session 的安全性比 Cookie 高。
- 当获取某用户的 Session 数据时，首先从用户传递的 Cookie 里获取 sessionid，然后根据 sessionid 在网站服务器找到相应的 Session。
- Session 存放在服务器的内存中，Session 的数据不断增加会造成服务器的负担，因此存放在 Session 中的数据不能过于庞大。

在创建 Django 项目时，Django 已默认启用 Session 功能，每个用户的 Session 通过 Django 的中间件 MIDDLEWARE 接收和调度处理，可以在配置文件 settings.py 中找到相关信息，如图 7-11 所示。

```
MIDDLEWARE = [
    'django.middleware.security.SecurityMiddleware',
    'django.contrib.sessions.middleware.SessionMiddleware',
    'django.middleware.locale.LocaleMiddleware',
    'django.middleware.common.CommonMiddleware',
    'django.middleware.csrf.CsrfViewMiddleware',
    'django.contrib.auth.middleware.AuthenticationMiddleware
```

图 7-11　Session 功能配置

当访问网站时，所有的 HTTP 请求都经过中间件处理，而中间件 SessionMiddleware 会判断当前请求的用户身份是否存在，并根据判断结果执行相应的程序处理。中间件 SessionMiddleware 相当于 HTTP 请求接收器，根据请求信息做出相应的调度，而程序的执行则由 settings.py 的配置属性 INSTALLED_APPS 的 django.contrib.sessions 完成，其配置信息如图 7-12 所示。

```
INSTALLED_APPS = [
    'django.contrib.admin',
    'django.contrib.auth',
    'django.contrib.contenttypes',
    'django.contrib.sessions',
    'django.contrib.messages',
```

图 7-12　Session 的处理程序

django.contrib.sessions 实现了 Session 的创建和操作处理，如创建或存储用户的 Session 对象、管理 Session 的生命周期等。它默认使用数据库存储 Session 信息，执行数据迁移时，在数据库中可以看到数据表 django_session，如图 7-13 所示。

图 7-13　数据表 django_session

Session 的数据存储默认使用数据库保存，如果想变更 Session 的保存方式，那么可以在 settings.py 中添加配置信息 SESSION_ENGINE，该配置可以指定 Session 的保存方式。Django 提供了 5 种 Session 的保存方式，分别如下：

```
# 数据库保存方式
# Django 默认的保存方式，使用该方法无须在 settings.py 中设置
SESSION_ENGINE = 'django.contrib.sessions.backends.db'
```

```
# 以文件形式保存
SESSION_ENGINE = 'django.contrib.sessions.backends.file'
# 使用文本保存可设置文件保存路径
# /babys 代表将文本保存在项目 babys 的目录
SESSION_FILE_PATH = '/babys'

# 以缓存形式保存
SESSION_ENGINE = 'django.contrib.sessions.backends.cache'
# 设置缓存名，默认是内存缓存方式，此处的设置与缓存机制的设置相关
SESSION_CACHE_ALIAS = 'default'

# 以数据库+缓存形式保存
SESSION_ENGINE = 'django.contrib.sessions.backends.cached_db'

# 以 Cookie 形式保存
SESSION_ENGINE = 'django.contrib.sessions.backends.signed_cookies'
```

SESSION_ENGINE 用于配置服务器 Session 的保存方式，而浏览器的 Cookie 用于记录数据表 django_session 的 session_key，Session 还可以设置相关的配置信息，如生命周期、传输方式和保存路径等，只需在 settings.py 中添加配置属性即可，说明如下：

- SESSION_COOKIE_NAME = "sessionid"：浏览器的 Cookie 以键值对的形式保存数据表 django_session 的 session_key，该配置是设置 session_key 的键，默认值为 sessionid。
- SESSION_COOKIE_PATH = "/"：设置浏览器的 Cookie 生效路径，默认值为 "/"，即 127.0.0.1:8000。
- SESSION_COOKIE_DOMAIN = None：设置浏览器的 Cookie 生效域名。
- SESSION_COOKIE_SECURE = False：设置传输方式，若为 False，则使用 HTTP，否则使用 HTTPS。
- SESSION_COOKIE_HTTPONLY = True：是否只能使用 HTTP 协议传输。
- SESSION_COOKIE_AGE = 1209600：设置 Cookie 的有效期，默认时间为两周。
- SESSION_EXPIRE_AT_BROWSER_CLOSE = False：是否关闭浏览器使得 Cookie 过期，默认值为 False。
- SESSION_SAVE_EVERY_REQUEST = False：是否每次发送后保存 Cookie，默认值为 False。

了解 Session 的运行原理和相关配置后，最后讲解 Session 的读写操作。Session 的数据类型可理解为 Python 的字典类型，主要在视图函数中执行读写操作，并且从用户请求对象中获取，即来自视图函数的参数 request。Session 的读写如下：

```
# request 为视图函数的参数 request
# 获取存储在 Session 的数据 k1，若 k1 不存在，则会报错
request.session['k1']
```

```
# 获取存储在 Session 的数据 k1，若 k1 不存在，则为空值
# get 和 setdefault 实现的功能是一致的
request.session.get('k1', '')
request.session.setdefault('k1', '')

# 设置 Session 的数据，键为 k1，值为 123
request.session['k1'] = 123

# 删除 Session 中 k1 的数据
del request.session['k1']
# 删除整个 Session
request.session.clear()

# 获取 Session 的键
request.session.keys()
# 获取 Session 的值
request.session.values()

# 获取 Session 的 session_key
# 即数据表 django_session 的字段 session_key
request.session.session_key
```

7.8 JavaScript 的 Ajax 请求

如果网站开发模式不是采用前后端分离，作为后端开发人员必须灵活掌握 Ajax 请求，因为在开发过程中，前端开发人员不懂 Django 的开发原理，在这种开发环境下编写 Ajax 请求还不如后端开发人员自行编写较为方便，这样能省去沟通协调的时间，从而提高开发效率。

Ajax 请求主要有 GET 和 POST 请求，GET 请求主要用于数据查询；POST 请求主要实现网站数据的增删改操作。本节讲述如何使用原生 JavaScript 编写 Ajax 请求，原生 JavaScript 编写 Ajax 请求的代码如下：

```
# 原生 JavaScript 编写 Ajax 请求
# Ajax 的 GET 请求
function GetRequest() {
// 创建 XMLHttpRequest 对象
var xhr = new XMLHttpRequest();
var url = "XXXX"
// 设置请求方式
xhr.open("GET", url, true);
xhr.send();
// 定义 onreadystatechange 事件触发，处理响应内容
```

```
xhr.onreadystatechange = function () {
    if (xhr.readyState == 4 && xhr.status == 200) {
        // 将响应内容转换为 JSON 格式
        var text = xhr.responseText;
        var json = JSON.parse(text);
    }
}
}

# Ajax 的 POST 请求
function PostRequest() {
// 创建 XMLHttpRequest 对象
var xhr = new XMLHttpRequest();
var url = "XXXX"
var data = {"name": "Django"}
// 设置请求方式
xhr.open("POST", url, true);
xhr.setRequestHeader("Content-type", "application/x-www-form-urlencoded")
// 将请求参数 data 传入 send()方法
xhr.send(JSON.stringify(data));
// 定义 onreadystatechange 事件触发，处理响应内容
xhr.onreadystatechange = function () {
    if (xhr.readyState == 4 && xhr.status == 200) {
        // 将响应内容转换为 JSON 格式
        var text = xhr.responseText;
        var json = JSON.parse(text);
    }
}
}
```

从上述代码看到，原生 JavaScript 的 Ajax 请求在实现 GET 和 POST 请求过程存在相似之处，具体的实现过程如下：

（1）使用 XMLHttpRequest 创建实例化对象 xhr，再由实例化对象 xhr 调用 open()方法设置 Ajax 请求的请求方式。

（2）open()方法设有 3 个参数，其语法格式为：open(method, url, async)。参数 method 为 HTTP 的请求方式，比如发送 GET 请求，则设为字符串 GET，发送 POST 请求则设为字符串 POST；参数 url 为 HTTP 的请求地址，即网站定义的路由地址；参数 async 表示是否为异步请求，默认值为true，所有HTTP请求均为异步请求。如果需要发送同步请求，将此参数设置为 false 即可，但是同步请求将锁住浏览器，用户的其他操作必须等待 HTTP 请求完成才可以执行。

（3）设置了 Ajax 的请求方式，下一步可以使用 send()方法执行 Ajax 请求。send()方法设有参数 string，如果是发送 GET 请求，则无须设置参数 string，GET 请求的请求参数只能在 url 设置，即 open()方法的参数 url；如果是发送 POST 请求，那么参数 string 必须为 JSON 字符串

格式，比如 JSON 数据为 data = {"name": "Django"}，参数 string 应写为"name=Django"，或者使用 JSON.stringify(data)转换为 JSON 字符串格式。

（4）如果网站的路由地址设置了特殊的请求方式，比如请求头设有特殊参数，我们还可以使用实例化对象 xhr 调用 setRequestHeader()方法设置请求头。每调用一次 setRequestHeader()只能设置请求头的某个参数，例如设置参数 User-Agent 和 Content-type，实例化对象 xhr 需调用两次 setRequestHeader()方法，详细的设置方式如下：

```
xhr.setRequestHeader("User-Agent", "xxx")
xhr.setRequestHeader("Content-type", "xxx")
```

（5）使用 send()方法执行 Ajax 请求之后，我们还需要调用 onreadystatechange()方法监听整个 Ajax 请求过程。在监听过程中，实例化对象 xhr 从 readyState 属性获取请求状态，如果请求状态等于 4，则说明 Ajax 请求与网站的路由地址通信成功；与此同时，实例化对象 xhr 从 status 属性获取响应状态，如果响应状态等于 200，说明 Ajax 请求已得到网站的响应，那么实例化对象 xhr 可以从 responseText 属性获取网站的响应内容，从而完成一次 Ajax 请求。

7.9 jQuery 的 Ajax 请求

由于原生 JavaScript 的 Ajax 请求需要编写较多代码，因此 jQuery 在此基础上进行了简化，开发人员只需数行代码即可实现 Ajax 请求。

jQuery 是一个快速、简洁的 JavaScript 框架，其设计的宗旨是"Write Less，Do More"，即倡导写更少的代码，做更多的事情。它封装 JavaScript 常用的功能代码，提供一种简便的 JavaScript 设计模式，优化 HTML 文档操作、事件处理、动画设计和 Ajax 交互。

jQuery 编写 Ajax 请求的代码如下：

```
# jQuery 的 ajax()函数
$.ajax({
//请求的 url 地址
url:"http://www.microsoft.com",
//返回格式为 json
dataType:"json",
//请求是否异步，默认为异步，这也是 ajax 重要特性
async:true,
//请求参数
data:{"id":"value"},
//请求方式
type:"GET",
beforeSend:function(){
    //请求前的处理
},
success:function(req){
    //请求成功时处理
```

```
    },
    complete:function(){
        //请求完成的处理
    },
    error:function(){
        //请求出错处理
    }
});
```

jQuery 通过定义 ajax()函数实现 Ajax 请求，并且通过多个函数参数来设置请求方式，具体每个函数参数的说明如表 7-1 所示。

表 7-1　ajax 函数参数

函数参数	说　　明（带有*则代表为常用参数）
url	*发送 HTTP 请求的 URL 地址，如不设置默认为当前页面的网址
dataType	*服务器响应的数据类型，数据类型分别有 xml、html、text、script、json 和 jsonp
async	*布尔值，表示请求是否异步处理，默认是 true
data	*发送请求的请求参数
type	*设置请求的请求类型，如 GET 或 POST 请求
beforeSend()	*设置发送请求之前的处理函数
success()	*请求发送成功时所运行的函数
complete()	*请求完成时所运行的函数（在请求成功或失败之后都会调用，即在 success() 和 error()运行之后再执行 complete()）
error()	*请求失败时所运行的函数
contentType	*发送数据到服务器时所使用的内容类型，默认是"application/x-www-form-urlencoded"
cache	布尔值，表示浏览器是否缓存请求页面，默认是 true
timeout	设置本地的请求超时时间（以毫秒计算）
processData	布尔值，规定通过请求发送的数据是否转换为查询字符串，默认是 true
username	在 HTTP 访问认证请求中使用的用户名
password	在 HTTP 访问认证请求中使用的密码
scriptCharset	设置 HTTP 请求的字符集
traditional	布尔值，规定是否使用参数序列化的传统样式
dataFilter()	用于处理 XMLHttpRequest 原始响应数据的函数
context	为所有 Ajax 相关的回调函数规定 "this" 值
global	布尔值，是否为当前请求触发全局 Ajax 事件处理程序，默认是 true
ifModified	布尔值，是否仅在最后一次请求的响应发生改变时才请求成功，默认是 false
jsonp	在一个 jsonp 中重写回调函数的字符串
jsonpCallback	在一个 jsonp 中设置回调函数的名称
xhr	用于创建 XMLHttpRequest 对象的函数

除了 jQuery 的 ajax()函数能实现 HTTP 的 GET 和 POST 请求之外，jQuery 还定义了 get() 和 post()函数，它们也可以实现 HTTP 的 GET 和 POST 请求，详细的函数语法如下：

```
# get() 函数语法
参数 url: 必须参数, 设置发送 HTTP 请求的 URL 地址。
参数 data: 可选参数, 发送请求的请求参数。
参数 function(data,status,xhr): 请求成功时运行的函数。
function(data,status,xhr) 的 data 是响应内容, status 是响应码, xhr 是 XMLHttpRequest
对象
参数 dataType: 服务器响应的数据类型, 数据类型分别有 xml、html、text、script、json 和
jsonp。
$.get(url, data, function(data,status,xhr), dataType)

# post() 函数语法
post() 函数参数与 get() 函数参数的作用相同
$.post(url,data,function(data,status,xhr),dataType)
```

从 jQuery 定义 get() 和 post() 函数看到, 它们比 ajax() 函数更为简化, 函数参数相对较少, 在使用方式上更加便捷。如果网站定义的 API 接口(即网站为 Ajax 定义的路由地址)没有特殊要求, 一般情况下使用 get() 和 post() 函数完成 Ajax 请求即可, 具体的使用方法如下:

```
# get() 函数使用方法
$("button").click(function(){
$.get("www.xx.com",function(data,status){
    alert("Data: " + data + "nStatus: " + status);
});
});

# post() 函数的使用方法
$("button").click(function(){
$.post("www.xx.com",function(data,status){
    alert("Data: " + data + "nStatus: " + status);
});
});
```

7.10 本章小结

商品列表页将所有商品以一定的规则排序展示, 用户可以从销量、价格、上架时间和收藏数量设置商品的排序方式, 并且在页面的左侧设置分类列表, 选择某一分类可以筛选出相应的商品信息。

Django 已为开发者提供了内置的分页功能, 开发者无须自己实现数据分页功能, 只需调用 Django 内置分页功能的函数即可实现。实现数据的分页功能需要考虑多方面的因素, 分别说明如下:

- 当前用户访问的页数是否存在上(下)一页。

- 访问的页数是否超出页数上限。
- 数据如何按页截取，如何设置每页的数据量。

商品详细页是整个网站的核心网页之一，所有网页展示的商品信息都设置了商品详细页的地址链接。根据开发需求，商品详细页展示某一商品的主图、名称、规格、数量、详细介绍、购买按钮和收藏按钮，并在商品详细介绍的左侧设置了热销商品列表。

Cookie 和 Session 是为了解决 HTTP 协议无状态的弊端、为了让浏览器和服务端建立长久联系的会话而出现的，两者的关系说明如下：

- Session 存储在服务器端，Cookie 存储在客户端，所以 Session 的安全性比 Cookie 高。
- 当获取某用户的 Session 数据时，首先从用户传递的 Cookie 里获取 sessionid，然后根据 sessionid 在网站服务器找到相应的 Session。
- Session 存放在服务器的内存中，Session 的数据不断增加会造成服务器的负担，因此存放在 Session 中的数据不能过于庞大。

Ajax 即 "Asynchronous Javascript And XML"（异步 JavaScript 和 XML），这是指一种创建交互式、快速动态网页应用的网页开发技术，无须重新加载整个网页的情况下，能够更新部分网页的技术。简单来说，Ajax 是向网站的某个路由地址发送 HTTP 请求（可以是 GET 请求或 POST 请求）并获取响应内容，响应内容经过 JavaScript 处理后再渲染到网页上，从而完成网页内容的局部更新。一般情况下，Ajax 请求的响应内容以 JSON 格式为主。

第8章

用户信息模块

项目 babys 的用户信息模块分为用户注册登录和个人中心页，用户注册登录均在同一个页面实现，如果用户不存在，则执行注册操作，反之则执行登录操作；个人中心页显示用户的基本信息和订单信息，而且订单信息需要设置分页显示。

8.1　内置 User 实现注册登录

由于 Django 已内置了用户管理功能，即 Auth 认证系统，而且具有灵活的扩展性，可以满足多方面的开发需求。创建项目时，Django 已默认使用内置 Auth 认证系统，在 settings.py 的 INSTALLED_APPS、MIDDLEWARE 和 AUTH_PASSWORD_VALIDATORS 中都能看到相关的配置信息。

Django 的 Auth 认证系统已内置模型 User，它是对应数据表 auth_user，该模型一共定义了 11 个字段，各个字段的含义说明如表 8-1 所示。

表 8-1　User 模型各个字段的说明

字　　段	说　　明
id	int 类型，数据表主键
password	varchar 类型，代表用户密码，在默认情况下使用 pbkdf2_sha256 方式来存储和管理用户的密码
last_login	datetime 类型，最近一次登录的时间
is_superuser	tinyint 类型，表示该用户是否拥有所有的权限，即是否为超级管理员
username	varchar 类型，代表用户账号

（续表）

字 段	说 明
first_name	varchar 类型，代表用户的名字
last_name	varchar 类型，代表用户的姓氏
email	varchar 类型，代表用户的邮件
is_staff	用来判断用户是否可以登录进入 Admin 后台系统
is_active	tinyint 类型，用来判断该用户的状态是否被激活
date_joined	datetime 类型，账号的创建时间

用户登录注册页面分为 3 个功能区域：商品搜索功能、网站导航、登录注册表单，如图 8-1 所示。登录与注册表单共用一个网页表单，如果用户账号已存在，则对用户账号密码验证并登录，如果用户不存在，则对当前的账号密码进行注册处理。

图 8-1　用户登录注册页面

项目 babys 的用户注册登录功能在项目应用 shopper 已定义了路由 login，该路由对应的视图函数为 loginView，因此我们在项目应用 shopper 的 views.py 编写视图函数 loginView 的业务逻辑，代码如下：

```python
# 项目应用 shopper 的 views.py
from django.shortcuts import render, redirect
from django.contrib.auth import login, authenticate
from django.contrib.auth.models import User
from django.shortcuts import reverse


def loginView(request):
title = '用户登录'
classContent = 'logins'
if request.method == 'POST':
    # 获取请求参数 username 和 password
    username = request.POST.get('username', '')
    password = request.POST.get('password', '')
```

```
        # 查询 username 的数据是否存在内置模型 User
        if User.objects.filter(username=username):
            # 验证账号密码与模型 User 的账号密码是否一致
            user = authenticate(username=username, password=password)
            # 通过验证则使用内置函数 login 执行用户登录
            # 登录成功后跳转到个人中心页
            if user:
                login(request, user)
                return redirect(reverse('shopper:shopper'))
        # username 的数据不存在内置模型 User
        else:
            # 执行用户注册
            state = '注册成功'
            d=dict(username=username,password=password,is_staff=1,is_active=1)
            user = User.objects.create_user(**d)
            user.save()
    return render(request, 'login.html', locals())
```

从视图函数 loginView 的代码结构分析得知，它首先定义了变量 title 和 classContent，这是用于设置共用模板 base.html 的模板变量；然后对用户的请求方式进行判断，如果用户是发送 POST 请求，那么视图函数将会执行注册登录操作，详细的执行过程说明如下：

（1）当用户在注册登录页面输入账号密码，并单击"注册/登录"按钮之后，浏览器向网站发送 POST 请求，并将用户输入的账号密码作为请求参数发送到网站，网站把 POST 请求交给视图 loginView 进行处理。

（2）视图函数 loginView 从 POST 请求中获取请求参数 username 和 password，将请求参数 username 作为 Django 内置模型 User 的查询条件，判断用户名是否存在于模型 User。

（3）如果用户输入的用户名 username 已存在于模型 User 中，说明用户在网站已有账号信息，视图函数则执行用户登录操作。用户登录使用 Django 内置函数 authenticate 验证用户输入的账号密码与模型 User 保存的账号密码是否一致，如果验证一致，则使用 Django 内置函数 login 使用用户登录，并使用重定向函数 redirect 访问路由 shopper（即登录成功后自动跳转到个人中心页）。重定向函数 redirect 的参数必须为路由地址，而内置函数 reverse 是根据路由命名解析生成相应的路由地址。

（4）如果用户输入的用户名 username 模型 User 中不存在，视图函数对模型 User 进行数据新增操作，将请求参数 username 和 password 作为模型 User 的字段 username 和 password，并设置字段 is_staff 和 is_active。数据新增不能使用 create()方法，因为字段 password 需要使用 pbkdf2_sha256 方式来存储和管理用户的密码，所以 Django 为此定义了 create_user()方法，最后调用 save()方法完成整个用户的新增过程，并将用户数据保存到数据表 auth_user。

（5）最后视图函数 loginView 将模板文件 login.html 作为响应内容，只要在浏览器输入路由 login 的路由地址（即向路由 login 发送 GET 请求）或者执行用户注册操作（即上述的步骤（4）），视图函数都会使用模板文件 login.html 生成响应内容。如果是执行用户注册操作，用户注册登录页面还可以看到"注册成功"的提示，如图 8-2 所示。

图 8-2　提示信息

由于视图函数使用模板文件 login.html 生成响应内容，下一步我们需要对模板文件 login.html 编写相应的模板语法。在 PyCharm 中打开模板文件 login.html 编写以下代码：

```
# templates 文件夹的 login.html
<!- ···········①··········· ->
{% extends 'base.html' %}
{% load static %}
{% block content %}
<div class="login-bg">
<div class="login-cont w1200">
<div class="form-box">
<form class="layui-form" action="" method="post">
{% csrf_token %}
<legend>手机号注册登录</legend>
<div class="layui-form-item">
<div class="layui-inline iphone">
<div class="layui-input-inline">
  <i class="layui-icon layui-icon-cellphone iphone-icon"></i>
  <input name="username" id="username"
  lay-verify="required|phone" placeholder="请输入手机号" class="layui-input">
</div>
</div>
<div class="layui-inline iphone">
<div class="layui-input-inline">
  <i class="layui-icon layui-icon-password iphone-icon"></i>
  <input id="password" type="password" name="password"
  lay-verify="required|password" placeholder="请输入密码"
class="layui-input">
</div>
</div>
</div>
<p>{{ state }}</p>
<div class="layui-form-item login-btn">
<div class="layui-input-block">
```

```
<button class="layui-btn" lay-submit="" lay-filter="demo1">注册/登录</button>
</div>
</div>
</form>
</div>
</div>
{% endblock content %}

<!- ·············②············· ->
{% block footer %}
<div class="footer">
<div class="ng-promise-box">
<div class="ng-promise w1200">
<p class="text">
  <a class="icon1" href="javascript:;">7 天无理由退换货</a>
  <a class="icon2" href="javascript:;">满 99 元全场免邮</a>
  <a class="icon3" style="margin-right: 0" href="javascript:;">100%品质保证
</a>
</p>
</div>
</div>
<div class="mod_help w1200">
  <p>
<a href="javascript:;">关于我们</a>
<span>|</span>
<a href="javascript:;">帮助中心</a>
<span>|</span>
<a href="javascript:;">售后服务</a>
<span>|</span>
<a href="javascript:;">母婴资讯</a>
<span>|</span>
<a href="javascript:;">关于货源</a>
  </p>
  <p class="coty">母婴商城版权所有 &copy; 2012-2020</p>
</div>
</div>
{% endblock footer %}

<!- ············③············ ->
{% block script %}
layui.config({
base: '{% static 'js/' %}'
}).use(['jquery','form'],function(){
var $ = layui.$,form = layui.form;
```

```
$("#find").click(function() {
if(!/^1\d{10}$/.test($("#username").val())){
  layer.msg("请输入正确的手机号");
  return false;
}
})
})
{% endblock script %}
```

模板文件 login.html 按照功能划分可分为 3 个部分，在代码中依次标记了①②③，每个部分的功能说明如下：

（1）标注①是调用模板文件 base.html 并重写接口 content，然后使用 HTML 语言编写网页表单，一个完整的表单主要由 4 部分组成：提交地址、请求方式、元素控件和提交按钮，分别说明如下：

● 提交地址（form 标签的 action 属性）用于设置用户提交的表单数据应由哪个路由接收和处理。当用户向服务器提交数据时，若属性 action 为空，则提交的数据应由当前的路由来接收和处理，否则网页会跳转到属性 action 所指向的路由地址。

● 请求方式用于设置表单的提交方式，通常是 GET 请求或 POST 请求，由 form 标签的属性 method 决定。

● 元素控件是供用户输入数据信息的输入框，由 HTML 的<input>控件实现，控件属性 type 用于设置输入框的类型，常用的输入框类型有文本框、下拉框和复选框等。

● 提交按钮供用户提交数据到服务器，该按钮也是由 HTML 的<input>或<button>控件实现的。

由于表单采用 POST 方式发送 HTTP 请求，而 Django 为我们默认开启 CSRF 防护。CSRF 防护只适用于 POST 请求，并不防护 GET 请求，因为 GET 请求是以只读形式访问网站资源的，一般情况下并不破坏和篡改网站数据，因此我们还需要在表单中加入{% csrf_token %}设置 CSRF 防护。

（2）标注②重写 base.html 定义的接口 footer。接口 footer 是生成首页的底部信息，效果如图 8-3 所示。

图 8-3　底部信息

（3）标注③重写 base.html 定义的接口 script，JavaScript 脚本代码是验证用户输入的用户名是否为手机号码，验证方式使用正则表达式，比如 if(!/^1\d{10}$/.test($("#username").val())))，其中$("#username").val()定位 id=username 的 input 控件，然后获取该控件的属性 value

的值，最后使用 if(!/^1\d{10}$/.test()对属性 value 的值进行正则判断，验证该值是否为长度等于 11 的手机号码。

8.2 CSRF 防护

CSRF（Cross-Site Request Forgery，跨站请求伪造）也称为 One Click Attack 或者 Session Riding，通常缩写为 CSRF 或者 XSRF，这是一种对网站的恶意利用，其目的是窃取网站的用户信息来制造恶意请求。

Django 为了防护这类攻击，在用户提交表单时，表单会自动加入 csrfmiddlewaretoken 隐藏控件，这个隐藏控件的值会与网站后台保存的 csrfmiddlewaretoken 进行匹配，只有匹配成功，网站才会处理表单数据。这种防护机制称为 CSRF 防护，原理如下：

（1）在用户访问网站时，Django 在网页表单中生成一个隐藏控件 csrfmiddlewaretoken，控件属性 value 的值是由 Django 随机生成的。

（2）当用户提交表单时，Django 校验表单的 csrfmiddlewaretoken 是否与自己保存的 csrfmiddlewaretoken 一致，用来判断当前请求是否合法。

（3）如果用户被 CSRF 攻击并从其他地方发送攻击请求，由于其他地方不可能知道隐藏控件 csrfmiddlewaretoken 的值，因此导致网站后台校验 csrfmiddlewaretoken 失败，攻击就被成功防御。

在 Django 中使用 CSRF 防护功能，首先在配置文件 settings.py 中设置 CSRF 防护功能。它是由 settings.py 的 CSRF 中间件 CsrfViewMiddleware 实现的，在创建项目时已默认开启，如图 8-4 所示。

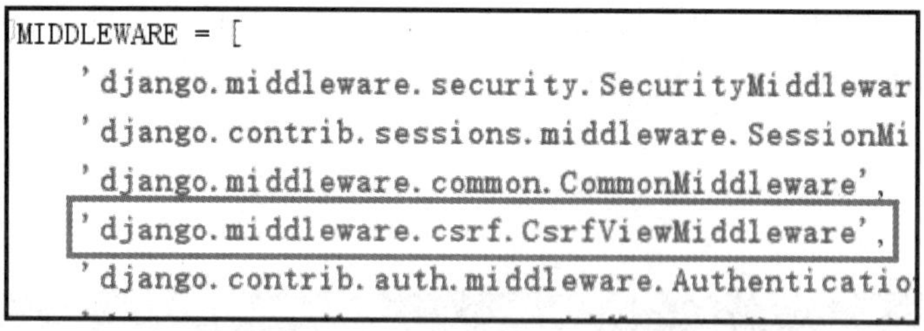

```
MIDDLEWARE = [
    'django.middleware.security.SecurityMiddlewar
    'django.contrib.sessions.middleware.SessionMi
    'django.middleware.common.CommonMiddleware',
    'django.middleware.csrf.CsrfViewMiddleware',
    'django.contrib.auth.middleware.Authenticatio
```

图 8-4　设置 CSRF 防护功能

如果表单中设置了 CSRF 防护功能，我们可以打开浏览器的开发者工具，查看表单设有隐藏控件 csrfmiddlewaretoken，隐藏控件是由模板语法{% csrf_token %}生成的。用户每次提交表单或刷新网页时，隐藏控件 csrfmiddlewaretoken 的属性 value 都会随之变化，如图 8-5 所示。

```
▼<body>
  ▼<form action method="post">
    <input type="hidden" name="csrfmiddlewaretoken" value=
    "2r0Xpd646lW5tRUTB4VPJ5SjmJowKPv1KR7FrrUhLeoteX6FfYRp85
    <div>用户名:</div>
    <input type="text" name="username">
    <div>密　码:</div>
    <input type="password" name="password">
  ▶ <div>…</div>
  </form>
```

图 8-5　隐藏控件 csrfmiddlewaretoken

如果想要取消表单的 CSRF 防护，那么可以在模板文件上删除{% csrf_token %}，并且在对应的视图函数中添加装饰器@csrf_exempt，代码如下：

```python
# 某项目应用的 views.py
from django.shortcuts import render
from django.views.decorators.csrf import csrf_exempt
# 取消 CSRF 防护
@csrf_exempt
def index(request):
    return render(request, 'index.html')
```

如果只在模板文件上删除{% csrf_token %}，并没有在对应的视图函数中设置过滤器@csrf_exempt，那么用户提交表单时，程序会因 CSRF 验证失败而抛出 403 异常的页面，如图 8-6 所示。

图 8-6　CSRF 验证失败

如果想取消整个网站的 CSRF 防护，那么可以在 settings.py 的 MIDDLEWARE 注释的 CSRF 中间件 CsrfViewMiddleware。但在整个网站没有 CSRF 防护的情况下，又想对某些请求设置 CSRF 防护，那么可以在模板文件上添加模板语法{% csrf_token %}，然后在对应的视图函数中添加装饰器@csrf_protect 实现，代码如下：

```python
# 某项目应用的 views.py
from django.shortcuts import render
from django.views.decorators.csrf import csrf_protect
# 添加 CSRF 防护
@csrf_protect
def index(request):
```

```
return render(request, 'index.html')
```

如果网页表单是使用前端的 Ajax 向 Django 提交表单数据的，由于 Django 设置了 CSRF 防护功能，Ajax 发送 POST 请求必须设置请求参数 csrfmiddlewaretoken，否则 Django 会将当前请求视为恶意请求。Ajax 发送 POST 请求的功能代码如下：

```
<script>
function submitForm(){
    var csrf = $('input[name="csrfmiddlewaretoken"]').val();
    var user = $('#username').val();
    var password = $('#password').val();
    $.ajax({
        url: '/index.html',
        type: 'POST',
        data: {'user': user,
        'password': password,
        'csrfmiddlewaretoken': csrf},
        success:function(arg){
        console.log(arg);
        }
    })
}
</script>
```

8.3　使用 Form 实现注册登录

在模板文件中，通过 HTML 语言编写表单是一种较为简单的实现方式，如果表单元素较多或一个网页里使用多个表单，就会在无形之中增加模板的代码量，对日后的维护和更新造成极大的不便。为了简化表单的实现过程和提高表单的灵活性，Django 提供了完善的表单功能。

Django 的表单功能由 Form 类实现，主要分为两种：django.forms.Form 和 django.forms.ModelForm。前者是一个基础的表单功能，后者是在前者的基础上结合模型所生成的数据表单，不管哪一种表单类型，我们都能选择任意一种类型实现表单开发。

以项目 babys 的用户注册登录为例，我们将 HTML 编写的网页表单改由 Django 的 django.forms.Form 实现。首先在项目应用 shopper 的文件夹里新建 form.py 文件，目录结构如图 8-7 所示，该文件用于定义表单类 Form，实现用户注册登录的网页表单。

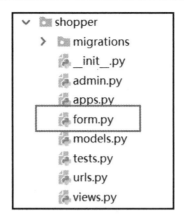

图 8-7　目录结构

在 PyCharm 中打开 form.py 文件，然后定义表单类 LoginForm，它继承 django.forms.Form，详细的定义过程如下：

```python
# 项目应用 shopper 的 form.py
from django import forms
from django.core.exceptions import ValidationError


class LoginForm(forms.Form):
    username = forms.CharField(max_length=11, label='请您输入手机号',
            widget=forms.widgets.TextInput(
                attrs={'class':'layui-input','placeholder':'请您输入手机号',
                    'lay-verify':'required|phone','id':'username'}),)
    password = forms.CharField(max_length=20, label='请您输入密码',
            widget=forms.widgets.PasswordInput(
                attrs={'class':'layui-input','placeholder':'请您输入密码',
                    'lay-verify':'required|password', 'id':'password'}),)


    # 自定义表单字段 username 的数据清洗
    def clean_username(self):
        if len(self.cleaned_data['username']) == 11:
            return self.cleaned_data['username']
        else:
            raise ValidationError('用户名为手机号码')
```

表单类 LoginForm 定义了表单字段 username 和 password 以及定义数据清洗函数 clean_username()，表单字段的定义方式与模型字段的定义方式相同，首先定义表单字段的数据类型，然后再根据开发需求设置表单字段的属性；最后表单类 LoginForm 还定义了数据清洗函数 clean_username()，该函数只适用于表单字段 username 的数据处理，详细说明如下：

（1）表单字段 username 和 password 的数据类型均设为 CharField，这是文本框类型，它转换成 HTML 的<inputtype="text">控件。

（2）表单字段的参数 max_length 是设置文本框能输入的文本长度，它对应

<inputtype="text">控件的属性 maxlength；而参数 label 是为表单字段添加说明，它用于在 HTML 中独立生成<label>标签。

（3）表单字段的参数 widget 是一个 forms.widgets 对象，其作用是设置表单字段的 CSS 样式或其他属性，参数的对象类型必须与表单字段类型相符合。例如表单字段为 CharField，参数 widget 的类型应为 forms.widgets.TextInput，两者的含义与作用是一致的，都是文本输入框，若表单字段改为 ChoiceField，而参数 widget 的类型不变，前者是下拉选择框，后者是文本输入框，则在网页上会优先显示为文本输入框。

（4）自定义表单字段 username 的数据清洗函数 clean_username()只适用于表单字段 username 的数据清洗，函数名的格式必须为 clean_表单字段名称()，而且函数必须有 return 返回值。如果在函数中设置主动抛出异常 ValidationError，那么该函数可视为带有数据验证的数据清洗函数。

完成表单类 LoginForm 的定义之后，下一步在视图函数 loginView 中使用表单类 LoginForm 实现用户注册登录功能。我们在项目应用 shopper 的 views.py 重新定义视图函数 loginView，其代码如下：

```python
# 项目应用 shopper 的 views.py
from django.shortcuts import render, redirect
from django.contrib.auth import logout, login, authenticate
from django.contrib.auth.models import User
from django.shortcuts import reverse
from .form import *

def loginView(request):
title = '用户登录'
classContent = 'logins'
# 处理 HTTP 的 POST 请求
if request.method == 'POST':
    infos = LoginForm(data=request.POST)
    # 验证表单字段的数据是否正确
    if infos.is_valid():
        # 获取表单字段 username 和 password 的数据
        data = infos.cleaned_data
        username = data['username']
        password = data['password']
        # 查找模型 User 是否已有用户信息
        if User.objects.filter(username=username):
            # 验证用户输入的账号密码是否正确
            user=authenticate(username=username,password=password)
            # 执行登录操作
            if user:
                login(request, user)
                return redirect(reverse('shopper:shopper'))
    # 执行注册操作
```

```
        else:
            state = '注册成功'
            d = dict(username=username,password=password,
                is_staff=1,is_active=1)
            user = User.objects.create_user(**d)
            user.save()
    else:
        # 获取错误信息，并以 JSON 格式输出
        error_msg = infos.errors.as_json()
        print(error_msg)
# 处理 HTTP 的 GET 请求
else:
    infos = LoginForm()
    return render(request, 'login.html', locals())
```

视图函数 loginView 根据请求方式设置了两种处理方法，GET 请求和 POST 请求的处理过程说明如下：

（1）当访问 127.0.0.1:8000 时，Django 接收一个不带请求参数的 GET 请求，视图函数 loginView 将表单类 LoginForm 实例化，然后在模板文件 login.html 中使用表单类 LoginForm 实例化对象 infos 生成用户注册登录表单。

（2）当用户在注册登录表单填写账号密码并单击"注册/登录"按钮之后，浏览器向网站发送 POST 请求，视图函数 loginView 实例化表单类 LoginForm，并将请求参数作为表单类 LoginForm 的参数 data，生成实例化对象 infos。

（3）由实例化对象 infos 调用 is_valid()方法进行表单验证，如果表单验证成功，我们就可以使用 infos['username']或 infos.cleaned_data['username']来获取某个 HTML 控件的数据。由于表单字段 username 设有自定义的数据清洗函数，因此使用 v.is_valid()验证表单数据时，Django 自动执行数据清洗函数 clean_username()。

（4）从表单对象 infos 中获取用户输入的账号密码之后，下一步是根据账号密码与模型 User 的数据进行查询匹配，从而完成用户注册登录功能，整个用户注册登录的业务逻辑与 8.1 节的业务逻辑相同，此处不再重复讲述。

（5）如果表单对象 infos 调用 is_valid()方法验证表单失败，程序就使用 errors.as_json()方法获取验证失败的错误信息，然后在控制台输入错误信息。

用户注册登录表单的元素控件交由表单类 LoginForm 实现，因此模板文件 login.html 无须使用 HTML 语言编写网页表单的元素控件，我们在 PyCharm 中打开模板文件 login.html，将元素控件<input>改由模板变量 infos 生成，详细代码如下：

```
# templates 文件夹的 login.html
{% extends 'base.html' %}
{% load static %}
{% block content %}
<div class="login-bg">
<div class="login-cont w1200">
```

```html
<div class="form-box">
<form class="layui-form" action="" method="post">
{% csrf_token %}
<legend>手机号注册登录</legend>
<div class="layui-form-item">
<div class="layui-inline iphone">
<div class="layui-input-inline">
  <i class="layui-icon layui-icon-cellphone iphone-icon"></i>
  {{ infos.username }}
</div>
</div>
<div class="layui-inline iphone">
<div class="layui-input-inline">
  <i class="layui-icon layui-icon-password iphone-icon"></i>
  {{ infos.password }}
</div>
</div>
</div>
<p>{{ state }}</p>
<div class="layui-form-item login-btn">
<div class="layui-input-block">
<button class="layui-btn" lay-submit="" lay-filter="demo1">注册/登录</button>
</div>
</div>
</form>
</div>
</div>
</div>
{% endblock content %}

{% block footer %}
<div class="footer">
<div class="ng-promise-box">
<div class="ng-promise w1200">
<p class="text">
  <a class="icon1" href="javascript:;">7 天无理由退换货</a>
  <a class="icon2" href="javascript:;">满 99 元全场免邮</a>
  <a class="icon3" style="margin-right: 0" href="javascript:;">100%品质保证
</a>
</p>
</div>
</div>
<div class="mod_help w1200">
  <p>
<a href="javascript:;">关于我们</a>
```

```
<span>|</span>
<a href="javascript:;">帮助中心</a>
<span>|</span>
<a href="javascript:;">售后服务</a>
<span>|</span>
<a href="javascript:;">母婴资讯</a>
<span>|</span>
<a href="javascript:;">关于货源</a>
  </p>
  <p class="coty">母婴商城版权所有 &copy; 2012-2020</p>
</div>
</div>
{% endblock footer %}

{% block script %}
layui.config({
base: '{% static 'js/' %}'
}).use(['jquery','form'],function(){
var $ = layui.$,form = layui.form;
$("#find").click(function() {
if(!/^1\d{10}$/.test($("#username").val())){
  layer.msg("请输入正确的手机号");
  return false;
}
})
})
{% endblock script %}
```

在上述代码中，我们分别将用户账号的\<input\>控件改为{{ infos.username }}和用户密码的\<input\>控件改为{{ infos.password }}。模板变量 infos 是视图函数 loginView 对表单类 LoginForm 实例化生成的对象；infos.username 和 infos.password 对应表单字段 username 和 password，它们能自动转换生成\<input\>控件。

除此之外，我们还可以在模板文件中使用内置方法生成其他的 HTML 元素控件，详细的使用方法如下所示：

```
# 将整个表单以 HTML 的 ul 标签表示
{{ infos.as_ul }}
# 将整个表单以 HTML 的 p 标签表示
{{ infos.as_p }}
# 将整个表单以 HTML 的 table 标签表示
{{ infos.as_table }}
# 将表单字段的属性 lable 生成 label 标签
{{ infos.username.label }}
# 获取表单验证失败的错误信息
{{ infos.errors }}
```

8.4 分析 Form 的机制和原理

我们发现表单类的定义过程与模型有相似之处，只不过两者所继承的类有所不同，也就是说，Django 内置的表单功能也是使用自定义元类实现定义过程的。在 PyCharm 里打开表单类 Form 的源码文件，其定义过程如图 8-8 所示。

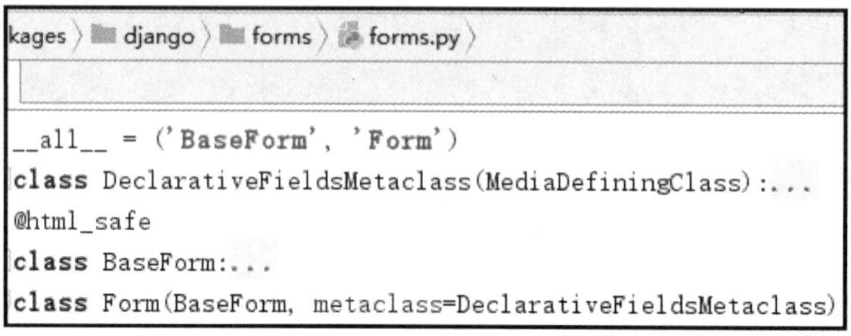

```
kages > django > forms > forms.py >

__all__ = ('BaseForm', 'Form')
class DeclarativeFieldsMetaclass(MediaDefiningClass):...
@html_safe
class BaseForm:...
class Form(BaseForm, metaclass=DeclarativeFieldsMetaclass)
```

图 8-8　表单类 Form 的源码文件

表单类 Form 继承 BaseForm 和元类 DeclarativeFieldsMetaclass，而该元类又继承另一个元类，因此表单类 Form 的继承关系如图 8-9 所示。

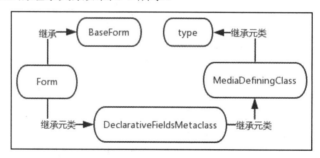

图 8-9　表单类 Form 的继承关系

从图 8-9 得知，元类没有定义太多的属性和方法，大部分的属性和方法都是由父类 BaseForm 定义的，模板文件 index.html 使用的方法也是来自父类 BaseForm。我们分析父类 BaseForm 的定义过程，列举开发中常用的属性和方法。

- data: 默认值为 None，以字典形式表示，字典的键为表单字段，代表将数据绑定到对应的表单字段。
- auto_id: 默认值为 id_%s，以字符串格式化表示，若设置 HTML 元素控件的 id 属性，比如表单字段 job，则元素控件 id 属性为 id_job，%s 代表表单字段的名称。
- prefix: 默认值为 None，以字符串表示，设置表单的控件属性 name 和 id 的属性值，如果一个网页里使用了多个相同的表单，那么设置该属性可以区分每个表单。
- initial: 默认值为 None，以字典形式表示，在表单的实例化过程中设置初始化值。
- label_suffix: 若参数值为 None，则默认为冒号，以表单字段 job 为例，其 HTML 控件含有 label 标签（<label for="id_job">职位:</label>），其中 label 标签里的冒号由参数 label_suffix 设置。

- field_order: 默认值为 None，则以表单字段定义的先后顺序进行排列，若要自定义排序，则将每个表单字段按先后顺序放置在列表里，并把列表作为该参数的值。
- use_required_attribute: 默认值为 None（或为 True），为表单字段所对应的 HTML 控件设置 required 属性，该控件为必填项，数据不能为空，若设为 False，则 HTML 控件为可填项。
- errors(): 验证表单的数据是否存在异常，若存在异常，则获取异常信息，异常信息可设为字典或 JSON 格式。
- is_valid(): 验证表单数据是否存在异常，若存在，则返回 False，否则返回 True。
- as_table(): 将表单字段以 HTML 的<table>标签生成网页表单。
- as_ul(): 将表单字段以 HTML 的<ul>标签生成网页表单。
- as_p(): 将表单字段以 HTML 的<p>标签生成网页表单。
- has_changed(): 对比用于提交的表单数据与表单初始化数据是否发生变化。

了解表单类 Form 的定义过程后，接下来讲述表单的字段类型。表单字段与模型字段有相似之处，不同类型的表单字段对应不同的 HTML 控件，在 PyCharm 中打开表单字段的源码文件，如图 8-10 所示。 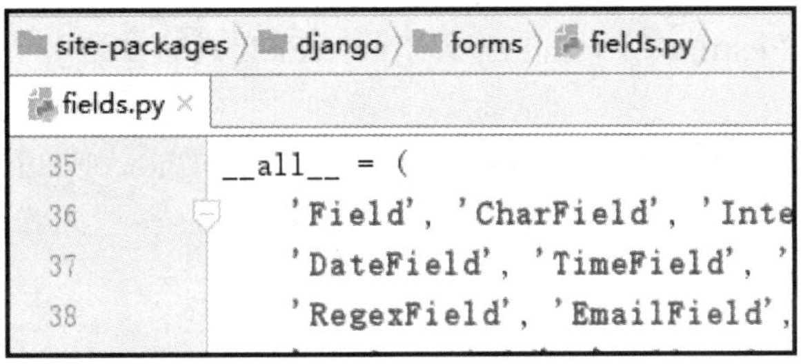

图 8-10 表单字段

从源码文件 fields.py 中可找到 26 个不同类型的表单字段，每个字段的说明如下。

- CharField: 文本框，参数 max_length 和 min_length 分别设置文本长度。
- IntegerField: 数值框，参数 max_value 设置最大值，min_value 设置最小值。
- FloatField: 数值框，继承 IntegerField，验证数据是否为浮点数。
- DecimalField: 数值框，继承 IntegerField，验证数值是否设有小数点，参数 max_digits 设置最大位数，参数 decimal_places 设置小数点最大位数。
- DateField: 文本框，继承 BaseTemporalField，具有验证日期格式的功能，参数 input_formats 设置日期格式。
- TimeField: 文本框，继承 BaseTemporalField，验证数据是否为 datetime.time 或特定时间格式的字符串。
- DateTimeField: 文本框，继承 BaseTemporalField，验证数据是否为 datetime.datetime、datetime.date 或特定日期时间格式的字符串。
- DurationField: 文本框，验证数据是否为一个有效的时间段。

- RegexField: 文本框，继承 CharField，验证数据是否与某个正则表达式匹配，参数 regex 设置正则表达式。
- EmailField: 文本框，继承 CharField，验证数据是否为合法的邮箱地址。
- FileField: 文件上传框，参数 max_length 设置上传文件名的最大长度，参数 allow_empty_file 设置是否允许文件内容为空。
- ImageField: 文件上传控件，继承 FileField，验证文件是否为 Pillow 库可识别的图像格式。
- FilePathField: 文件选择控件，在特定的目录选择文件，参数 path 是必需参数，参数值为目录的绝对路径；参数 recursive、match、allow_files 和 allow_folders 为可选参数。
- URLField: 文本框，继承 CharField，验证数据是否为有效的路由地址。
- BooleanField: 复选框，设有选项 True 和 False，如果字段带有 required=True，复选框就默认为 True。
- NullBooleanField: 复选框，继承 BooleanField，设有 3 个选项，分别为 None、True 和 False。
- ChoiceField: 下拉框，参数 choices 以元组形式表示，用于设置下拉框的选项列表。
- TypedChoiceField: 下拉框，继承 ChoiceField，参数 coerce 代表强制转换数据类型，参数 empty_value 表示空值，默认为空字符串。
- MultipleChoiceField: 下拉框，继承 ChoiceField，验证数据是否在下拉框的选项列表。
- TypedMultipleChoiceField: 下拉框，继承 MultipleChoiceField，验证数据是否在下拉框的选项列表，并且可强制转换数据类型，参数 coerce 代表强制转换数据类型，参数 empty_value 表示空值，默认为空字符串。
- ComboField: 文本框，为表单字段设置验证功能，比如字段类型为 CharField，为该字段添加 EmailField，使字段具有邮箱验证功能。
- MultiValueField: 文本框，将多个表单字段合并成一个新的字段。
- SplitDateTimeField: 文本框，继承 MultiValueField，验证数据是否为 datetime.datetime 或特定日期时间格式的字符串。
- GenericIPAddressField: 文本框，继承 CharField，验证数据是否为有效的 IP 地址。
- SlugField: 文本框，继承 CharField，验证数据是否只包括字母、数字、下画线及连字符。
- UUIDField: 文本框，继承 CharField，验证数据是否为 UUID 格式。

表单字段除了转换 HTML 控件之外，还具有一定的数据格式规范，比如 EmailField 字段，它设有邮箱地址验证功能。不同类型的表单字段设有一些特殊参数，但每个表单字段都继承父类 Field，因此它们具有以下的共同参数。

- required: 输入的数据是否为空，默认值为 True。
- widget: 设置 HTML 控件的样式。
- label: 用于生成 label 标签的网页内容。

- initial：设置表单字段的初始值。
- help_text：设置帮助提示信息。
- error_messages：设置错误信息，以字典形式表示，比如{'required': '不能为空', 'invalid': '格式错误'}。
- show_hidden_initial：参数值为 True/False，是否在当前控件后面再加一个隐藏的且具有默认值的控件（可用于检验两次输入的值是否一致）。
- validators：自定义数据验证规则。以列表格式表示，列表元素为函数名。
- localize：参数值为 True/False，设置本地化，不同时区自动显示当地时间。
- disabled：参数值为 True/False，HTML 控件是否可以编辑。
- label_suffix：设置 label 的后缀内容。

在上述参数中，参数 widget 是一个 forms.widgets 对象（forms.widgets 对象也称为小部件），而且 forms.widgets 的类型必须与表单的字段类型相互对应，不同的表单字段对应不同的 forms.widgets 类型，对应规则分为 4 大类：文本框类型、下拉框（复选框）类型、文件上传类型和复合框类型，如表 8-2 所示。

表 8-2　表单字段与小部件的对应规则

文本框类型	
TextInput	对应 CharField 字段，文本框内容设置为文本格式
NumberInput	对应 IntegerField 字段，文本框内容只允许输入数值
EmailInput	对应 EmailField 字段，验证输入值是否为邮箱地址格式
URLInput	对应 URLField 字段，验证输入值是否为路由地址格式
PasswordInput	对应 CharField 字段，输入值以"*"显示
HiddenInput	对应 CharField 字段，隐藏文本框，不显示在网页上
DateInput	对应 DateField 字段，验证输入值是否为日期格式
DateTimeInput	对应 DateTimeField 字段，验证输入值是否为日期时间格式
TimeInput	对应 TimeField 字段，验证输入值是否为时间格式
Textarea	对应 CharField 字段，将文本框设为 Textarea 格式
下拉框（复选框）类型	
CheckboxInput	对应 BooleanField 字段，设置复选框，选项为 True 和 False
Select	对应 ChoiceField 字段，设置下拉框
NullBooleanSelect	对应 NullBooleanField，设置复选框，选项为 None、True 和 False
SelectMultiple	对应 ChoiceField 字段，与 Select 类似，允许选择多个值
RadioSelect	对应 ChoiceField 字段，将数据列表设置为单选按钮
CheckboxSelectMultiple	对应 ChoiceField 字段，与 SelectMultiple 类似，设置为复选框列表
文件上传类型	
FileInput	对应 FileField 或 ImageField 字段
ClearableFileInput	对应 FileField 或 ImageField 字段，但多了复选框，允许上传多个文件和图像

（续表）

复合框类型	
MultipleHiddenInput	隐藏一个或多个 HTML 的控件
SplitDateTimeWidget	组合使用 DateInput 和 TimeInput
SplitHiddenDateTimeWidget	与 SplitDateTimeWidget 类似，但将控件隐藏，不显示在网页上
SelectDateWidget	组合使用 3 个 Select，分别生成年、月、日的下拉框

当我们为表单字段的参数 widget 设置对象类型时，可以根据实际情况进行选择。假设表单字段为 SlugField 类型，该字段继承 CharField，因此可以选择文本框类型的任意一个对象类型作为参数 widget 的值，如 Textarea 或 URLInput 等。

8.5　使用 ModelForm 实现注册登录

我们已使用表单类 Form 和模型 User 实现了用户注册功能，表单类 Form 和模型实现数据交互最主要的问题是表单字段和模型字段的匹配，比如表单字段为 CharField，而模型字段为 IntegerField，那么两者在进行数据交互的时候，程序可能会提示异常信息，但是将表单类 Form 改为 ModelForm，我们就无须考虑字段匹配的问题。

表单类 ModelForm 根据模型的模型字段定义相应的表单字段，不仅能解决模型字段与表单字段的数据类型匹配问题，还能减少代码量。以项目 babys 的用户注册登录为例，将表单类 LoginForm 改为模型表单类 LoginModelForm，在项目应用 shopper 的 form.py 文件定义模型表单类 LoginModelForm，定义过程如下：

```python
# 项目应用 shopper 的 form.py
from django import forms
from django.contrib.auth.models import User
from django.core.exceptions import ValidationError


class LoginModelForm(forms.ModelForm):
    class Meta:
        model = User
        fields = ('username', 'password')
        labels = {
            'username': '请您输入手机号',
            'password': '请您输入密码',
        }
        error_messages = {
            '__all__': {'required': '请输入内容',
                        'invalid': '请检查输入内容'},
        }
        # 定义 widgets，设置表单字段对应 HTML 元素控件的属性
        widgets = {
```

```
                'username': forms.widgets.TextInput(
                attrs={'class':'layui-input','placeholder':'请您输入手机号',
                        'lay-verify':'required|phone','id':'username'}),
                'password': forms.widgets.PasswordInput(
                attrs={'class':'layui-input','placeholder':'请您输入密码',
                        'lay-verify':'required|password','id':'password'})
            }

    # 自定义表单字段 username 的数据清洗
    def clean_username(self):
        if len(self.cleaned_data['username']) == 11:
            return self.cleaned_data['username']
        else:
            raise ValidationError('用户名为手机号码')
```

模型表单类 LoginModelForm 继承 django.forms.ModelForm，然后再重新定义 Meta 类，分别设置了属性 model、fields、labels、error_messages 和 widgets，并且自定义表单字段 username 的数据清洗函数 clean_username()，详细说明如下：

（1）属性 model 是 ModelForm 的特有属性，它是将模型表单类与某个模型进行绑定。

（2）属性 fields 是选取模型某些字段生成表单字段，上述代码的('username', 'password') 代表只将模型字段 username 和 password 转换成表单字段，设置模型的部分模型字段转换表单字段可以使用元组或列表表示，元组或列表的每个元素代表一个模型字段；如果需要设置所有的模型字段，属性 fields 的值可以等于字符串'__all__'

（3）属性 labels 是为每个表单字段设置 HTML 元素控件的 label 标签，它以字典格式表示，字典的每个键值对的键为表单字段名称，值为 label 标签的值。

（4）属性 error_messages 是设置表单字段的错误信息，它以字典格式表示，上述代码的 '__all__'代表所有表单字段的错误信息；如果只需设置某个表单字段的错误信息，可将 '__all__'改为具体的表单字段，比如 error_messages={'username': {'required': 'XX','invalid': 'XX'}}。

（5）属性 widgets 设置表单字段对应的 HTML 元素控件的属性，它以字典格式表示，字典的每个键值对的键为表单字段名称，值为 forms.widgets 对象。

（6）自定义表单字段 username 的数据清洗函数 clean_username()与 8.3 节的表单类 LoginForm 定义的数据清洗函数 clean_username()相同。

完成模型表单类 LoginModelForm 的定义之后，下一步在视图函数 loginView 中使用 LoginModelForm 实现用户注册登录功能。我们在项目应用 shopper 的 views.py 重新定义视图函数 loginView，其代码如下：

```
# 项目应用 shopper 的 views.py
from django.shortcuts import render, redirect
from django.contrib.auth import logout, login, authenticate
from django.contrib.auth.models import User
from django.shortcuts import reverse
```

```
from .form import *

def loginView(request):
    title = '用户登录'
    classContent = 'logins'
    if request.method == 'POST':
        infos = LoginModelForm(data=request.POST)
        data = infos.data
        username = data['username']
        password = data['password']
        if User.objects.filter(username=username):
            user = authenticate(username=username, password=password)
            if user:
                login(request, user)
                return redirect(reverse('shopper:shopper'))
        else:
            state = '注册成功'
            d=dict(username=username,password=password,is_staff=1,is_active=1)
            user = User.objects.create_user(**d)
            user.save()
    else:
        infos = LoginModelForm()
    return render(request, 'login.html', locals())
```

视图函数 loginView 与 8.3 节定义的视图函数 loginView 在业务逻辑上有很大的相似之处，由于模型字段 username 具有唯一性，导致模型表单类 LoginModelForm 的字段 username 也具有唯一性，因此视图函数 loginView 无法调用 is_valid()方法验证表单数据。当用户输入的账号信息已记录在模型 User 中，使用 is_valid()方法验证表单数据的时候，程序会提示异常信息，如图 8-11 所示。

```
[21/Mar/2020 04:08:02] "GET /shopper.html HTTP/1.1" 302 0
[21/Mar/2020 04:08:02] "GET /shopper/login.html?next=/shopper.html HTTP/1.1"
{"username": [{"message": "已存在一位使用该名字的用户。", "code": "unique"}]}
[21/Mar/2020 04:08:07] "POST /shopper/login.html?next=/shopper.html HTTP/1.1"
[21/Mar/2020 04:08:07] "GET /shopper.html HTTP/1.1" 200 3505
```

图 8-11 异常信息

我们在 8.3 节已对模板文件 login.html 的网页表单的元素控件进行了修改，它同样适用模型表单类，所以在 PyCharm 中可直接运行项目 babys 验证用户注册登录是否符合开发要求。在浏览器中访问路由 login 的路由地址（http://127.0.0.1:8000/shopper/login.html），输入新的账号密码并单击"注册/登录"按钮，网站将会重新访问注册登录页面，并提示"注册成功"，如图 8-12 所示。最后再次输入正确的用户密码并单击"注册/登录"按钮，网站将会访问个人中心页面。

图 8-12　用户注册

8.6　分析 ModelForm 的机制和原理

我们已经学习了如何使用模型表单类 ModelForm 实现表单数据与模型数据之间的交互开发。模型表单类 ModelForm 继承父类 BaseModelForm，其元类为 ModelFormMetaclass。在 PyCharm 中打开类 ModelForm 的定义过程，如图 8-13 所示。

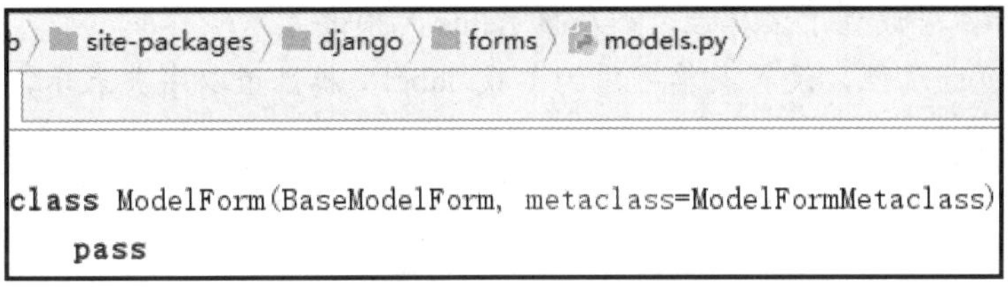

```
b ) site-packages ) django ) forms ) models.py )

class ModelForm(BaseModelForm, metaclass=ModelFormMetaclass)
    pass
```

图 8-13　模型表单类 ModelForm 的定义过程

在源码文件里分析并梳理模型表单类 ModelForm 的继承过程，将结果以流程图的形式表示，如图 8-14 所示。

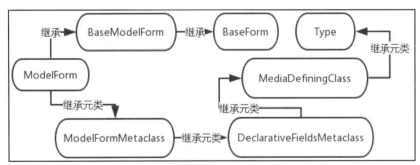

图 8-14　表单类 ModelForm 的继承关系

从模型表单类 ModelForm 的继承关系得知，元类没有定义太多的属性和方法，大部分的属性和方法都是由父类 BaseModelForm 和 BaseForm 定义的。表单类 BaseForm 的属性方法在

8.4 节已讲述过了，因此这里只列举 BaseModelForm 的核心属性和方法。

- instance：将模型查询的数据传入模型表单，作为模型表单的初始化数据。
- clean()：重写父类 BaseForm 的 clean()方法，并将属性_validate_unique 设为 True。
- validate_unique()：验证表单数据是否存在异常。
- _save_m2m()：将带有多对多关系的模型表单保存到数据库里。
- save()：将模型表单的数据保存到数据库里。如果参数 commit 为 True，就直接保存在数据库；否则生成数据库实例对象。

模型表单类 ModelForm 与 Form 对比，前者只增加了数据保存方法，但是 ModelForm 与模型之间没有直接的数据交互。模型表单与模型之间的数据交互是由函数 modelform_factory 实现的，该函数将自定义的模型表单与模型进行绑定，从而实现两者之间的数据交互。函数 modelform_factory 与 ModelForm 定义在同一个源码文件中，它定义了 9 个属性，每个属性的作用说明如下。

- model：必需属性，用于绑定 Model 对象。
- fields：可选属性，设置模型内哪些字段转换成表单字段，默认值为 None，代表所有的模型字段，也可以将属性值设为'__all__'，同样表示所有的模型字段。若只需部分模型字段，则将模型字段写入一个列表或元组里，再把该列表或元组作为属性值。
- exclude：可选属性，与 fields 相反，禁止模型字段转换成表单字段。属性值以列表或元组表示，若设置了该属性，则属性 fields 无须设置。
- labels：可选属性，设置表单字段的参数 label，属性值以字典表示，字典的键为模型字段。
- widgets：可选属性，设置表单字段的参数 widget，属性值以字典表示，字典的键为模型字段。
- localized_fields：可选参数，将模型字段设为本地化的表单字段，常用于日期类型的模型字段。
- field_classes：可选属性，将模型字段重新定义，默认情况下，模型字段与表单字段遵从 Django 内置的转换规则。
- help_texts：可选属性，设置表单字段的参数 help_text。
- error_messages：可选属性，设置表单字段的参数 error_messages。

除此之外，我们知道模型字段转换表单字段遵从 Django 内置的规则进行转换，两者的转换规则如表 8-3 所示。

表 8-3　模型字段与表单字段的转换规则

模型字段类型	表单字段类型
AutoField	不能转换表单字段
BigAutoField	不能转换表单字段
BigIntegerField	IntegerField
BinaryField	CharField
BooleanField	BooleanField 或者 NullBooleanField

（续表）

模型字段类型	表单字段类型
CharField	CharField
DateField	DateField
DateTimeField	DateTimeField
DecimalField	DecimalField
EmailField	EmailField
FileField	FileField
FilePathField	FilePathField
ForeignKey	ModelChoiceField
ImageField	ImageField
IntegerField	IntegerField
IPAddressField	IPAddressField
GenericIPAddressField	GenericIPAddressField
ManyToManyField	ModelMultipleChoiceField
NullBooleanField	NullBooleanField
PositiveIntegerField	IntegerField
PositiveSmallIntegerField	IntegerField
SlugField	SlugField
SmallIntegerField	IntegerField
TextField	CharField
TimeField	TimeField
URLField	URLField

8.7　个人中心页

当我们在注册登录页面成功登录的时候，网站会自动跳转到个人中心页面。个人中心页面分为 4 个功能区域：商品搜索功能、网站导航、用户基本信息和订单信息，如图 8-15 所示，用户基本信息和订单信息的设计说明如下：

（1）用户基本信息：在网页的左侧位置，展示了用户的头像、名称和登录时间，按钮功能分别有购物车页面链接和退出登录。

（2）订单信息：以数据列表展示，每行数据包含了订单编号、订单价格、购买时间和订单状态，并设置分页功能，每一页显示 7 条订单信息。

图 8-15　个人中心页面

综合上述，个人中心页需要实现用户基本信息和订单信息，由于项目应用 shopper 的 urls.py 已定义路由 shopper，所以在项目应用 shopper 的 views.py 定义视图函数 shopperView，代码如下：

```python
# 项目应用 shopper 的 views.py
from django.shortcuts import render
from .models import *
from django.core.paginator import Paginator
from django.core.paginator import EmptyPage
from django.core.paginator import PageNotAnInteger
from django.contrib.auth.decorators import login_required


@login_required(login_url='/shopper/login.html')
def shopperView(request):
    title = '个人中心'
    classContent = 'informations'
    p = request.GET.get('p', 1)
    # 处理已支付的订单
    t = request.GET.get('t', '')
    payTime = request.session.get('payTime', '')
    if t and payTime and t == payTime:
        payInfo = request.session.get('payInfo', '')
        OrderInfos.objects.create(**payInfo)
        del request.session['payTime']
        del request.session['payInfo']
    # 根据当前用户查询用户订单信息
    orderInfos = OrderInfos.objects.filter(user_id=request.user.id).
            order_by('-created')
    # 分页功能
    paginator = Paginator(orderInfos, 7)
    try:
        pages = paginator.page(p)
    except PageNotAnInteger:
```

```
        pages = paginator.page(1)
    except EmptyPage:
        pages = paginator.page(paginator.num_pages)
    return render(request, 'shopper.html', locals())
```

按照业务逻辑划分，视图函数 shopperView 可以分为 5 个部分，每部分实现的功能说明如下：

（1）使用 Django 的内置装饰器 login_required 设置用户登录访问权限，如果当前用户在尚未登录的状态下访问个人中心页，程序就会自动跳转到指定的路由地址，只有用户完成登录后才能正常访问个人中心页。login_required 的参数有 function、redirect_field_name 和 login_url，参数说明如下：

- 参数 function：默认值为 None，这是定义装饰器的执行函数。
- 参数 redirect_field_name：默认值是 next。当登录成功之后，程序会自动跳回之前浏览的网页。
- 参数 login_url：设置用户登录的路由地址。默认值是 settings.py 的配置属性 LOGIN_URL，而配置属性 LOGIN_URL 需要开发者自行在 settings.py 中配置。

（2）变量 title、classContent 分别对应模板 base.html 的模板变量 title 和 classContent，而变量 p 来自请求参数 p，它代表订单信息的某一页页数。

（3）变量 t 来自请求参数 t，它代表用户购买商品的支付时间；变量 payTime 来自会话 session，这也是代表用户购买商品的支付时间；通过对比变量 t 和 payTime，如果两者不为空而且相等，则说明该订单已支付成功，从会话 session 获取订单内容 payInfo 再写入模型 OrderInfos，完成用户订单的购买记录；最后在会话 session 中删除该订单的支付时间 payTime 和订单内容 payInfo。

（4）变量 orderInfos 是在模型 OrderInfos 中查询当前用户的订单信息，由于视图函数使用了内置装饰器 login_required，当前请求必须完成用户登录才能执行视图函数的业务逻辑，请求对象 request 的 user.id 必能获取当前请求的用户主键 id，所以变量 orderInfos 必定能查询当前用户的订单信息。

（5）最后使用 Django 内置分页功能对变量 orderInfos 进行分页处理，生成分页对象 pages，每一页设置了 7 条订单信息。

视图函数 shopperView 使用模板文件 shopper.html 作为响应内容，下一步在 PyCharm 中打开模板文件 shopper.html，针对视图函数 shopperView 定义的变量编写相应的模板语法，详细代码如下：

```
# templates 文件夹的 shopper.html
<!- ············①············ ->
{% extends 'base.html' %}
{% load static %}
{% block content %}
<div class="info-list-box">
<div class="info-list">
```

```html
<div class="item-box layui-clear" id="list-cont">
<div class="item">
<div class="img">
<img src="{% static 'img/portrait.png' %}">
</div>
<div class="text">
<h4>用户：{{ user.username }}</h4>
<p class="data">登录时间：{{ user.last_login }}</p>
<div class="left-nav">
<div class="title">
<a href="{% url 'shopper:shopcart' %}">我的购物车</a>
</div>
<div class="title">
<a href="{% url 'shopper:logout' %}">退出登录</a>
</div>
</div>
</div>
</div>

<!- …………②………… ->
<div class="item1">
<div class="cart">
<div class="cart-table-th">
<div class="th th-item">
<div class="th-inner">
订单编号
</div>
</div>
<div class="th th-price">
<div class="th-inner">
订单价格
</div>
</div>
<div class="th th-amount">
<div class="th-inner">
购买时间
</div>
</div>
<div class="th th-sum">
<div class="th-inner">
订单状态
</div>
</div>
</div>
<div class="OrderList">
```

```
<div class="order-content" id="list-cont">
{% for p in pages.object_list %}
<ul class="item-content layui-clear">
    <li class="th th-item">{{ p.id }}</li>
    <li class="th th-price">￥{{ p.price|floatformat:'2' }}</li>
    <li class="th th-amount">{{ p.created }}</li>
    <li class="th th-sum">{{ p.state }}</li>
</ul>
{% endfor %}
</div>
</div>
</div>
</div>
</div>
</div>


<!- …………③………… ->
<div id="demo0" style="text-align: center;">
<div class="layui-box layui-laypage layui-laypage-default"
id="layui-laypage-1">
{% if pages.has_previous %}
    <a href="{% url 'shopper:shopper' %}?p={{ pages.previous_page_number }}"
    class="layui-laypage-prev">上一页</a>
{% endif %}

{% for page in pages.paginator.page_range %}
    {% if pages.number == page %}
        <span class="layui-laypage-curr">
        <em class="layui-laypage-em"></em>
        <em>{{ page }}</em></span>
    {% elif pages.number|add:'-1' == page or pages.number|add:'1' == page %}
        <a href="{% url 'shopper:shopper' %}?p={{ page }}">{{ page }}</a>
    {% endif %}
{% endfor %}

{% if pages.has_next %}
    <a href="{% url 'shopper:shopper' %}?p={{ pages.pages.next_page_number }}"
    class="layui-laypage-next">下一页</a>
{% endif %}
</div>
</div>
</div>
{% endblock content %}
{% block script %}
  layui.config({
```

```
    base: '{% static 'js/' %}'
  }).use(['mm','laypage'],function(){
    var mm = layui.mm,laypage = layui.laypage;
});
{% endblock script %}
```

我们将模板文件 shopper.html 按照功能划分可分为 3 个部分,在代码中依次标记了①②③,每个部分的功能说明如下:

(1)标注①是调用模板文件 base.html 并重写接口 content,然后使用模板变量 user 生成当前用户的基本信息。在视图函数 shopperView 中,我们并没有定义变量 user,但在模板变量中却能使用 user 生成当前用户的基本信息,因为模板变量 user 是在 Django 解析模板文件的过程中自动生成的,它与配置文件 settings.py 的 TEMPLATES 设置有关。我们查看 settings.py 的 TEMPLATES 配置信息,代码如下:

```
TEMPLATES = [
    {
'BACKEND':'django.template.backends.django.DjangoTemplates',
'DIRS': [os.path.join(BASE_DIR, 'templates'),],
'APP_DIRS': True,
'OPTIONS': {
    'context_processors': [
    'django.template.context_processors.debug',
    'django.template.context_processors.request',
    'django.contrib.auth.context_processors.auth',
    'django.contrib.messages.context_processors.messages',
    ],
},
    },
]
```

由于配置属性 TEMPLATES 定义了处理器集合 context_processors,所以在解析模板文件之前,Django 依次运行处理器集合的程序。当运行到处理器 auth 时,程序会自动生成变量 user 和 perms(变量 perms 可以获取用户权限,它由内置模型 Permission 实例化,对应数据表 auth_permission),并且将这些变量传入模板变量集合 TemplateContext 中,因此模板中可以直接使用模板变量 user 和 perms。

除了当前用户的基本信息之外,我们还设置了"我的购物车"和"退出登录"按钮。"我的购物车"按钮是访问购物车页面,即路由 shopcart,它对应的视图函数为 shopcartView,该视图函数的业务逻辑将在第 9 章详细讲述。"退出登录"按钮是访问用户退出登录链接,即路由 logout,它对应的视图函数为 logoutView,因此我们还需要为其定义视图函数 logoutView,在项目应用 shopper 的 views.py 定义视图函数 logoutView,代码如下:

```
# 项目应用 shopper 的 views.py
def logoutView(request):
    # 使用内置函数 logout 退出用户登录状态
```

```
logout(request)
# 网页自动跳转到首页
return redirect(reverse('index:index'))
```

（2）标注②遍历变量 pages 的 object_list 方法生成商品列表，由于变量 pages 已设置每页的订单显示数量，因此遍历完成后只会显示 7 条订单信息，每次遍历对象 p 代表模型 OrderInfos 的某条数据，每一条订单信息展示了订单编号、订单费用（订单费用使用内置过滤器 floatformat 保留小数点后两位数据）、创建时间和订单状态。

（3）标注③使用变量 pages 的方法实现分页功能列表，比如判断当前页数是否存在上一页，则可以使用变量 pages 的 has_previous 方法判断；获取上一页的页数则使用变量 pages 的 previous_page_number 实现。

变量 pages 调用 paginator.page_range 方法获取数据分页后的总页数，然后在遍历过程中，每次遍历对象 page 与 pages.number 进行对比，pages.number 首先使用过滤器 add 进行自增 1 或自减 1，再与遍历对象 page 对比，如果判断成功，则生成分页按钮。比如当前页数是第二页，那么分页功能则会生成第一页和第三页的按钮，如图 8-16 所示。

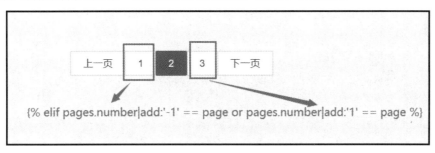

图 8-16　分页按钮

8.8　本章小结

Django 的 Auth 认证系统已内置模型 User，它对应数据表 auth_user，该模型一共定义了 11 个字段，各个字段的含义说明见表 8-1。

Django 为了防护攻击，在用户提交表单时，表单会自动加入 csrfmiddlewaretoken 隐藏控件，这个隐藏控件的值会与网站后台保存的 csrfmiddlewaretoken 进行匹配，只有匹配成功，网站才会处理表单数据。这种防护机制称为 CSRF 防护，原理如下：

（1）在用户访问网站时，Django 在网页表单中生成一个隐藏控件 csrfmiddlewaretoken，控件属性 value 的值是由 Django 随机生成的。

（2）当用户提交表单时，Django 校验表单的 csrfmiddlewaretoken 是否与自己保存的 csrfmiddlewaretoken 一致，用来判断当前请求是否合法。

（3）如果用户被 CSRF 攻击并从其他地方发送攻击请求，由于其他地方不可能知道隐藏控件 csrfmiddlewaretoken 的值，因此导致网站后台校验 csrfmiddlewaretoken 失败，攻击就被成功防御。

Django 的 表 单 功 能 由 Form 类 实 现 ， 主 要 分 为 两 种 ： django.forms.Form 和 django.forms.ModelForm。前者是一个基础的表单功能，后者是在前者的基础上结合模型所生成的数据表单，不管哪一种表单类型，我们都能选择任意一种类型实现表单开发。

表单类 Form 继承 BaseForm 和元类 DeclarativeFieldsMetaclass，而该元类又继承另一个元类，因此表单类 Form 的继承关系见图 8-9。

模型表单类 ModelForm 继承 BaseModelForm 和元类 ModelFormMetaclass，而该元类又继承元类 DeclarativeFieldsMetaclass，因此模型表单类 ModelForm 的继承关系如图 8-14。

第 9 章

购物功能模块

项目 babys 的购物功能模块分为购物车页面和在线支付功能,购物车页面主要讲述如何将商品加入购物车并设置购买结算;在线支付功能以支付宝为例,讲述如何在项目中引入支付宝的支付接口。

9.1 购物车功能

购物车页面分为 3 个功能区域:商品搜索功能、网站导航、商品的购买费用核算,如图 9-1 所示。商品的购买费用核算允许用户编辑商品的购买数量、选择购买的商品和删除商品,结算按钮根据购买信息自动跳转到支付页面。

图 9-1　购物车页面

从图 9-1 看到，商品搜索功能和网站导航在首页、商品列表页和商品详细页已实现，整个购物车页面最主要的是实现商品的购买费用核算，其功能说明如下：

（1）在商品详细页单击"加入购物车"按钮，程序会触发 JavaScript 脚本代码，通过脚本代码访问购物车页面并把商品详细页的"数量"和商品的主键 id 作为购物车页面的请求参数，如图 9-2 所示。

（2）当浏览器访问购物车页面的时候，程序将获取路由地址的请求参数 id 和 quantity，然后将这些参数写入模型 CartInfos，记录当前用户的购物车信息。

（3）在购物车页面中，购物车列举了多条商品信息，每条信息设置勾选框、商品主图、名称、单价、数量、总价和删除按钮。勾选框用于勾选需要购买付款的商品；总价是当前商品的单价乘以数量计算得出；删除按钮可以删除当前的商品信息，即删除模型 CartInfos 对应的数据内容。

（4）购物车的最下方设有勾选框、"删除全部"按钮、应付费用和"结算"按钮，勾选框是对所有商品进行勾选操作，如果商品较多，用户只需单击该勾选框即可选中全部商品，无须在每个商品前面的勾选框逐个单击；"删除全部"按钮是删除当前用户全部商品信息；应付的价钱是对已勾选的商品进行价格汇总；"结算"按钮是执行支付功能，即向支付宝发起支付请求。

图 9-2　商品详细页

路由 shopcart 是定义购物车页面的网页地址，网页的业务逻辑是由视图函数 shopcartView 实现，我们在项目应用 shopper 的 views.py 定义视图函数 logoutView，代码如下：

```python
# 项目应用 shopper 的 views.py
from django.contrib.auth.decorators import login_required
from .models import *
from commodity.models import *
from django.shortcuts import render, redirect


@login_required(login_url='/shopper/login.html')
def shopcartView(request):
```

```
title = '我的购物车'
classContent = 'shopcarts'
# 获取请求参数
id = request.GET.get('id', '')
quantity = request.GET.get('quantity', 1)
userID = request.user.id
# 存在请求参数 id，则对模型 CartInfos 新增数据
if id:
    CartInfos.objects.update_or_create(commodityInfos_id=id,
        user_id=userID, quantity=quantity)
    return redirect('shopper:shopcart')
# 查询当前用户的购物车信息
getUserId = CartInfos.objects.filter(user_id=userID)
# 从当前用户的购物车信息获取商品 id 和购买属性
commodityDcit = {x.commodityInfos_id: x.quantity for x in getUserId}
# 从商品 id 获取商品详细信息
commodityInfos=CommodityInfos.objects.filter(id__in=commodityDcit.keys())
return render(request, 'shopcart.html', locals())
```

视图函数 shopcartView 定义了变量 title 和 classContent，这是用于设置共用模板 base.html 的模板变量；然后从当前请求中获取请求参数 id 和 quantity，以及当前用户的主键 id；最后分别对模型 CartInfos 和 CommodityInfos 进行数据操作，整个业务逻辑的详细过程说明如下：

（1）使用 Django 的内置装饰器 login_required 设置用户的登录访问权限，如果当前用户在尚未登录的状态下访问购物车页面，程序就会自动跳转到指定的路由地址，即用户注册登录页，只有用户完成登录后才能允许访问购物车页面。

（2）从当前请求中获取请求参数 id 和 quantity，以及当前用户的主键 id，并且分别赋值给变量 id、quantity 和 userID，由于视图函数设置了装饰器 login_required，所以能通过当前请求对象 request 获取用户的相关信息。

（3）判断变量 id 是否为空，如果不为空，则说明当前请求设有请求参数 id 和 quantity，证明了该请求是用户通过单击商品详细页的“加入购物车”按钮所触发的，因此需要将变量 id、quantity 和 userID 新增或更新到购物车信息表（即模型 CartInfos），模型 CartInfos 调用 update_or_create()方法可以实现数据的新增或更新操作；最后重新访问路由 shopcart，再次执行视图 shopcartView。

（4）变量 getUserId 是在模型 CartInfos 查询当前用户的购物车信息，生成查询对象 getUserId；然后对查询对象 getUserId 进行遍历，将模型字段 quantity 和 commodityInfos_id 转换为字典格式，并以变量 commodityDcit 表示。

（5）由于模型 CartInfos 只记录了商品购买数量和商品的主键 id，而购物车页面记录了商品主图、名称和单价，这些商品信息只记录在模型 CommodityInfos，所以我们从变量 commodityDcit 获取字典所有的键（即当前用户购物车所有商品的主键 id），并作为模型 CommodityInfos 的查询条件，从而得到购物车所有商品的主图、名称和单价。

视图函数 shopcartView 使用模板文件 shopcart.html 作为响应内容，下一步在 PyCharm 中

打开模板文件 shopcart.html，针对视图函数 shopcartView 定义的变量编写相应的模板语法，详细代码如下：

```
# templates 文件夹的 shopcart.html
<!- ···········①··········· ->
{% extends 'base.html' %}
{% load static %}
{% block content %}
<div class="banner-bg w1200">
<h3>夏季清仓</h3>
<p>宝宝被子、宝宝衣服 3 折起</p>
</div>
<div class="cart w1200">
<div class="cart-table-th">
<div class="th th-chk">
<div class="select-all">
<div class="cart-checkbox">
<input class="check-all check" id="allCheckked" type="checkbox" value="true">
</div>
<label>  全选</label>
</div>
</div>
<div class="th th-item">
<div class="th-inner">
商品
</div>
</div>
<div class="th th-price">
<div class="th-inner">
单价
</div>
</div>
<div class="th th-amount">
<div class="th-inner">
数量
</div>
</div>
<div class="th th-sum">
<div class="th-inner">
小计
</div>
</div>
<div class="th th-op">
<div class="th-inner">
操作
```

```
</div>
</div>
</div>

<div class="OrderList">
<div class="order-content" id="list-cont">
{% for c in commodityInfos %}
<ul class="item-content layui-clear">
<li class="th th-chk">
<div class="select-all">
<div class="cart-checkbox">
<input class="CheckBoxShop check" id=""
type="checkbox" num="all" name="select-all" value="true">
</div>
</div>
</li>
<li class="th th-item">
<div class="item-cont">
<a href="javascript:;"><img src="{{ c.img.url }}" alt=""></a>
<div class="text">
<div class="title">{{ c.name }}</div>
<p><span>{{ c.sezes }}</span></p>
</div>
</div>
</li>
<li class="th th-price">
<span class="th-su">{{ c.price }}</span>
</li>
<li class="th th-amount">
<div class="box-btn layui-clear">
<div class="less layui-btn">-</div>
{% for k, v in commodityDcit.items %}
{% if c.id == k %}
<input class="Quantity-input" value="{{ v }}" disabled="disabled">
{% endif %}
{% endfor %}
<div class="add layui-btn">+</div>
</div>
</li>
<li class="th th-sum">
<span class="sum">0</span>
</li>
<li class="th th-op">
<span class="dele-btn">删除</span>
<p hidden="hidden">{{ c.id }}</p>
```

```
</li>
</ul>
{% endfor %}
</div>
</div>


<!- …………②………… ->
<div class="FloatBarHolder layui-clear">
<div class="th th-chk">
<div class="select-all">
<div class="cart-checkbox">
<input class="check-all check" id="" name="select-all"
type="checkbox" value="true">
</div>
<label>  已选
<span class="Selected-pieces">0</span>件
</label>
</div>
</div>
<div class="th batch-deletion">
<span class="batch-dele-btn">删除全部</span>
<p hidden="hidden" id="userId">{{ user.id }}</p>
</div>
<div class="th Settlement">
<button class="layui-btn" id="settlement">结算</button>
</div>
<div class="th total">
<p>应付: <span class="pieces-total">0</span></p>
</div>
</div>
</div>
{% endblock content %}

<!- …………③………… ->
{% block script %}
  layui.config({
    base: '{% static 'js/' %}'
  }).use(['mm','jquery','element','car'],function(){
    var mm=layui.mm,$=layui.$,element=layui.element,car=layui.car;
    car.init();

    $(function(){
    var counts = 0;
$(".sum").each(function(i,e){
  var quantity = $('.th-su')[i].innerHTML
```

```
        var price = $('.Quantity-input')[i].value
        e.innerHTML = (quantity * price).toFixed(2)
        counts = counts*1 + e.innerHTML*1
});
    $(".pieces-total").text("￥" + counts.toFixed(2))
    });


    $("#settlement").on('click',function(){
        var total = $(".pieces-total").text()
        window.location = "{% url 'shopper:pays' %}?total=" + total
    })
});
{% endblock script %}
```

模板文件shopcart.html按照功能划分可分为3个部分，在代码中依次标记了①②③，每个部分的功能说明如下：

（1）标注①是调用模板文件 base.html 并重写接口 content，然后遍历变量 commodityInfos 生成购物车的商品列表，每次遍历对象 c 代表模型 CommodityInfos 的某条数据，购物车的商品列表展示了商品主图、名称、单价、数量、总价和删除按钮。其中商品数量是通过遍历 commodityDcit 和判断遍历对象 c 的主键 id，从 commodityDcit 中获取准确的商品数量。

（2）标注②是实现购物车最下方的勾选框、"删除全部"按钮、应付费用和"结算"按钮。其中"删除全部"按钮设置隐藏控件 p，它使用内置模板变量 user 记录了当前用户的主键 id，便于 JavaScript 实现全部商品删除。

（3）标注③是重写 base.html 的接口 script，首先是引入静态文件 car.js 的脚本代码，然后还编写了购物车最下方的应付费用的计算方法和"结算"按钮的触发事件。"结算"按钮首先获取购物车最下方的应付费用，然后将应付费用作为路由 pays 的请求参数 total，最后由浏览器访问带请求参数 total 的路由 pays。

9.2　Ajax 删除购物车的商品

从购物车页面看到，每一条商品信息设有"删除"按钮，并且在购物车最下方还设有"删除全部"按钮，换句话说，删除购物车的商品信息可分为两种情况：单独删除某条商品信息和删除全部商品信息。

不管是哪一种商品删除方式，我们都可以将两者放在同一个功能里实现，只需设置不同的删除条件，从而执行不同的删除操作即可。删除商品可以使用 Ajax 实现，无须重新加载整个网页，只要更新部分网页内容即可，既能提高用户体验，又能减少网页加载时间。

首先在项目应用 shopper 的 urls.py 定义 API 接口，该接口由 Ajax 访问，实现后台数据操作和网页动态渲染，API 接口命名为路由 delete，定义过程如下：

```
# 项目应用 shopper 的 urls.py
```

```
from django.urls import path
from .views import *

urlpatterns = [
    path('.html', shopperView, name='shopper'),
    path('/login.html', loginView, name='login'),
    path('/logout.html', logoutView, name='logout'),
    path('/shopcart.html', shopcartView, name='shopcart'),
    path('/delete.html', deleteAPI, name='delete')
]
```

路由 delete 的 HTTP 请求交由视图函数 deleteAPI 处理和响应，下一步在项目应用 shopper 的 views.py 定义视图函数 deleteAPI，代码如下：

```
# 项目应用 shopper 的 views.py
from .models import *
from django.http import JsonResponse

def deleteAPI(request):
    result = {'state': 'success'}
    userId = request.GET.get('userId', '')
    commodityId = request.GET.get('commodityId', '')
    if userId:
        CartInfos.objects.filter(user_id=userId).delete()
    elif commodityId:
        CartInfos.objects.filter(commodityInfos_id=commodityId).delete()
    else:
        result = {'state': 'fail'}
    return JsonResponse(result)
```

视图函数 deleteAPI 分别定义了变量 result、userId、commodityId，每个变量的功能以及函数的处理过程说明如下：

（1）变量 result 以字典格式表示，它将作为 HTTP 的响应内容，字典的 state 等于 success 则说明该请求成功地执行了商品删除操作；如果字典的 state 等于 fail 则说明商品删除失败。

（2）变量 userId 用于获取请求参数 userId，如果不存在请求参数 userId，则变量 userId 设为空字符；请求参数 userId 代表当前用户的主键 id。

（3）变量 commodityId 用于获取请求参数 commodityId，如果该请求参数不存在，则变量 commodityId 设为空字符；请求参数 commodityId 代表某一商品的主键 id。

（4）视图函数首先判断变量 userId 是否为空，如果不为空，则说明当前请求是删除全部商品，代表用户是单击了"删除全部"按钮；如果变量 userId 为空，程序继续判断变量 commodityId 是否为空，如果变量 commodityId 不为空，则说明当前请求是单独删除某一商品，代表用户单击某商品的"删除"按钮；如果变量 userId 和 commodityId 皆为空，则说明当前请求没有设置任何请求参数，将变量 result 的 state 改为 fail，说明当前请求不是删除商品操作。

（5）最后使用 Django 内置函数 JsonResponse 将变量 result 转换为 JSON 格式，并作为当前 HTTP 请求的响应内容。

完成 API 接口（路由 delete）的定义之后，我们可以在网页中编写 Ajax 脚本代码调用 API 接口。分析模板文件 shopcart.html 可知，标注③是重写 base.html 的接口 script，并且引入了静态文件 car.js 的脚本代码。我们在 PyCharm 中打开静态文件 car.js，其脚本代码如下：

```
# 静态文件 car.js
layui.define(['layer'],function(exports){
var layer = layui.layer;
var car = {
  init : function(){
//每一行
var uls=document.getElementById('list-cont').getElementsByTagName('ul');
// 所有勾选框
var checkInputs=document.getElementsByClassName('check');
//全选框
var checkAll=document.getElementsByClassName('check-all');
//总件数
var SelectedPieces=document.getElementsByClassName('Selected-pieces')[0];
//总价
var piecesTotal=document.getElementsByClassName('pieces-total')[0];
//批量删除按钮
var batchdeletion=document.getElementsByClassName('batch-deletion')[0]
//计算
<!- …………①………… ->
function getTotal(){
  var selected = 0,price = 0;
  for(var i = 0; i < uls.length;i++){
    if(uls[i].getElementsByTagName('input')[0].checked){
    selected+=parseInt(uls[i].getElementsByClassName(
            'Quantity-input')[0].value);
    price+=parseFloat(uls[i].getElementsByClassName('sum')
            [0].innerHTML);}
    }
  SelectedPieces.innerHTML = selected;
  piecesTotal.innerHTML = '￥' + price.toFixed(2);
}

<!- …………②………… ->
// 小计
function getSubTotal(ul){
    var unitprice=parseFloat(ul.getElementsByClassName('th-su')
            [0].innerHTML);
    var count=parseInt(ul.getElementsByClassName('Quantity-input')
```

```
                              [0].value);
      var SubTotal = parseFloat(unitprice*count)
      ul.getElementsByClassName('sum')[0].innerHTML=SubTotal.toFixed(2);
}


<!- ···········③··········· ->
for(var i = 0;i < checkInputs.length;i++){
checkInputs[i].onclick = function(){
  if(this.className === 'check-all check'){
    for(var j = 0;j < checkInputs.length; j++){
      checkInputs[j].checked = this.checked;
    }
  }
  if(this.checked == false){
    for(var k = 0;k < checkAll.length;k++){
      checkAll[k].checked = false;
    }
  }
  getTotal()
}
}


<!- ···········④··········· ->
// 单独删除某条商品信息
for(var i = 0; i < uls.length;i++){
uls[i].onclick = function(e){
  e = e || window.event;
  var el = e.srcElement;
  var cls = el.className;
  var input = this.getElementsByClassName('Quantity-input')[0];
  var less = this.getElementsByClassName('less')[0];
  var val = parseInt(input.value);
  var that = this;
  switch(cls){
    case 'add layui-btn':
      input.value = val + 1;
      getSubTotal(this)
      break;
    case 'less layui-btn':
      if(val > 1){
        input.value = val - 1;
      }
      getSubTotal(this)
      break;
    case 'dele-btn':
```

```
        layer.confirm('你确定要删除吗',{
            yes:function(index,layero){
                layer.close(index)
                that.parentNode.removeChild(that);
                //发送Ajax删除数据库的购物车信息
                console.log(that)
                var commodityId = that.getElementsByClassName("th th-op")[0].
                            getElementsByTagName("p")[0].innerHTML;
                var xhr = new XMLHttpRequest();
                var url = "/shopper/delete.html?commodityId="+ commodityId;
                xhr.open("GET", url);
                xhr.send();
                xhr.onreadystatechange = function(){
                if(xhr.readyState==4 && xhr.status==200){
                    var text = xhr.responseText;
                    var json=JSON.parse(text);
                    if (json.state == "success"){
                        layer.confirm('删除成功')
                        window.location = "/shopper/shopcart.html"
                    }
                    else{
                        layer.confirm('删除失败')
                    }
                    console.log(json)
                    }
                    }
            }
        })
        break;
    }
    getTotal()
}
}


<!- ···········⑤··········· ->
// 删除全部商品
batchdeletion.onclick = function(){
    layer.confirm('你确定要删除吗',{
        yes:function(index,layero){
            layer.close(index)
            //发送Ajax删除数据库的购物车信息
            var userId = document.getElementById("userId").innerHTML;
            var xhr = new XMLHttpRequest();
            var url = "/shopper/delete.html?userId="+ userId;
            xhr.open("GET", url);
```

```
    xhr.send();
    xhr.onreadystatechange = function(){
    if(xhr.readyState==4 && xhr.status==200){
      var text = xhr.responseText;
      var json=JSON.parse(text);
      if (json.state == "success"){
          layer.confirm('删除成功')
          window.location = "/shopper/shopcart.html"
      }
      else{
          layer.confirm('删除失败')
      }
      console.log(json)
      }
      }
    }
  })
}
checkAll[0].checked = true;
checkAll[0].onclick();
}
}
exports('car',car)
});
```

从静态文件 car.js 看到，该文件在变量 car 的初始化过程（即 var car={init : function(){}}）
中定义了 5 个函数方法，每个函数方法依次标记了①②③④⑤，详细的功能说明如下：

（1）标注①是对已勾选的商品逐一累计应付费用和数量，并将计算结果分别显示在购物
车最下方的应付费用和已选数量。函数首先遍历购物车的每条商品，然后对每条商品的勾选
框状态进行判断，如果当前遍历的商品信息已选中勾选框，则获取商品的购买数量和费用，
将两者分别累加到变量 price 和 seleted，当遍历完成后，变量 price 和 seleted 分别显示在购物
车最下方的应付费用和已选数量中，如图 9-3 所示。

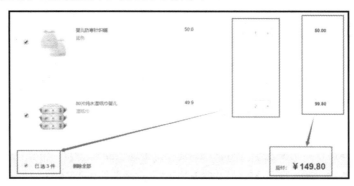

图 9-3　网页效果

（2）标注②是对某一商品的应付费用进行计算，函数设置了函数参数 ul，它代表某一商品的元素定位，从函数参数 ul 获取商品的单价和数量，分别赋值给变量 unitprice 和 count，然后计算该商品的应付费用 SubTotal 并显示在网页上，如图 9-4 所示。

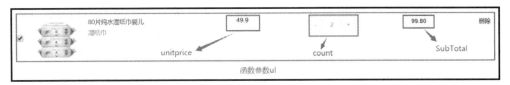

图 9-4　网页效果

（3）标注③是对商品勾选框添加事件触发，当单击某商品的勾选框将触发 checkInputs[i].onclick = function(){}，然后判断勾选框的 class 样式是否等于 check-all check，如果符合判断条件，则当前单击状态（即 this.checked）赋值给当前勾选框的属性 checked（即 checkInputs[j].checked）；如果当前单击状态等于 false，将购物车列表上方的全选按钮（即 checkAll[k]）取消勾选，最后调用函数 getTotal()重新计算所有商品的应付费用，如图 9-5 所示。

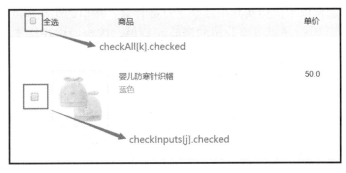

图 9-5　网页效果

（4）标注④是遍历所有商品并对商品数量的"+"、"-"和"删除"按钮进行事件触发。函数首先绑定某个商品的单击事件（即 uls[i].onclick = function(e){}），然后再获取商品的某些元素信息，最后使用 switch()语法对元素的 class 样式进行判断，判断过程如下：

- 如果当前元素的class样式等于add layui-btn，说明当前用户单击商品数量的"+"按钮，程序将商品购买数量累加1。
- 如果当前元素的class样式等于less layui-btn，说明当前用户单击商品数量的"-"按钮，程序判断商品购买数量是否大于1，若数量大于1则再对商品购买数量累减1。
- 如果当前元素的class样式等于dele-btn，说明当前用户单击商品数量的"删除"按钮。首先提示"你确定要删除吗"信息，当单击"Yes"按钮后，程序从隐藏控件<p>获取商品主键id，它将作为API接口（即路由delete）的请求参数commodityId，最后向API接口（即路由delete）发送HTTP的GET请求，当Django接收到Ajax请求后，视图函数deleteAPI获取请求参数commodityId，在模型CartInfos中删除相应的商品信息。当商品删除成功后，Ajax接收视图函数deleteAPI的响应内容，响应内容等于success则说明商品删除成功，浏览器重新访问购物车页面。

（5）标注⑤是对购物车下方的"删除全部"按钮绑定事件触发（即 batchdeletion.onclick = function(){}），当用户单击"删除全部"按钮的时候，首先提示"你确定要删除吗"信息，单击"Yes"按钮后，从网页的隐藏控件<p>获取用户主键 id，它作为 API 接口（即路由 delete）的请求参数 userId，最后向 API 接口（即路由 delete）发送 HTTP 的 GET 请求，视图函数 deleteAPI 获取请求参数 userId，在模型 CartInfos 中删除所有 user_id=userId 的商品信息，从而删除用户的所有商品信息，整个功能的业务逻辑与删除某一商品的业务逻辑大致相同，只不过两者的请求参数各有不同。

9.3　支付宝的支付配置

在线支付是任何电商平台必不可少的功能，目前最大的支付平台为支付宝、微信支付和京东支付，它们可以绑定银行卡完成支付过程。支付平台的支付流程需要与银行签订商务协议，再由银行提供接口由支付平台进行调度，完成整个支付（退款）流程。

整个支付过程看似简单，但实际中涉及了财务计算、接口的每次调度费用、授权认证等多方面的协议，而且银行需要考察公司的资质和规模，综合考虑在线支付的可行性与安全性。一般而言，大多数自主开发的电商平台都会首选支付宝、微信支付或京东支付实现在线支付功能。

支付宝、微信支付和京东支付提供了开发文档，但使用支付接口必须为商家或公众号账号，而且还要设置相关信息。以支付宝为例，在浏览器中打开 openhome.alipay.com/docCenter/ docCenter.htm，在网页中找到"快速入门"并单击"平台入驻"，如图 9-6 所示。

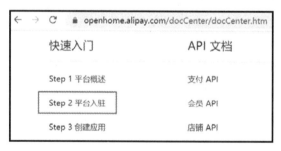

图 9-6　支付宝文档中心

成功访问"平台入驻"页面后，我们可以根据文档说明注册入驻开放平台，平台身份可以选择"系统服务商 ISV"或"自研开发者"。完成用户入驻后，使用支付宝登录开放平台，然后单击"开发者中心"，如图 9-7 所示。

图 9-7　开发者中心

在开发者中心页面中，在线支付可以分为两种模式：上线应用和沙箱应用。首先讲述如何创建上线应用，在页面中找到并单击"创建应用"，然后在弹出的下拉列表中选择"网页&移动应用"，最后单击"支付接入"，如图 9-8 所示。在图 9-9 中填写应用信息并单击"确认创建"即可创建上线应用。

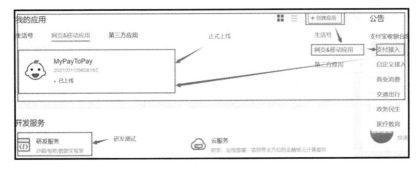

图 9-8　开发者中心页面

图 9-9　创建应用

上线应用建议在网站运营上线或上线调试阶段使用，因为 API 接口需要商户签约，商户签约需要提供营业执照，并且每次调用 API 接口需要收取一定的费用，费用计算如图 9-10 所示。如果使用上线应用开发网站功能，每次测试支付功能的时候，都需要支付相关费用给支付宝平台，这样就提高了项目开发成本。

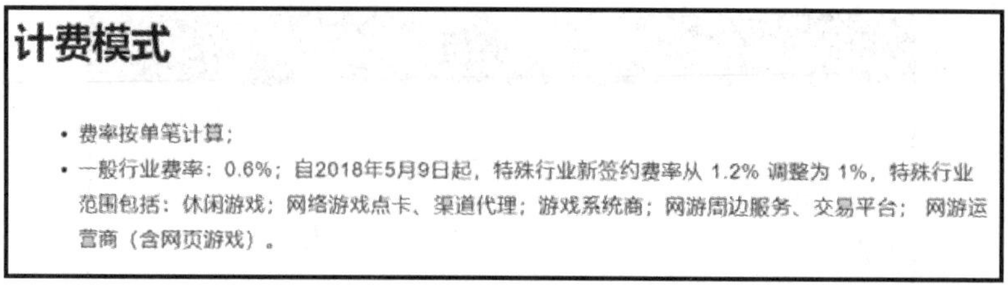

计费模式
• 费率按单笔计算；
• 一般行业费率：0.6%；自2018年5月9日起，特殊行业新签约费率从 1.2% 调整为 1%，特殊行业范围包括：休闲游戏；网络游戏点卡、渠道代理；游戏系统商；网游周边服务、交易平台；网游运营商（含网页游戏）。

图 9-10　费用计算

在网站的开发阶段，支付宝为开发者提供了研发服务，我们在图 9-8 中单击“研发服务”，浏览器访问“沙箱”页面，如图 9-11 所示。沙箱应用是协助开发者进行接口功能开发及主要功能联调的模拟环境，在沙箱完成接口开发及主要功能调试后，可以在正式环境进行完整的功能验收测试。

为保证沙箱长期稳定，每周日中午12点至每周一中午12点沙箱环境进行维护，期间可能出现不可用，敬请谅解。
沙箱应用
信息配置
必看部分
APPID
2016102000726748
支付宝网关
https://openapi.alipaydev.com/gateway.do
RSA2(SHA256)密钥(推荐)
设置/查看

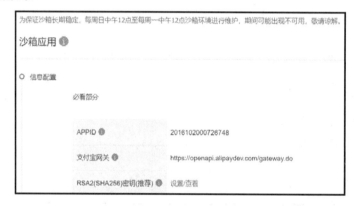

图 9-11　沙箱环境

上线应用与沙箱应用的信息配置是相同的，换句话说，如果网站在开发阶段使用沙箱应用，当网站上线运营的时候，只需将沙箱应用的信息配置改为上线应用的信息配置即可。它们设有三个重要参数：APPID、支付宝网关和 RSA2（SHA256）密钥，每个参数的说明如下：

- APPID是发起请求的应用ID，不管是上线应用还是沙箱应用，它们都有唯一的APPID。
- 支付宝网关由支付宝提供，上线应用的网关为https://openapi.alipay.com/gateway.do，沙箱应用的网关为https://openapi.alipaydev.com/gateway.do。
- RSA2（SHA256）密钥是保证接口中使用的私钥与公钥匹配成功，否则无法调用接口，这是接口调用的加密设置，每个应用的私钥和公钥都是唯一的。

RSA2（SHA256）密钥有两种加密方式：公钥证书和公钥。我们单击 RSA2（SHA256）密钥的“设置/查看”按钮，然后选择公钥作为加密方式，如图 9-12 所示。

公钥字符可以使用支付宝密钥生成器或 OpenSSL（第三方工具）生成密钥，支付宝密钥生成器仅支持 Windows 版本和 Mac OS 版本。单击图 9-12 中的支付宝密钥生成器可跳转到相关文档页面，如图 9-13 所示，然后单击“WINDOWS”下载链接即可下载支付宝密钥生成器。

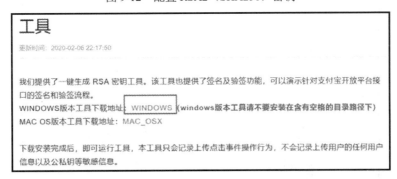

图 9-12　配置 RSA2（SHA256）密钥

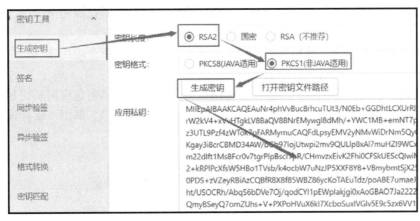

图 9-13　支付宝密钥生成器

　　安装并运行支付宝密钥生成器，在软件界面的左侧选择"生成密钥"，然后依次单击选择"RSA2"->"PKCS1（非 JAVA 适用）"->"生成密钥"，支付宝密钥生成器将自动创建应用私钥和应用公钥，如图 9-14 所示，并且将应用私钥和应用公钥以文件形式保存到本地电脑，如图 9-15 所示。

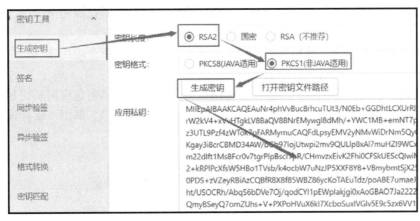

图 9-14　创建应用私钥和应用公钥

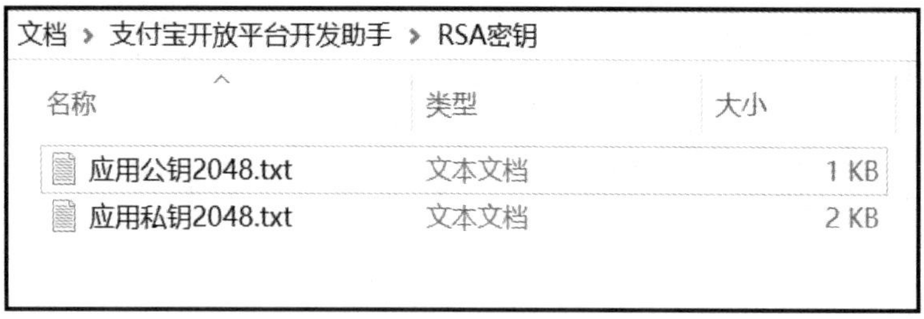

图 9-15　应用私钥和应用公钥的文件路径

下一步是将支付宝密钥生成器创建的应用公钥复制到沙箱应用的 RSA2（SHA256）密钥中，然后单击"保存设置"即可完成 RSA2（SHA256）密钥的配置，如图 9-16 所示。

图 9-16　配置 RSA2（SHA256）密钥

如果 RSA2（SHA256）密钥的加密模式选择公钥证书，可以在支付宝密钥生成器创建证书文件，具体的操作流程可以查看官方文档（https://opendocs.alipay.com/open/291/105971）。

综合上述，支付宝的支付接口配置步骤如下：

（1）使用支付宝账号入驻开放平台，平台身份可以选择"系统服务商 ISV"或"自研开发者"。

（2）在线支付可以分为两种模式：上线应用和沙箱应用。每个应用设有三个重要参数：APPID、支付宝网关和 RSA2（SHA256）密钥。

（3）下载安装支付宝密钥生成器，并使用支付宝密钥生成器创建应用私钥和应用公钥。

（4）将应用公钥复制到沙箱应用的 RSA2（SHA256）密钥，然后单击"保存设置"即可。

9.4　alipay-sdk-python 的安装与使用

在支付宝开放平台完成沙箱应用的配置后，下一步是编写代码调试支付接口，完成支付功能的开发。从开放平台文档中心了解到，支付宝提供了 Python 的 SDK。SDK（软件开发工具包）是一些软件工程师为特定的软件包、软件框架、硬件平台、操作系统等建立应用软件的开发工具集合。简单来说，支付宝将支付接口封装成第三方模块，开发者只需安装并调用模块即可实现支付功能。

我们使用浏览器访问 opendocs.alipay.com/open/54/103419/，并在网页上找到 SDK 列表，如图 9-17 所示。在 SDK 列表中，单击“PyPI 项目依赖”链接即可访问第三方模块 alipay-sdk-python，如图 9-18 所示。

获取 Alipay SDK

开发语言	资源下载	环境要求
JAVA 版资源	Maven项目依赖 GITHUB项目主页	适用于 Java 语言、JDK 版本 1.6 及以上的开发环境
.NET 版资源	NuGet项目依赖 GITHUB项目主页	适用于符合.Net Standard 2.0规范的各类微软框架（比如.Net Framework >= 4.6.1、.Net Core >= 2.0等）。.Net Framework（3.5 ~ 4.6）的用户可以继续使用 AlipaySDKNet
PHP 版资源	SDK源码下载	适用于 PHP 5.5 以上的开发环境
PYTHON 版资源	PyPI项目依赖	适用于 Python 2.7 及以上版本的开发环境
NodeJS 版资源	NPM项目依赖	适用于 Node.js v8.0.0 及以上版本的开发环境

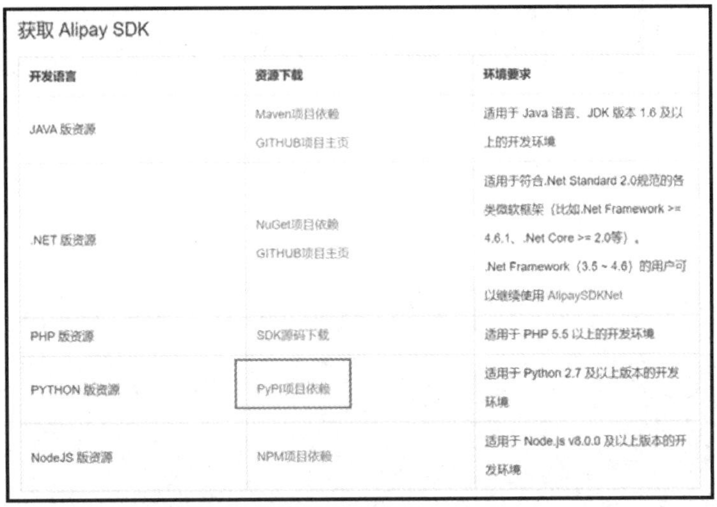

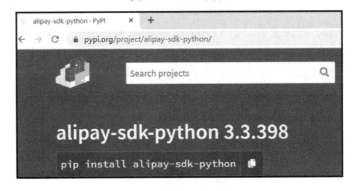

图 9-17 SDK 列表

图 9-18 第三方模块 alipay-sdk-python

在本地计算机的 CMD 窗口或者 PyCharm 的 Terminal 窗口下输入第三方模块 alipay-sdk-python 的安装指令。由于第三方模块 alipay-sdk-python 依赖 PyCrypto 模块（PyCrypto 模块用来实现 RSA 加密算法），所以在安装 alipay-sdk-python 之前需要安装模块 PyCrypto。但在 CMD 窗口使用 pip 指令安装 PyCrypto 模块会提示安装失败，如图 9-19 所示，这是因为 PyCrypto 模块与 Windows 10 系统存在兼容问题。

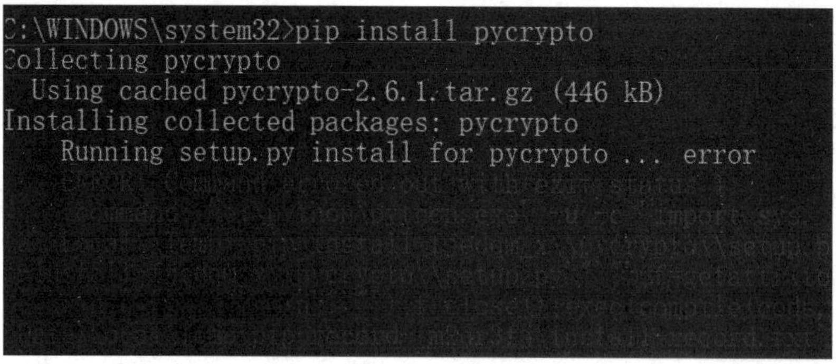

```
C:\WINDOWS\system32>pip install pycrypto
Collecting pycrypto
  Using cached pycrypto-2.6.1.tar.gz (446 kB)
Installing collected packages: pycrypto
    Running setup.py install for pycrypto ... error
```

图 9-19　PyCrypto 安装失败

为了解决 PyCrypto 模块与 Windows 10 系统的兼容问题，我们可以修改本地系统的环境设置，将 CMD 窗口切换到 C:\Program Files (x86)\Microsoft Visual Studio 14.0\VC，然后依次执行操作指令，详细指令如图 9-20 所示，由于指令的执行时间相对较长，需要耐心等待。

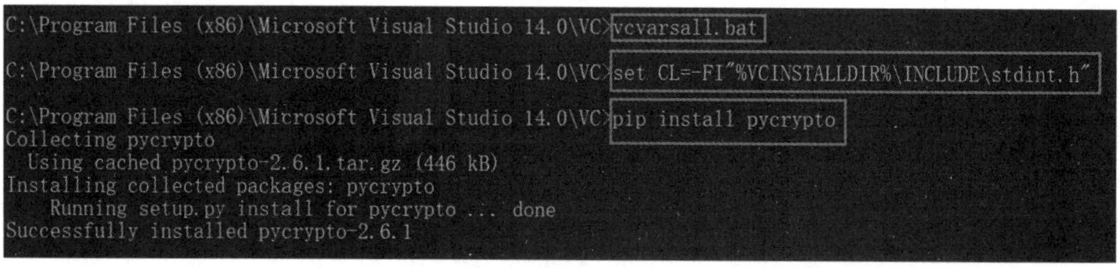

```
C:\Program Files (x86)\Microsoft Visual Studio 14.0\VC>vcvarsall.bat
C:\Program Files (x86)\Microsoft Visual Studio 14.0\VC>set CL=-FI"%VCINSTALLDIR%\INCLUDE\stdint.h"
C:\Program Files (x86)\Microsoft Visual Studio 14.0\VC>pip install pycrypto
Collecting pycrypto
  Using cached pycrypto-2.6.1.tar.gz (446 kB)
Installing collected packages: pycrypto
    Running setup.py install for pycrypto ... done
Successfully installed pycrypto-2.6.1
```

图 9-20　安装 PyCrypto

成功安装 PyCrypto 模块之后，在 CMD 窗口或者 PyCharm 的 Terminal 窗口下输入 pip install alipay-sdk-python 并等待模块安装成功即可。我们回看 alipay-sdk-python 的网页（即图 9-18），在网页中找到页面接口示例的代码，如图 9-21 所示。

图 9-21　页面接口示例

图 9-21 的代码示例就是项目 babys 需要实现的支付功能，首先实例化 AlipayTradePagePayModel()，生成实例化对象 model，然后设置实例化对象 model 的属性，这些属性将作为支付接口的请求参数，页面接口的请求参数说明可以参考官方文档（opendocs.alipay.com/apis/api_1/alipay.trade.page.pay）。

由于 alipay-sdk-python 已有具体的示例代码，我们只需在此基础上进行调整修改就能实现网页在线支付功能。在项目 babys 的项目应用 shopper 创建 pays_new.py 文件，在该文件上编写以下代码：

```
# 项目应用 shopper 的 pays_new.py
# pip install pycrypto
# pip install alipay-sdk-python
# 买家账号：ltyavg2644@sandbox.com
# 登录和支付密码：111111
import logging
from alipay.aop.api.AlipayClientConfig import AlipayClientConfig
from alipay.aop.api.DefaultAlipayClient import DefaultAlipayClient
from alipay.aop.api.domain.AlipayTradePagePayModel import
AlipayTradePagePayModel
from alipay.aop.api.request.AlipayTradePagePayRequest import
AlipayTradePagePayRequest
# 日志对象
logging.basicConfig(
    level=logging.INFO,
    format='%(asctime)s %(levelname)s %(message)s',
    filemode='a',)
logger = logging.getLogger('')


# 应用公钥
alipay_public_key_string = """-----BEGIN PUBLIC KEY-----
MIIBIjANBgkqhkiG9w0BAQEFAAOCAQ8AMIIBCgKCAQEAizM2r9tsEowVmi5P5RIniEBEKvd
1byAvA3p1w37oEOV8e5pEmZb51Uh3wXQgExOPXUTM5vUm35CCxfNJ8aixZ7EH54ZyufL0Aq
wfSgwhQ0xASEK6lBxtwVJGr4H/wfKJh1TGRbxunV/tcPdKgIuRBdc55NZgWWc1Ran0zWb3m
oZ6e7Nc/8E2BsKaAdjCV8QfKtQDc0vSiqhqMwQe0SZA4CUPE8hSPVLo+jucR3Yjb8HyNXFC
xz+TerHknIwaOoiN/hWx8GeL1XjEcpbHBLStXUD1V5fk2wJRwMRU1v0DjfujmjYQAPsRZrn
SXttePL6pRvE6dsMUHDomVRgCLXBWlQIDAQAB
-----END PUBLIC KEY-----"""
# 应用私钥
app_private_key_string = """-----BEGIN RSA PRIVATE KEY-----
MIIEogIBAAKCAQEAo5Uz9RJ0YT45zuxx6H3cNkjwnJR6leI0LcvAeXy696WgLiymU1m9b4g
XJu9bsjRe0IeeNvlv6qjFpV6lKBygojSpsUxw+MYP8GTal/8im3L6jbgeiN7Eazl3TicJMv
v2yUOZWvWfWOPWnxaf7pNQFN1JBBtyxYiqbntrfy4Q6RN+WNNjl+CvWoStHanrSGDv3ydsi
PgsgNS0GSlCK3jtoxwQj5gawRdh23xQarwr4vuxhyywOtYDFrQbjmya7ij7Rev/Ke0AMlbq
JeyczhYl6pPyk49ktae6WSOGr6mW7tDMOnsKIS30VsMQCpylKB3yMmL+44RuR3xBa6/SJGX
KMwIDAQABAoIBAHP2onWaVoxVK2/oKDvzdTe6b2/gxiIY0HqilVjKNlS2wh3ZozM1S9iT9i
2wwyVKgOh9K4i3PUJx0GMR/Cy6VpmGkcFRekixR71YEapswKDIWpw6qNLIcR++BjiN7bSJ8
AHvfPiBZSwDoDL5O/lJzxxrXoad2rfz0TYvIh5vjqda8/v1f/XVVneBvt5C8vP5UP4O1bUS
VHydCiVwXqoLBgwBWEskAZ7pFZC0v/VpmOjJyifZIxoSiWPbAB492lu/LpRNhnavuipWA2fe
2mjf9X/nTHZKgNhozrWEVEbGOYn28kP+Ac7CdIH1sGaKUd+TjSE2ANkYSFibPCGN56dWKj2
ECgYEA/6fn3fJHQlbIo/6eY6gSDLHvmTBbqli8VrZsM98y/cy/1Br6ws6MUmjblJR+HOow0
```

```
pLDT6b9Drzm16eKJ0bS0G0xIUKv6xwthwTfX4zCWDGg3IW/MCxYrdFx6o+JgVx25hhwLzj8
03BfeILp8VizK+zo4Sp32Sb7NkSSqwbLABECgYEAo82SEFfZJ9LMBM0b3c/tFiCxutN7360
4NEmomIUYsSxH7iYvuArN2lp8kpXKoHXarXI9QgVhj5niyViWYuOv3oNfYrakhe4wInlzA4
ExdslQf7x2HUfotaxtlOz5L+//ToCAeyTupwhXAC6lhllMeQCoJ8WfHAYK/FamJYPiKgMCg
YAES4DUtLZHwgd64dMtX2x2NCMPUsWndfgsCMKGmJBVvTPXz2A5F5k55TMTKu93cuPBFeAc
HXUQ41GJe/IRONpf0AXMRj+IVp/ZLdbG1ymIq8TFD6YnnAcdXHBqfWDVAIWq1exEjtOIhdH
Ex4ZAnLnd2gwLhFghGMuNnNdN8j5E0QKBgBLwHHgJQBELnQzdDeC6PmX1h7ba5pJ4u2vILF
bd5Hnvba2J+rBjh2M8XPSxnsiod4zgDVcJujrZBtBSjqiGPHoUZD3Mcf8OB8Ckm/iGwkpCg
i0Sg/Fks/H1KoIyV6kELVdNIg2auoDTRQO/YOHEh0PiII7gmUGrLS/5cKIbulUzAoGACqUh
HYzewnqcJOz2CV21ozCFqNCqJ3kfgvwiTrFsIF6V6MzGg38wZ+xquBv1gIyV+lJbjI559jj
TmjBbiI1Z3UZpVIQI100q6hHXhKYNrvteWZ4hYLiy0n5GUS8nrz/Mn7hv7Rj5i06TefE/aH
rzrgglfg4raLft2bKB86UTe4Q=
```

```
-----END RSA PRIVATE KEY-----"""
# 设置沙箱应用的 APPID、支付宝网关和 RSA2(SHA256)密钥
alipay_client_config = AlipayClientConfig()
# 沙箱应用的支付宝网关
alipay_client_config.server_url =
'https://openapi.alipaydev.com/gateway.do'
# 沙箱应用的 APPID
alipay_client_config.app_id = '2016102000726748'
# 沙箱应用的 RSA2(SHA256)密钥
alipay_client_config.app_private_key = app_private_key_string
alipay_client_config.alipay_public_key = alipay_public_key_string
client=DefaultAlipayClient(alipay_client_config=alipay_client_config,logge
r=logger)


def get_pay(out_trade_no, total_amount, return_url):
# 创建 AlipayTradePagePayModel 对象
model = AlipayTradePagePayModel()
model.out_trade_no = out_trade_no
model.total_amount = str(total_amount)
model.subject = "测试"
model.body = "支付宝测试"
model.product_code = "FAST_INSTANT_TRADE_PAY"
# 创建 HTTP 请求对象
request = AlipayTradePagePayRequest(biz_model=model)
request.notify_url = return_url + '?t=' + out_trade_no
request.return_url = return_url + '?t=' + out_trade_no
# 执行 HTTP 请求
response = client.page_execute(request, http_method="GET")
return response
```

分析上述代码，我们将代码分为两部分：配置沙箱应用信息和调用支付接口，详细的说明如下：

（1）使用 Python 内置模块 logging 创建日志对象 logger，主要用于记录每次接口的调用

情况，便于统计和核算。

（2）将支付宝密钥生成器创建的应用私钥和应用公钥文件内容赋予变量 app_private_key_string 和 alipay_public_key_string，换句话说，就是将图9-15的文件内容写入变量 app_private_key_string 和 alipay_public_key_string。文件内容是一串已加密且不规则的字符串，在写入变量的时候，它们必须遵从以下格式：

```
# AAA 代表应用公钥的文件内容
-----BEGIN PUBLIC KEY-----AAA-----END PUBLIC KEY-----
# BBB 代表应用私钥的文件内容
-----BEGIN RSA PRIVATE KEY-----BBB-----END RSA PRIVATE KEY-----
```

（3）实例化 AlipayClientConfig()生成 alipay_client_config 对象，设置属性 server_url、app_id、app_private_key 和 alipay_public_key，这些属性都是沙箱应用的 APPID、支付宝网关和 RSA2（SHA256）密钥。

（4）实例化 DefaultAlipayClient()生成 client 对象，将对象 alipay_client_config 和日志对象 logger 作为 DefaultAlipayClient()的参数。

（5）函数 get_pay 的函数参数 out_trade_no、total_amount 和 return_url 分别为订单号、支付金额和回调地址（回调地址即支付成功后跳转的网页地址）。函数首先实例化 AlipayTradePagePayModel()对象 model，再设置属性 out_trade_no、total_amount 和 subject 等相关的支付信息；然后将对象 model 作为 AlipayTradePagePayRequest()参数，生成 request 对象并设置属性 notify_url 和 return_url；最后由 client 对象调用 page_execute()函数方法，并把 request 对象作为函数参数向支付接口发送 HTTP 请求，支付接口的响应内容作为函数 get_pay 的返回值，从而完成整个支付过程。

9.5　python-alipay-sdk 的安装与使用

除了使用支付宝官方提供的 alipay-sdk-python 之外，还可以使用第三方模块 python-alipay-sdk，它是开发人员自行封装支付接口并开源到 GitHub 社区（https://github.com/fzlee/alipay），在安装与使用上，读者认为 python-alipay-sdk 比 alipay-sdk-python 更为简便。

python-alipay-sdk 依赖 PyCryptodome 模块，其实 alipay-sdk-python 依赖的 PyCrypto 已经超过三年时间无人维护了，因此才会出现与 Windows 系统不兼容的情况，而 Github 的开发者 Varbin 在 PyCrypto 项目的 Github issue 里呼吁开发人员不要再使用 PyCrypto，应该将 PyCrypto 替换为 PyCryptodome，对于使用 PyCrypto 的已有项目而言，PyCryptodome 保持了与 PyCrypto 相当高的兼容性并且处于良好的维护状态，因此便于更换。

尽管如此，现在支付宝官方提供的 alipay-sdk-python 版本还是无法使用 PyCryptodome，目前只能使用 PyCrypto；而 python-alipay-sdk 模块支持使用 PyCryptodome 实现 RSA 加密算法。我们在本地计算机的 CMD 窗口或者 PyCharm 的 Terminal 窗口下依次安装 PyCryptodome 和 python-alipay-sdk，安装指令如下：

```
C:\WINDOWS\system32>pip install pycryptodome
C:\WINDOWS\system32>pip install python-alipay-sdk
```

PyCryptodome 和 python-alipay-sdk 模块安装成功后，本地系统就会将 alipay-sdk-python 模块自行删除，换句话说，一台计算机不能同时保留 alipay-sdk-python 和 python-alipay-sdk，两者只能选其一。

我们在 Github 中参考 python-alipay-sdk 的文档说明，通过修改调整文档提供的代码示例就能实现网页在线支付功能。在项目 babys 的项目应用 shopper 中创建 pays.py 文件，在该文件上编写以下代码：

```
# 项目应用 shopper 的 pays.py
# pip install pycryptodome
# pip install python-alipay-sdk

from alipay import AliPay
import time
alipay_public_key_string = """-----BEGIN PUBLIC KEY-----
MIIBIjANBgkqhkiG9w0BAQEFAAOCAQ8AMIIBCgKCAQEAizM2r9tsEowV
mi5P5RIniEBEKvd1byAvA3p1w37oEOV8e5pEmZb51Uh3wXQgExOPXUTM
5vUm35CCxfNJ8aixZ7EH54ZyufL0AqwfSgwhQ0xASEK6lBxtwVJGr4H/
wfKJh1TGRbxunV/tcPdKgIuRBdc55NZgWWc1Ran0zWb3moZ6e7Nc/8E2
BsKaAdjCV8QfKtQDc0vSiqhqMwQe0SZA4CUPE8hSPVLo+jucR3Yjb8Hy
NXFCxz+TerHknIwaOoiN/hWx8GeL1XjEcpbHBLStXUD1V5fk2wJRwMRU
1v0DjfujmjYQAPsRZrnSXttePL6pRvE6dsMUHDomVRgCLXBWlQIDAQAB
-----END PUBLIC KEY-----"""
app_private_key_string = """-----BEGIN RSA PRIVATE KEY-----
MIIEogIBAAKCAQEAo5Uz9RJ0YT45zuxx6H3cNkjwnJR6leI0LcvAeXy696W
gLiymU1m9b4gXJu9bsjRe0IeeNvlv6qjFpV6lKBygojSpsUxw+MYP8GTal/
8im3L6jbgeiN7Eazl3TicJMvv2yUOZWvWfWOPWnxaf7pNQFN1JBBtyxYiqb
ntrfy4Q6RN+WNNjl+CvWoStHanrSGDv3ydsiPgsgNS0GSlCK3jtoxwQj5ga
wRdh23xQarwr4vuxhyywOtYDFrQbjmya7ij7Rev/Ke0AMlbqJeyczhYl6pP
yk49ktae6WSOGr6mW7tDMOnsKIS30VsMQCpylKB3yMmL+44RuR3xBa6/SJG
XKMwIDAQABAoIBAHP2onWaVoxVK2/oKDvzdTe6b2/gxiIY0HqilVjKNlS2w
h3ZozM1S9iT9i2wwyVKgOh9K4i3PUJx0GMR/Cy6VpmGkcFRekixR71YEaps
wKDIWpw6qNLIcR++BjiN7bSJ8AHvfPiBZSwDoDL5O/lJzxxrXoad2rfz0TY
vIh5vjqda8/v1f/XVVneBvt5C8vP5UP4O1bUSVHydCiVwXqoLBgBWEskAZ7
pFZC0v/VpmOjJyifZIxoSiWPbAB492lu/LpRNhnavuipWA2fe2mjf9X/nTH
ZKgNhozrWEVEbGOYn28kP+Ac7CdIH1sGaKUd+TjSE2ANkYSFibPCGN56dWK
j2ECgYEA/6fn3fJHQlbIo/6eY6gSDLHvmTBbqli8VrZsM98y/cy/1Br6ws6
MUmjblJR+HOow0pLDT6b9Drzm16eKJ0bS0G0xIUKv6xwthwTfX4zCWDGg3I
W/MCxYrdFx6o+JgVx25hhwLzj803BfeILp8VizK+zo4Sp32Sb7NkSSqwbLA
BECgYEAo82SEFfZJ9LMBM0b3c/tFiCxutN73604NEmomIUYsSxH7iYvuArN
2lp8kpXKoHXarXI9QgVhj5niyViWYuOv3oNfYrakhe4wInlzA4ExdslQf7x
2HUfotaxtlOz5L+//ToCAeyTupwhXAC6lhllMeQCoJ8WfHAYK/FamJYPiKg
MCgYAES4DUtLZHwgd64dMtX2x2NCMPUsWndfgsCMKGmJBVvTPXz2A5F5k55
```

```
TMTKu93cuPBFeAcHXUQ41GJe/IRONpf0AXMRj+IVp/ZLdbG1ymIq8TFD6Yn
nAcdXHBqfWDVAIWq1exEjtOIhdHEx4ZAnLnd2gwLhFghGMuNnNdN8j5E0QK
BgBLwHHgJQBELnQzdDeC6PmX1h7ba5pJ4u2vILFbd5Hnvba2J+rBjh2M8XP
Sxnsiod4zgDVcJujrZBtBSjqiGPHoUZD3Mcf8OB8Ckm/iGwkpCgi0Sg/Fks
/H1KoIyV6kELVdNIg2auoDTRQO/YOHEh0PiII7gmUGrLS/5cKIbulUzAoGA
CqUhHYzewnqcJOz2CV21ozCFqNCqJ3kfgvwiTrFsIF6V6MzGg38wZ+xquBv
1gIyV+lJbjI559jjTmjBbiI1Z3UZpVIQI100q6hHXhKYNrvteWZ4hYLiy0n
5GUS8nrz/Mn7hv7Rj5i06TefE/aHrzrgglfg4raLft2bKB86UTe4Q=
-----END RSA PRIVATE KEY-----"""

def get_pay(out_trade_no, total_amount, return_url):
    # 实例化支付应用
    alipay = AliPay(
        appid="2016102000726748",
        app_notify_url=None,
        app_private_key_string=app_private_key_string,
        alipay_public_key_string=alipay_public_key_string,
        sign_type="RSA2"
    )
    # 发起支付请求
    order_string = alipay.api_alipay_trade_page_pay(
        # 订单号，每次发送请求都不能一样
        out_trade_no=out_trade_no,
        # 支付金额
        total_amount=str(total_amount),
        # 交易信息
        subject="测试",
        return_url=return_url + '?t=' + out_trade_no,
        notify_url=return_url + '?t=' + out_trade_no
    )
    return 'https://openapi.alipaydev.com/gateway.do?'+ order_string
```

上述代码与项目应用 shopper 的 pays_new.py 定义的函数 get_pay 对比发现，两者的函数参数完全相同，但上述代码只需实例化 AliPay() 和 api_alipay_trade_page_pay() 即可实现网页在线支付功能。

如果从代码量、代码逻辑和模块安装对比，python-alipay-sdk 略胜一筹；但从功能解耦的角度来看，alipay-sdk-python 更有优势。两者各有优缺点，在开发中应按照实际需求选择合理的方案实现。

9.6 商城的在线支付功能

我们在项目应用 shopper 的 pays_new.py 和 pays.py 中定义了函数 get_pay，它们是通过不同模块实现支付宝的网页在线支付功能。本书以 pays_new.py 定义的函数 get_pay 为例，讲述如何在项目中使用支付宝的支付功能。

在购物车页面看到，我们在购物车的最下方设置了"结算"按钮，单击该按钮的时候，网页将会触发 JavaScript 脚本，首先获取购物车最下方的应付费用，然后将应付费用作为路由 pays 的请求参数 total，最后由浏览器访问带请求参数 total 的路由 pays。在项目 babys 中，我们并没有设置路由 pays，因此在项目应用 shopper 的 urls.py 定义路由 pays，路由定义过程如下：

```python
# 项目应用 shopper 的 urls.py
from django.urls import path
from .views import *

urlpatterns = [
    path('.html', shopperView, name='shopper'),
    path('/login.html', loginView, name='login'),
    path('/logout.html', logoutView, name='logout'),
    path('/shopcart.html', shopcartView, name='shopcart'),
    path('/pays.html', paysView, name='pays'),
    path('/delete.html', deleteAPI, name='delete')
]
```

从上述代码看到，路由 pays 的 HTTP 请求交由视图函数 paysView 处理和响应，下一步在项目应用 shopper 的 views.py 定义视图函数 paysView，代码如下：

```python
# 项目应用 shopper 的 views.py
from django.shortcuts import redirect
def paysView(request):
    total = request.GET.get('total', 0)
    total = float(str(total).replace('￥', ''))
    if total:
        out_trade_no = str(int(time.time()))
        payInfo = dict(price=total, user_id=request.user.id, state='已支付')
        request.session['payInfo'] = payInfo
        request.session['payTime'] = out_trade_no
        return_url = 'http://' + request.get_host() + '/shopper.html'
        url = get_pay(out_trade_no, total, return_url)
        return redirect(url)
    else:
        return redirect('shopper:shopcart')
```

视图函数 paysView 从 HTTP 请求中获取请求参数 total，再对请求参数 total 进行简单的数据处理，去掉货币符号￥并对其数据进行判断处理，根据判断结果执行相应的处理，详细说明如下：

（1）如果请求参数 total 为空或等于 0，说明当前 HTTP 请求没有设置请求参数或者购物车的应付费用等于 0，遇到这两种情况，程序将重新访问购物车页面。

（2）如果请求参数 total 大于 0，则购物车页面的应付费用大于 0，说明用户正在对某商品执行结算操作，程序首先使用 time 模块根据当前时间生成时间戳，将时间戳作为订单编号 out_trade_no。

（3）将请求参数 total、当前用户的主键 id 以字典格式写入变量 payInfo，变量 payInfo 代表模型 OrderInfos 的订单信息，由于订单尚未完成支付过程，所以暂时保存变量 payInfo 在当前用户的会话 session。

（4）变量 return_url 是设置支付函数 get_pay 的回调地址，回调地址为路由 shopper。然后调用支付函数 get_pay，并将订单编号 out_trade_no、请求参数 total 和变量 return_url 作为函数参数。

（5）把支付函数 get_pay 的返回值赋予给变量 url，变量 url 是成功调用支付宝 API 接口所生成的支付页面，因此可以使用 redirect()跳转访问变量 url 的网站地址。

整个支付流程涉及了视图函数 paysView、视图函数 shopperView 和支付函数 get_pay，订单信息贯穿整个支付流程，并且在三个函数之间相互传递，如图 9-22 所示，详细的说明如下：

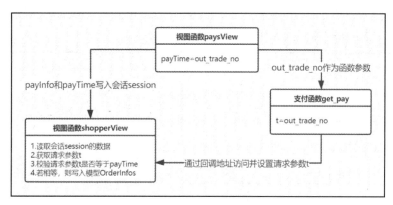

图 9-22　支付流程

（1）视图函数 paysView 定义的订单编号 out_trade_no 作为支付函数 get_pay 的函数参数之一，当用户支付成功后，支付函数 get_pay 的 return_url（回调地址）将订单编号 out_trade_no 作为请求参数 t；由于 return_url（回调地址）是跳转访问路由 shopper，所以视图函数 shopperView 能通过请求参数 t 获取订单编号 out_trade_no。

（2）由于视图函数 paysView 定义的变量 payInfo 已写入用户会话 session，视图函数 shopperView 也可以从用户会话 session 中获取变量 payInfo，将变量 payInfo 里面的 payTime 与请求参数 t 进行对比（变量 payInfo 的 payTime 与请求参数 t 均代表订单编号 out_trade_no）。

（3）在视图函数 shopperView 中，如果变量 payInfo 的 payTime 与请求参数 t 相同，则说明该订单已支付成功，订单信息 payInfo 将写入模型 OrderInfos。请求参数 t 是支付函数 get_pay 的 return_url（回调地址）的请求参数，视图函数 shopperView 能接收到请求参数 t 则说明用户在支付宝页面完成了支付过程；会话 session 的 payInfo 由视图函数 paysView 定义，但在视图函数 shopperView 读取和删除，它主要是与请求参数 t 进行校验，校验成功则说明用户已为当前订单完成了支付过程。

我们在浏览器打开商品列表页，并单击某一商品进入该商品的详细页，选择购买数量并单击"加入购物车"按钮，如图 9-23 所示。

图 9-23　购买商品

单击"加入购物车"按钮后，浏览器将触发JavaScript脚本，访问购物车页面并把商品主键 id 和购买数量作为该页面的请求参数 id 和 quantity，网站获取请求参数并记录在模型 CartInfos 中，然后重新访问购物车页面，其目的是去除购物车页面的请求参数并把模型 CartInfos 的数据展示在购物车列表中，如图 9-24 所示。

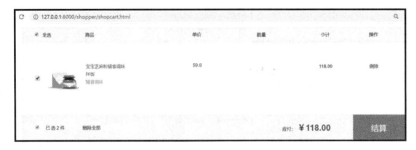

图 9-24　购物车页面

在购物车页面中，选择需要结算的商品并单击"结算"按钮，浏览器将访问支付接口 pays，Django 向支付宝发起 HTTP 请求，发送当前的支付信息（支付费用、订单编号等），再由支付宝生成相应的支付页面，如图 9-25 所示。

图 9-25　支付页面

　　由于我们使用支付宝的沙箱应用，因此无法使用手机支付宝扫码支付，只能单击右侧的"登录账号付款"按钮，使用沙箱应用提供的虚拟账号进行支付，沙箱应用的虚拟账号可以在支付宝开放平台的沙箱应用配置中查看，如图 9-26 所示。

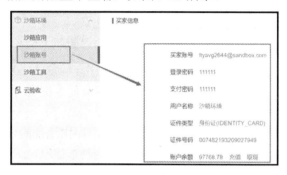

图 9-26　沙箱应用的虚拟账号

　　在支付页面输入沙箱应用的虚拟账号密码，单击"下一步"按钮，如图 9-27 所示，当账号登录成功后，再次输入支付宝的支付密码，单击"确认付款"按钮，如图 9-28 所示，等待完成支付即可。支付成功后，浏览器将自动访问个人中心页，并将订单信息显示在个人中心页右侧。

图 9-27　用户登录

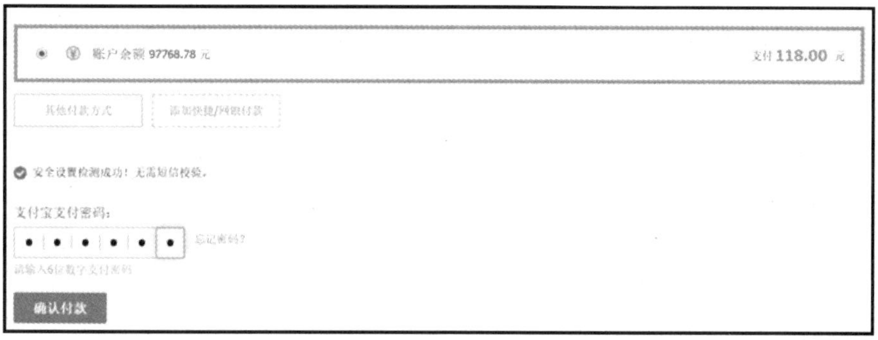

图 9-28　输入支付密码

9.7　本章小结

购物车页面主要实现商品的购买费用核算，其功能说明如下：

（1）在商品详细页单击"加入购物车"按钮，程序会触发 JavaScript 脚本代码，通过脚本代码访问购物车页面并把商品详细页的"数量"和商品的主键 id 作为购物车页面的请求参数。

（2）当浏览器访问购物车页面的时候，程序将获取路由地址的请求参数 id 和 quantity，然后将这些参数写入模型 CartInfos，记录当前用户的购物车信息。

（3）在购物车页面中，购物车列举了多条商品信息，每条信息设置勾选框、商品主图、名称、单价、数量、总价和删除按钮。勾选框用于勾选需要购买付款的商品；总价是当前商品的单价乘以数量计算得出；删除按钮可以删除当前的商品信息，即删除模型 CartInfos 对应的数据内容。

（4）购物车的最下方设有勾选框、"删除全部"按钮、应付费用和"结算"按钮，勾选框是对所有商品进行勾选操作，如果商品较多，用户只需单击该勾选框即可选中全部商品，无须在每个商品前面的勾选框逐个单击；"删除全部"按钮是删除当前用户全部商品信息；应付的价钱是对已勾选的商品进行价格汇总；"结算"按钮是执行支付功能，即向支付宝发起支付请求。

从购物车页面看到，每一条商品信息设有"删除"按钮，并且在购物车最下方还设有"删除全部"按钮，换句话说，删除购物车的商品信息可分为两种情况：单独删除某条商品信息和删除全部商品信息。

不管是哪一种商品删除方式，我们都可以将两者放在同一个功能里实现，只需设置不同的删除条件，从而执行不同的删除操作。删除商品可以使用采用 Ajax 实现，无须重新加载整个网页，只要更新部分网页内容即可，既能提高用户体验，又能减少网页的加载时间。

支付宝的支付接口配置步骤如下：

（1）使用支付宝账号入驻开放平台，平台身份可以选择"系统服务商 ISV"或"自研开发者"。

（2）在线支付可以分为两种模式：上线应用和沙箱应用。每个应用设有三个重要参数：APPID、支付宝网关和 RSA2(SHA256)密钥。

（3）下载安装支付宝密钥生成器，并使用支付宝密钥生成器创建应用私钥和应用公钥。

（4）将应用公钥复制到沙箱应用的 RSA2(SHA256)密钥，然后单击"保存设置"即可。

　　支付宝的 SDK 分别有 python-alipay-sdk 和 alipay-sdk-python，两者各有优缺点。如果从代码量、代码逻辑和模块安装对比，python-alipay-sdk 略胜一筹；但从功能解耦的角度来看，alipay-sdk-python 更有优势。

　　整个支付流程涉及了视图函数 paysView、视图函数 shopperView 和支付函数 get_pay，订单信息贯穿整个支付流程，并且在三个函数之间相互传递。支付流程的设计并不是唯一的，只要支付宝的支付接口能衔接网站数据即可。

第10章

商城后台管理系统

Admin 后台系统也称为网站后台管理系统，主要对网站的信息进行管理，如文字、图片、影音和其他日常使用的文件的发布、更新、删除等操作，也包括数据信息的统计和管理，如用户信息、订单信息和商品信息等。简单来说，它是对网站数据库和文件进行快速操作和管理的系统，以使网页内容能够及时地得到更新和调整。

10.1 Admin 基本配置

当一个网站上线之后，网站管理员通过网站后台系统对网站进行管理和维护。Django 已内置 Admin 后台系统，在创建 Django 项目的时候，可以从配置文件 settings.py 中看到项目已默认启用了 Admin 后台系统，如图 10-1 所示。

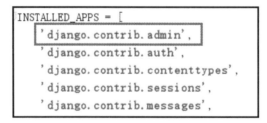

```
INSTALLED_APPS = [
    'django.contrib.admin',
    'django.contrib.auth',
    'django.contrib.contenttypes',
    'django.contrib.sessions',
    'django.contrib.messages',
```

图 10-1　Admin 的配置信息

从图 10-1 中看到，在 INSTALLED_APPS 中已配置了 Admin 后台系统，如果网站不需要 Admin 后台系统，可以将配置信息删除，这样可以减少程序对系统资源的占用。此外，在 babys 文件夹的 urls.py 中也可以看到 Admin 后台系统的路由信息，只要运行 babys 并在浏览器上输入 127.0.0.1:8000/admin 就能访问 Admin 后台系统，如图 10-2 所示。

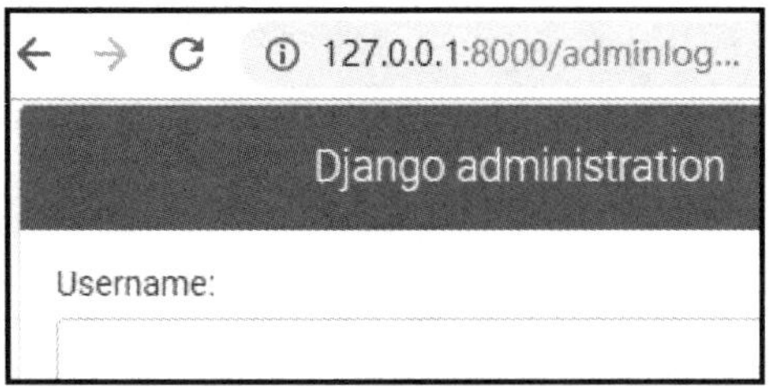

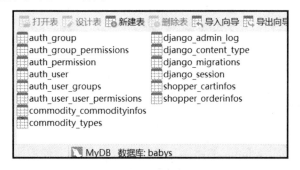

图 10-2　Admin 登录页面

在访问 Admin 后台系统时，需要用户的账号和密码才能登录后台管理页面。创建用户的账号和密码之前，必须确保项目已执行数据迁移，在数据库中已创建相应的数据表。以 babys 项目为例，项目的数据表如图 10-3 所示。

图 10-3　数据表信息

如果 Admin 后台系统以英文的形式显示，那么我们还需要在项目的 settings.py 中设置中间件 MIDDLEWARE，将后台内容以中文形式显示。添加的中间件是有先后顺序的，具体可回顾 2.4.3 节，如图 10-4 所示。

```
MIDDLEWARE = [
    'django.middleware.security.SecurityMiddleware',
    'django.contrib.sessions.middleware.SessionMiddle
    # 使用中文
    'django.middleware.locale.LocaleMiddleware',
    'django.middleware.common.CommonMiddleware',
    'django.middleware.csrf.CsrfViewMiddleware',
```

图 10-4　设置中文显示

完成上述设置后，下一步创建超级管理员的账号和密码，创建方法由 Django 的内置指令 createsuperuser 完成。在 PyCharm 的 Terminal 模式下输入创建指令，代码如下：

```
F:\babys>python manage.py createsuperuser
System check identified some issues:
Username (leave blank to use '001'): admin
Email address:
Password:
Password (again):
```

```
The password is too similar to the username.
This password is too short. It must contain at least 8 characters.
This password is too common.
Bypass password validation and create user anyway? [y/N]: y
Superuser created successfully.
```

在创建用户时,用户名和邮箱地址可以为空,如果用户名为空,就默认使用计算机的用户名,而设置用户密码时,输入的密码不会显示在屏幕上。如果密码过短,Django 就会提示密码过短并提示是否继续创建。若输入"Y",则强制创建用户;若输入"N",则重新输入密码。完成用户创建后,打开数据表 auth_user 可以看到新增了一条用户信息,如图 10-5 所示。

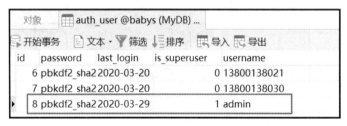

图 10-5 数据表 auth_user

在浏览器上再次访问 Admin 的路由地址,在登录页面上使用刚刚创建的账号和密码登录,即可进入 Admin 后台系统,如图 10-6 所示。

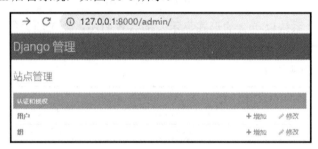

图 10-6 进入 Admin 后台系统

在 Admin 后台系统中可以看到,网页布局分为站点管理、认证和授权、用户和组,分别说明如下:

(1)站点管理是整个 Admin 后台的主体页面,整个项目的项目应用定义的模型都会在此页面显示。

(2)认证和授权是 Django 内置的用户认证系统,包括用户信息、权限管理和用户组设置等功能。

(3)认证和授权的用户和组分别对应内置模型 User 和 Group,它们对应数据表 auth_user 和 auth_user_groups。

10.2 配置项目应用与模型

我们在项目 babys 中已简单设置了 Admin 后台系统，下一步是根据项目 babys 的目录结构深入设置 Admin 后台系统。项目 babys 设有 3 个项目应用，分别为 index、commodity 和 shopper，其中项目应用 commodity 和 shopper 分别定义了模型 Types、CommodityInfos 和 CartInfos、OrderInfos，因此我们将项目应用 commodity 和 shopper 配置到 Admin 后台系统。

因为 Admin 后台系统是对项目的数据表进行维护和管理，而项目应用 commodity 和 shopper 定义了数据模型，必须将它们配置到 Admin 后台系统，而项目应用 index 没有定义模型，所以无须配置到 Admin 后台系统。

在 Admin 后台系统配置项目应用与模型，只需在项目应用的__init__.py、apps.py 和 admin.py 文件里编写功能代码即可。我们分别在 commodity 和 shopper 的__init__.py、apps.py 和 admin.py 文件编写以下代码：

```python
# 项目应用 commodity 的 __init__.py
from .apps import CommodityConfig
default_app_config = 'commodity.CommodityConfig'

# 项目应用 commodity 的 apps.py
from django.apps import AppConfig
class CommodityConfig(AppConfig):
    name = 'commodity'
    verbose_name = '商品管理'

# 项目应用 commodity 的 admin.py
from django.contrib import admin
from .models import *
admin.site.register(Types)
admin.site.register(CommodityInfos)

# 项目应用 shopper 的 __init__.py
from .apps import ShopperConfig
default_app_config = 'shopper.ShopperConfig'

# 项目应用 shopper 的 apps.py
from django.apps import AppConfig
class ShopperConfig(AppConfig):
    name = 'shopper'
    verbose_name = '订单管理'

# 项目应用 shopper 的 admin.py
from django.contrib import admin
```

```
from .models import *
admin.site.register(CartInfos)
admin.site.register(OrderInfos)
```

在上述代码中，__init__.py 和 apps.py 文件是设置项目应用在 Admin 后台系统的名称，admin.py 文件是将模型注册并绑定到 Admin 后台系统，详细的说明如下：

（1）__init__.py 是项目应用的初始化文件，在文件中设置属性 default_app_config 指向 apps.py 是定义 AppConfig 类。

（2）apps.py 是定义 AppConfig 类，通过设置类属性 verbose_name 用于设置项目应用在 Admin 后台系统的名称，如图 10-7 所示。

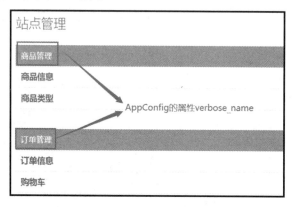

图 10-7   设置项目应用名称

（3）admin.py 是将项目应用定义的模型注册并绑定到 Admin 后台系统，模型在 Admin 后台系统显示的名称由模型属性 Meta 的 verbose_name 和 verbose_name_plural 设置，如图 10-8 所示。如果在模型的 Meta 属性中分别设置 verbose_name 和 verbose_name_plural，Django 就优先显示 verbose_name_plural 的值。

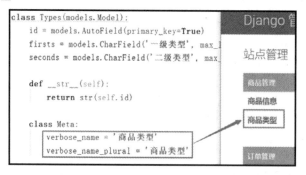

图 10-8   设置模型名称

在 admin.py 文件使用 admin.site.register()方法将模型注册绑定到 Admin 后台系统，但在实际开发中不建议使用此方法实现，因为功能扩展性太差，无法满足开发需求。除此之外，还可以通过类的继承方式实现模型的注册绑定，我们在项目应用 commodity 和 shopper 的 admin.py 重新编写以下代码：

```python
# 项目应用 commodity 的 admin.py
from django.contrib import admin
from .models import *

# 修改 title 和 header
admin.site.site_title = '母婴后台系统'
admin.site.site_header = '母婴电商后台管理系统'
admin.site.index_title = '母婴平台管理'

@admin.register(Types)
class TypesAdmin(admin.ModelAdmin):
    list_display = [x for x in list(Types._meta.
                _forward_fields_map.keys())]
    search_fields = ['firsts', 'seconds']
    list_filter = ['firsts']


@admin.register(CommodityInfos)
class CommodityInfosAdmin(admin.ModelAdmin):
    list_display = [x for x in list(CommodityInfos._meta.
                _forward_fields_map.keys())]
    search_fields = ['name']
    date_hierarchy = 'created'


    def formfield_for_dbfield(self, db_field, **kwargs):
        if db_field.name == 'types':
            db_field.choices = [(x['seconds'], x['seconds'])
                            for x in Types.objects.values('seconds')]
        return super().formfield_for_dbfield(db_field, **kwargs)

# 项目应用 shopper 的 admin.py
from django.contrib import admin
from .models import *


@admin.register(CartInfos)
class CartInfosAdmin(admin.ModelAdmin):
    list_display = ['id', 'quantity']


@admin.register(OrderInfos)
class OrderInfosAdmin(admin.ModelAdmin):
    list_display = ['id', 'price', 'created', 'state']
    list_filter = ['state']
    date_hierarchy = 'created'
```

在项目应用 commodity 的 admin.py 分别设置 admin.site.site_title、admin.site.site_header 和 admin.site.index_title，这些属性是设置 Admin 后台系统的网页标题，网页效果如图 10-9 所示。

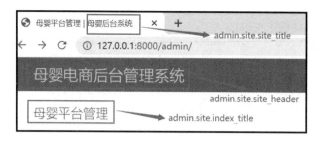

图 10-9 网页效果

定义的 TypesAdmin、CommodityInfosAdmin、CartInfosAdmin 和 OrderInfosAdmin 都是继承 Django 内置的 ModelAdmin，分别对应模型 Types、CommodityInfos、CartInfos 和 OrderInfos。每个模型对应的 ModelAdmin 类都重写了父类的属性和方法，通过这种方式可以满足各种复杂的开发需求。

以 CommodityInfosAdmin 为例，它设置了类属性 list_display、search_fields 和 date_hierarchy，并且重新定义了函数方法 formfield_for_dbfield()。我们在 Admin 后台系统的首页单击"商品信息"，进入模型 CommodityInfos 的数据列表页，CommodityInfosAdmin 设置类属性的网页效果如图 10-10 所示。

图 10-10 网页效果

在模型 CommodityInfos 的数据列表页右上方找到"增加商品信息"按钮，单击该按钮可以进入数据新增页，如图 10-11 所示。

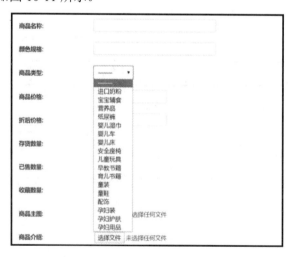

图 10-11 数据新增页

　　我们知道，模型字段 types 为字符串类型（models.CharField），但该字段的数据信息是关联模型 Types 的 seconds 字段，在设计数据结构的时候，模型字段 types 和模型字段 seconds 是一对多的数据关系，但两者并没有使用外键关联，这是为了降低两个模型之间的耦合性。

　　在模型 CommodityInfos 的数据新增页中，为了使用模型字段 types 能关联模型字段 seconds，我们重写了 ModelAdmin 的函数方法 formfield_for_dbfield()，函数参数 db_field 代表模型的每个字段信息，当 db_field.name == 'types'（即模型字段等于 types）的时候，我们对模型字段 types 设置下拉框，下拉框的数据来自模型 Types，并且以二维元组或列表格式表示。

　　Django 内置的 ModelAdmin 还定义了许多属性和函数方法，通过类的继承和重写可以实现各种复杂的功能需求，下一节将从源码角度深入分析 ModelAdmin 的底层原理。

10.3　分析 ModelAdmin 的底层原理

　　ModelAdmin 的作用是将模型注册绑定到 Admin 后台系统，它定义了许多属性和函数方法，开发者通过类的继承和重写可以开发各种复杂的网页功能，我们在 PyCharm 中打开 ModelAdmin 的源码文件，如图 10-12 所示。

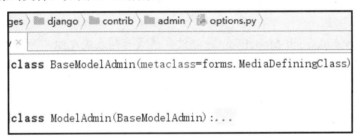

图 10-12　ModelAdmin 的源码文件

　　从图 10-12 看到，ModelAdmin 继承 BaseModelAdmin，而父类 BaseModelAdmin 的元类为 MediaDefiningClass，因此 Admin 系统的属性和方法来自 ModelAdmin 和 BaseModelAdmin。由于定义的属性和方法较多，因此这里只说明日常开发中常用的属性和方法。

- fields：由 BaseModelAdmin 定义，格式为列表或元组，在新增或修改模型数据时，设置可编辑的字段。
- exclude：由 BaseModelAdmin 定义，格式为列表或元组，在新增或修改模型数据时，隐藏字段，使字段不可编辑，同一个字段不能与 fields 共同使用，否则提示异常。
- fieldsets：由 BaseModelAdmin 定义，格式为两元的列表或元组（列表或元组的嵌套使用），改变新增或修改页面的网页布局，不能与 fields 和 exclude 共同使用，否则提示异常。
- radio_fields：由 BaseModelAdmin 定义，格式为字典，如果新增或修改的字段数据以下拉框的形式展示，那么该属性可将下拉框改为单选按钮。
- readonly_fields：由 BaseModelAdmin 定义，格式为列表或元组，在数据新增或修改页面设置只读的字段，使字段不可编辑。

- ordering: 由 BaseModelAdmin 定义，格式为列表或元组，设置排序方式，比如以字段 id 排序，['id'] 为升序，['-id'] 为降序。
- sortable_by: 由 BaseModelAdmin 定义，格式为列表或元组，设置数据列表页的字段是否可排序显示，比如数据列表页显示模型字段 id、name 和 age，如果单击字段 name，数据就以字段 name 进行升序（降序）排列，该属性可以设置某些字段是否具有排序功能。
- formfield_for_choice_field(): 由 BaseModelAdmin 定义，如果模型字段设置 choices 属性，那么重写此方法可以更改或过滤模型字段的属性 choices 的值。
- formfield_for_foreignkey(): 由 BaseModelAdmin 定义，如果模型字段为外键字段（一对一关系或一对多关系），那么重写此方法可以更改或过滤模型字段的可选值（下拉框的数据）。
- formfield_for_manytomany(): 由 BaseModelAdmin 定义，如果模型字段为外键字段（多对多关系），那么重写此方法可以更改或过滤模型字段的可选值。
- get_queryset(): 由 BaseModelAdmin 定义，重写此方法可自定义数据的查询方式。
- get_readonly_fields(): 由 BaseModelAdmin 定义，重写此方法可自定义模型字段的只读属性，比如根据不同的用户角色来设置模型字段的只读属性。
- list_display: 由 ModelAdmin 定义，格式为列表或元组，在数据列表页设置显示在页面的模型字段。
- list_display_links: 由 ModelAdmin 定义，格式为列表或元组，为模型字段设置路由地址，由该路由地址进入数据修改页。
- list_filter: 由 ModelAdmin 定义，格式为列表或元组，在数据列表页的右侧添加过滤器，用于筛选和查找数据。
- list_per_page: 由 ModelAdmin 定义，格式为整数类型，默认值为 100，在数据列表页设置每一页显示的数据量。
- list_max_show_all: 由 ModelAdmin 定义，格式为整数类型，默认值为 200，在数据列表页设置每一页显示最大上限的数据量。
- list_editable: 由 ModelAdmin 定义，格式为列表或元组，在数据列表页设置字段的编辑状态，可以在数据列表页直接修改某行数据的字段内容并保存，该属性不能与 list_display_links 共存，否则会提示异常信息。
- search_fields: 由 ModelAdmin 定义，格式为列表或元组，在数据列表页的搜索框设置搜索字段，根据搜索字段可快速查找相应的数据。
- date_hierarchy: 由 ModelAdmin 定义，格式为字符类型，在数据列表页设置日期选择器，只能设置日期类型的模型字段。
- save_as: 由 ModelAdmin 定义，格式为布尔型，默认为 False，若改为 True，则在数据修改页添加"另存为"功能按钮。
- actions: 由 ModelAdmin 定义，格式为列表或元组，列表或元组的元素为自定义函数，函数在"动作"栏生成操作列表。
- actions_on_top 和 actions_on_bottom: 由 ModelAdmin 定义，格式为布尔型，设置"动作"栏的位置。

第 10 章　商城后台管理系统 | 225

- save_model()：由 ModelAdmin 定义，重写此方法可自定义数据的保存方式。
- delete_model()：由 ModelAdmin 定义，重写此方法可自定义数据的删除方式。

为了更好地理解 ModelAdmin 的属性功能，以项目 babys 为例，在项目应用 commodity 的 admin.py 重新定义 CommodityInfosAdmin，代码如下：

```python
# 项目应用 commodity 的 admin.py
@admin.register(CommodityInfos)
class CommodityInfosAdmin(admin.ModelAdmin):
    # 在数据新增页或数据修改页设置可编辑的字段
    # fields = ['name','sezes','types','price','discount']

    # 在数据新增页或修改页设置不可编辑的字段
    # exclude = []

    # 改变数据新增页或数据修改页的网页布局
    fieldsets = (
        ('商品信息', {
            'fields': ('name','sezes','types','price','discount')
        }),
        ('收藏数量', {
            # 设置隐藏与显示
            'classes': ('collapse',),
            'fields': ('likes',),
        }),
    )

    # 将下拉框改为单选按钮
    # admin.HORIZONTAL 是水平排列
    # admin.VERTICAL 是垂直排列
    radio_fields = {'types': admin.HORIZONTAL}

    # 在数据新增页或数据修改页设置可读的字段，不可编辑
    # readonly_fields = ['sold',]

    # 设置排序方式，['id']为升序，降序为['-id']
    ordering = ['id']

    # 设置数据列表页的每列数据是否可排序显示
    sortable_by = ['price','discount']

    # 在数据列表页设置显示的模型字段
    list_display = ['id','name','sezes','types','price','discount']

    # 为数据列表页的字段 id 和 name 设置路由地址，该路由地址可进入数据修改页
```

```
# list_display_links = ['id', 'name']

# 设置过滤器，若有外键，则应使用双下画线连接两个模型的字段
list_filter = ['types']

# 在数据列表页设置每一页显示的数据量
list_per_page = 100

# 在数据列表页设置每一页显示最大上限的数据量
list_max_show_all = 200

# 为数据列表页的字段 name 设置编辑状态
list_editable = ['name']

# 设置可搜索的字段
search_fields = ['name', 'types']

# 在数据列表页设置日期选择器
date_hierarchy = 'created'

# 在数据修改页添加"另存为"功能
save_as = True

# 设置"动作"栏的位置
actions_on_top = False
actions_on_bottom = True
```

CommodityInfosAdmin 演示了如何使用 ModelAdmin 的常用属性。运行项目 babys，在浏览器上访问模型 CommodityInfos 的数据列表页，页面的样式和布局变化如图 10-13 所示。

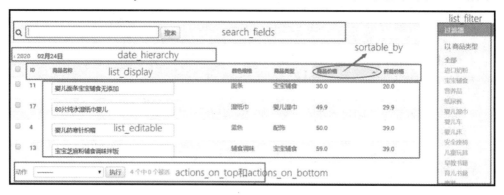

图 10-13　模型 CommodityInfos 的数据列表页

在模型 CommodityInfos 的数据列表页的右上方单击"增加商品信息"按钮，浏览器将访问模型 CommodityInfos 的数据新增页，该页面的样式和布局的变化情况如图 10-14 所示。

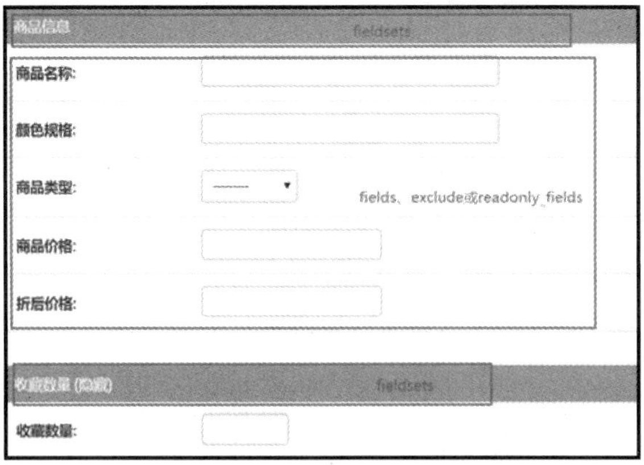

图 10-14　模型 CommodityInfos 的数据新增页

最后在模型 CommodityInfos 的数据列表页里单击某行数据的 ID 字段，由 ID 字段的链接进入模型 CommodityInfos 的数据修改页，该页面的样式和布局的变化情况与数据新增页有相同之处，如图 10-15 所示。

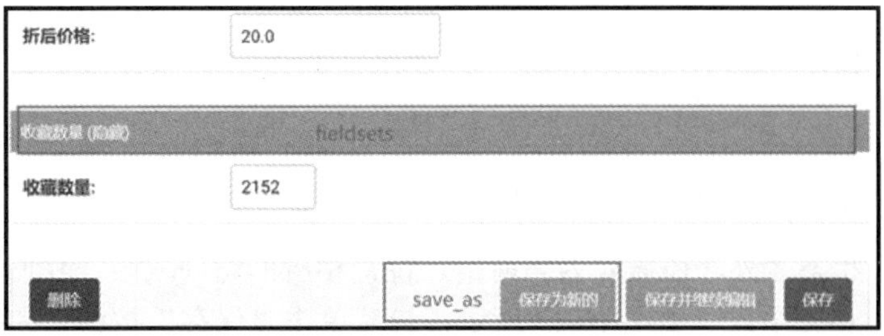

图 10-15　模型 CommodityInfos 的数据修改页

通过 10.2 节定义的 CommodityInfosAdmin 与本节定义的 CommodityInfosAdmin 对比发现，ModelAdmin 的属性主要用来设置 Admin 后台页面的样式和布局，使模型数据以特定的形式展示在 Admin 后台系统。而在下一节，我们将会讲述如何重写 ModelAdmin 的方法，实现 Admin 后台系统的二次开发。

10.4　自定义 ModelAdmin 的函数方法

我们已经掌握了 Admin 后台系统配置和 ModelAdmin 的属性设置，但是每个网站的功能和需求并不相同，这导致 Admin 后台系统的功能有所差异。因此，本节将重写 ModelAdmin 的函数方法，实现 Admin 的二次开发，从而满足多方面的开发需求。

为了更好地演示 Admin 的二次开发所实现的功能，在 Admin 后台系统里创建非超级管理员账号。在 Admin 首页的"认证和授权"下单击用户的增加按钮，设置用户名为 root，密码为 mydjango123，用户密码的长度和内容有一定的规范要求，如果不符合要求就无法创建用户，如图 10-16 所示。

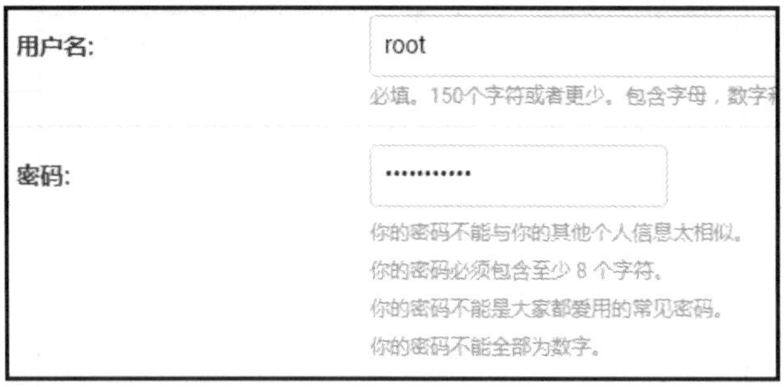

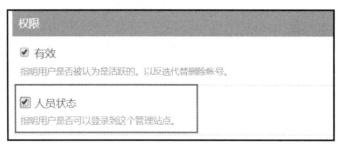

图 10-16　创建用户

用户创建后，浏览器将访问用户修改页面，我们需勾选当前用户的职员状态，否则新建的用户无法登录 Admin 后台系统，如图 10-17 所示。

图 10-17　设置人员状态

除了设置人员状态之外，还需要为当前用户设置相应的访问权限，我们将 Admin 的所有功能的权限都给予 root 用户，如图 10-18 所示，最后单击"保存"按钮，完成用户设置。

图 10-18　设置用户权限

10.4.1　数据只读函数 get_readonly_fields()

已知 get_readonly_fields()是由 BaseModelAdmin 定义的，它获取 readonly_fields 的属性值，从而将模型字段设为只读属性，通过重写此函数可以自定义模型字段的只读属性，比如根据不同的用户角色来设置模型字段的只读属性。

以项目 babys 为例，在 CommodityInfosAdmin 里重写 get_readonly_fields()函数，根据当前访问的用户角色设置模型字段的只读属性，代码如下：

```python
# 项目应用 commodity 的 admin.py
from django.contrib import admin
from .models import *
@admin.register(CommodityInfos)
class CommodityInfosAdmin(admin.ModelAdmin):
# 在数据列表页设置显示的模型字段
list_display = [x for x in list(Types._meta._forward_fields_map.keys())]


# 重写 get_readonly_fields 函数
# 设置超级管理员和普通用户的权限
def get_readonly_fields(self, request, obj=None):
    if request.user.is_superuser:
        self.readonly_fields = []
    else:
        self.readonly_fields = ['types']
    return self.readonly_fields
```

函数 get_readonly_fields 首先判断当前发送请求的用户是否为超级管理员，如果符合判断条件，就将属性 readonly_fields 设为空列表，使当前用户具有全部字段的编辑权限；如果不符合判断条件，就将模型字段 types 设为只读状态，使当前用户无法编辑模型字段 types（只有只读权限）。

函数参数 request 是当前用户的请求对象，参数 obj 是模型对象，默认值为 None，代表当前网页为数据新增页，否则为数据修改页。函数必须设置返回值，并且返回值为属性 readonly_fields，否则提示异常信息。

运行 babys，使用不同的用户角色登录 Admin 后台系统，在模型 CommodityInfos 的数据新增页或数据修改页看到，不同的用户角色对模型字段 types 的操作权限有所不同，比如分别切换用户 admin 和 root 进行登录，查看是否对模型字段 types 具有编辑权限。

10.4.2　设置字段样式

在 Admin 后台系统预览模型 CommodityInfos 的数据信息时，数据列表页所显示的模型字段是由属性 list_display 设置的，每个字段的数据都来自于数据表，并且数据以固定的字体格式显示在网页上。若要对某些字段的数据进行特殊处理，如设置数据的字体颜色，以模型 CommodityInfos 的字段 types 为例，将该字段的数据设置为不同的颜色，实现代码如下：

```python
# 项目应用 commodity 的 models.py
from django.db import models
from django.utils.html import format_html


class CommodityInfos(models.Model):
    id = models.AutoField(primary_key=True)
    name = models.CharField('商品名称', max_length=100)
    sezes = models.CharField('颜色规格', max_length=100)
    types = models.CharField('商品类型', max_length=100)
```

```
price = models.FloatField('商品价格')
discount = models.FloatField('折后价格')
stock = models.IntegerField('存货数量')
sold = models.IntegerField('已售数量')
likes = models.IntegerField('收藏数量')
created = models.DateField('上架日期', auto_now_add=True)
img = models.FileField('商品主图', upload_to=r'imgs')
details = models.FileField('商品介绍', upload_to=r'details')

def __str__(self):
    return str(self.id)

class Meta:
    verbose_name = '商品信息'
    verbose_name_plural = '商品信息'

# 自定义函数，设置字体颜色
def colored_name(self):
    if '童装' in self.types:
        color_code = 'red'
    else:
        color_code = 'blue'
    return format_html(
        '<span style="color: {};">{}</span>',
        color_code,
        self.types,
    )
# 设置 Admin 的字段名称
colored_name.short_description = '带颜色的商品类型'
```

在模型 CommodityInfos 的定义过程中，我们自定义函数 colored_name()，函数实现的功能说明如下：

（1）通过判断模型字段 types 的值来设置变量 color_code，如果字段的值含有关键词"童装"，那么变量 color_code 等于 red，否则为 blue。

（2）将变量 color_code 和模型字段 types 的值以 HTML 表示，这是设置模型字段 types 的数据颜色，函数返回值使用 Django 内置的 format_html 方法执行 HTML 转义处理。

（3）为函数 colored_name 设置 short_description 属性，使该函数以字段的形式显示在 Admin 后台系统的模型 CommodityInfos 数据列表页。

模型 CommodityInfos 自定义函数 colored_name 是作为模型的虚拟字段，它在数据表里没有对应的表字段，数据由模型字段 types 提供。若将自定义函数 colored_name 显示在 Admin 后台系统，则可以在 CommodityInfosAdmin 的 list_display 属性中添加函数 colored_name，代码如下：

```
# 在属性 list_display 中添加自定义字段 colored_name
# colored_name 来自于模型 CommodityInfos
list_display.append('colored_name')
```

运行 babys，在浏览器上访问模型 CommodityInfos 的数据列表页，发现该页面新增了"带颜色的商品类型"字段，如图 10-19 所示。

颜色规格	商品类型	商品价格	折后价格	带颜色的商品类型
粉色	童装	199.0	188.0	童装
玫红	童装	121.0	66.0	童装
原木色	婴儿床	1099.0	999.0	婴儿床
蓝色	配饰	50.0	39.0	配饰

图 10-19　新增"带颜色的商品类型"字段

10.4.3　数据查询函数 get_queryset()

函数 get_queryset()用于查询模型的数据信息，然后在 Admin 的数据列表页展示。默认情况下，该函数执行全表数据查询，若要改变数据的查询方式，则可重新定义该函数，比如根据不同的用户角色执行不同的数据查询，以 CommodityInfosAdmin 为例，实现代码如下：

```
# 项目应用 commodity 的 admin.py
# 根据当前用户名设置数据访问权限
def get_queryset(self, request):
qs = super().get_queryset(request)
if request.user.is_superuser:
    return qs
else:
    return qs.filter(id__lt=2)
```

分析上述代码可知，自定义函数 get_queryset 的代码说明如下：

（1）通过 super 方法获取父类 ModelAdmin 的函数 get_queryset 所生成的模型查询对象，该对象用于查询模型 CommodityInfos 的全部数据。

（2）判断当前用户角色，如果为超级管理员，函数就返回模型 CommodityInfos 的全部数据，否则返回模型字段 id 小于 2 的数据。

运行 babys，使用普通用户 root 登录 Admin 后台系统，打开模型 CommodityInfos 的数据列表页，页面上只显示 id 等于 1 的数据信息，如图 10-20 所示。

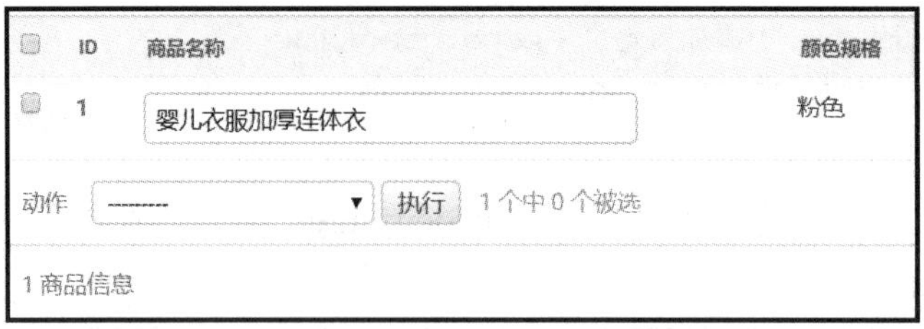

图 10-20　模型 CommodityInfos 的数据列表页

10.4.4　下拉框设置函数 formfield_for_choice_field()

如果模型字段设置了参数 choices，并且字段类型为 CharField，比如模型 CommodityInfos 的 types 字段，在 Admin 后台系统为模型 CommodityInfos 新增或修改某行数据的时候，模型字段 types 就以下拉框的形式表示，它根据模型字段的参数 choices 生成下拉框的数据列表。

若想改变非外键字段的下拉框数据，则可以重写函数 formfield_for_choice_field()。以模型 CommodityInfos 的字段 types 为例，在 Admin 后台系统为字段 types 过滤下拉框数据，实现代码如下：

```
# 项目应用 commodity 的 admin.py
# db_field.choices 获取模型字段的属性 choices 的值
def formfield_for_choice_field(self,db_field,request,**kwargs):
if db_field.name == 'types':
    # 减少字段 types 可选的选项
    kwargs['choices'] = (('童装', '童装'),
                         ('进口奶粉', '进口奶粉'),)
return super().formfield_for_choice_field(db_field,request,**kwargs)
```

formfield_for_choice_field()函数设有 3 个参数，每个参数说明如下：

- 参数db_field代表当前模型的字段对象，由于一个模型可定义多个字段，因此需要对特定的字段进行判断处理。
- 参数request是当前用户的请求对象，可以从该参数获取当前用户的所有信息。
- 形参**kwargs为空字典，它可以设置参数widget和choices。widget是表单字段的小部件（表单字段的参数widget），能够设置字段的CSS样式；choices是模型字段的参数choices，可以设置字段的下拉框数据。

自定义函数 formfield_for_choice_field()判断当前模型字段是否为 types，若判断结果为 True，则重新设置形参**kwargs 的参数 choices，并且参数 choices 有固定的数据格式，最后调用 super 方法使函数继承并执行父类函数 formfield_for_choice_field()，这样能为模型字段 types 过滤下拉框数据。

运行 babys，在 Admin 后台系统打开模型 CommodityInfos 的数据新增页或数据修改页，单击打开字段 types 的下拉框数据，如图 10-21 所示。

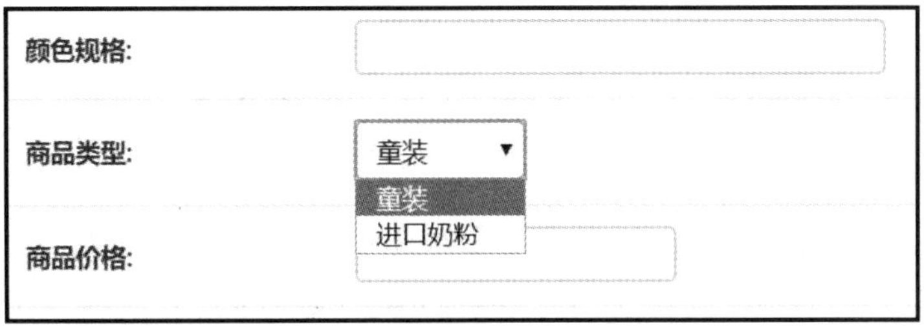

图 10-21 字段 types 的下拉框数据

formfield_for_choice_field()只能过滤已存在的下拉框数据，如果要对字段的下拉框新增数据内容，只能自定义内置函数 formfield_for_dbfield()，如果在 admin.py 都重写了formfield_for_dbfield() 和 formfield_for_choice_field()，Django 优先执行函数formfield_for_dbfield()，然后再执行函数 formfield_for_choice_field()，所以字段的下拉框数据最终应以 formfield_for_choice_field()为准。

10.4.5 保存函数 save_model()

函数 save_model()是在新增或修改数据的时候，单击"保存"按钮所触发的功能，该函数主要对输入的数据进行入库或修改处理。若想在这个功能中加入一些特殊功能，则可对函数 save_model()进行重写。比如对数据的修改实现日志记录，以 CommodityInfosAdmin 为例，函数 save_model()的实现代码如下：

```
# 项目应用 commodity 的 admin.py
def save_model(self, request, obj, form, change):
if change:
    # 获取当前用户名
    user = request.user.username
    # 使用模型获取数据，pk 代表具有主键属性的字段
    name = self.model.objects.get(pk=obj.pk).name
    # 使用表单获取数据
    types = form.cleaned_data['types']
    # 写入日志文件
    f = open('d://log.txt', 'a')
    f.write(name+'商品类型: '+types+', 被'+user+'修改'+'\r\n')
    f.close()
else:
    pass
# 使用 super 在继承父类已有功能的情况下新增自定义功能
super().save_model(request, obj, form, change)
```

save_model()函数设有 4 个参数，每个参数说明如下：

- 参数 request 代表当前用户的请求对象。
- 参数 obj 是模型的数据对象，比如修改模型 CommodityInfos 的某行数据（称为数据 A），参数 ojb 代表数据 A 的数据对象，如果为模型 CommodityInfos 新增数据，参

数 ojb 就为 None。

- 参数 form 代表模型表单，它是 Django 自动创建的模型表单，比如在模型 CommodityInfos 里新增或修改数据，Django 自动为模型 CommodityInfos 创建表单 CommodityInfosForm。
- 参数 change 判断当前请求是来自数据修改页还是来自数据新增页，如果来自数据修改页，就代表用户执行数据修改，参数 change 为 True，否则为 False。

无论是修改数据还是新增数据，都会调用函数 save_model()实现数据保存，因此函数会对当前操作进行判断，如果参数 change 为 True，就说明当前操作为数据修改，否则为新增数据。

如果当前操作是修改数据，就从函数参数 request、obj 和 form 里获取当前数据的修改内容，然后将修改内容写入 D 盘的 log.txt 文件，最后调用 super 方法使函数继承并执行父类的函数 save_model()，实现数据的入库或修改处理。若不调用 super 方法，则当执行数据保存时，程序只执行日志记录功能，并不执行数据入库或修改处理。

运行 babys，使用超级管理员登录 Admin 后台系统并打开模型 CommodityInfos 的数据修改页，单击"保存"按钮实现数据修改，在 D 盘下打开并查看日志文件 log.txt，如图 10-22 所示。

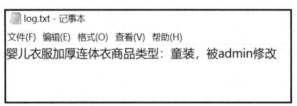

图 10-22　日志文件 log.txt

如果执行数据删除操作，Django 就调用函数 delete_model()实现，该函数设有参数 request 和 obj，参数的数据类型与函数 save_model()的参数相同。若要重新定义函数 delete_model()，则定义过程可参考函数 save_model()，在此就不再重复讲述。

10.4.6　数据批量处理

模型 CommodityInfos 的数据列表页设有"动作"栏，单击"动作"栏右侧的下拉框可以看到数据删除操作。只要选中某行数据前面的复选框，在"动作"栏右侧的下拉框选择"删除所选的商品信息"并单击"执行"按钮，即可实现数据删除，如图 10-23 所示。

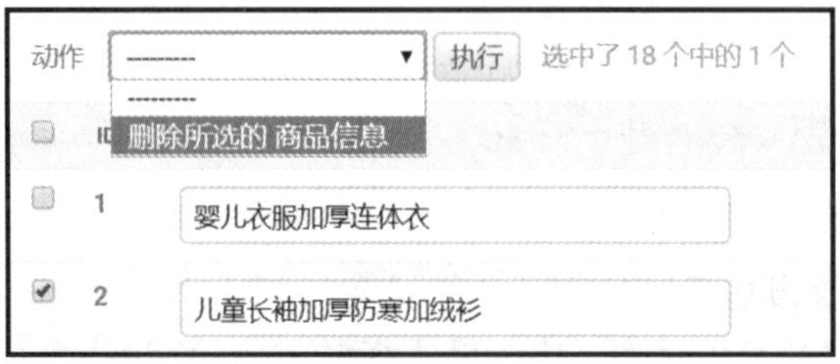

图 10-23　删除数据

从上述的数据删除方式来看，这种操作属于数据批量处理，因为每次可以删除一行或多行数据，若想对数据执行批量操作，则可在"动作"栏里自定义函数，实现数据批量操作。比如实现数据的批量导出功能，以模型 CommodityInfos 为例，在 CommodityInfosAdmin 中定义数据批量导出函数，代码如下：

```python
# 项目应用 commodity 的 admin.py
# 数据批量操作
def get_datas(self, request, queryset):
temp = []
for d in queryset:
    t=[d.name,d.types,str(d.discount)]
    temp.append(t)
f = open('d://data.txt', 'a')
for t in temp:
    f.write(','.join(t) + '\r\n')
f.close()
# 设置提示信息
self.message_user(request, '数据导出成功！')

# 设置函数的显示名称
get_datas.short_description = '导出所选数据'
# 添加到"动作"栏
actions = ['get_datas']
```

数据批量操作函数 get_datas()可自行命名函数名，参数 request 代表当前用户的请求对象，参数 queryset 代表已被勾选的数据对象。函数实现的功能说明如下：

（1）遍历参数 queryset，从已被勾选的数据对象里获取模型字段的数据内容，每行数据以列表 t 表示，并且将列表 t 写入列表 temp。

（2）在 D 盘下创建 data.txt 文件，并遍历列表 temp，将每次遍历的数据写入 data.txt 文件，最后调用内置方法 message_user 提示数据导出成功。

（3）为函数 get_datas()设置 short_description 属性，该属性用于设置"动作"栏右侧的下拉框的数据内容。

（4）将函数 get_datas()绑定到 ModelAdmin 的内置属性 actions，在"动作"栏生成数据批量处理功能。

运行 babys，在模型 CommodityInfos 的数据列表页全选当前数据，打开"动作"栏右侧的下拉框，选择"导出所选数据"，单击"执行"按钮执行数据导出操作，如图 10-24 所示。

图 10-24　数据批量导出

10.5　本章小结

Admin 后台系统也称为网站后台管理系统，主要对网站的信息进行管理，如文字、图片、影音和其他日常使用的文件的发布、更新、删除等操作，也包括数据信息的统计和管理，如用户信息、订单信息和商品信息等。简单来说，它是对网站数据库和文件进行快速操作和管理的系统，以使网页内容能够及时地得到更新和调整。

ModelAdmin 继 承 BaseModelAdmin ，而 父 类 BaseModelAdmin 的 元 类 为 MediaDefiningClass，因此 Admin 系统的属性和方法来自 ModelAdmin 和 BaseModelAdmin。由于定义的属性和方法较多，因此这里只说明日常开发中常用的属性和方法。

- fields: 由 BaseModelAdmin 定义，格式为列表或元组，在新增或修改模型数据时，设置可编辑的字段。

- exclude: 由 BaseModelAdmin 定义，格式为列表或元组，在新增或修改模型数据时，隐藏字段，使字段不可编辑，同一个字段不能与 fields 共同使用，否则提示异常。

- fieldsets: 由 BaseModelAdmin 定义，格式为两元的列表或元组（列表或元组的嵌套使用），改变新增或修改页面的网页布局，不能与 fields 和 exclude 共同使用，否则提示异常。

- radio_fields: 由 BaseModelAdmin 定义，格式为字典，如果新增或修改的字段数据以下拉框的形式展示，那么该属性可将下拉框改为单选按钮。

- readonly_fields: 由 BaseModelAdmin 定义，格式为列表或元组，在数据新增或修改的页面设置只读的字段，使字段不可编辑。

- ordering: 由 BaseModelAdmin 定义，格式为列表或元组，设置排序方式，比如以字段 id 排序，['id']为升序，['-id']为降序。

- sortable_by: 由 BaseModelAdmin 定义，格式为列表或元组，设置数据列表页的字段是否可排序显示，比如数据列表页显示模型字段 id、name 和 age，如果单击字段 name，数据就以字段 name 进行升序（降序）排列，该属性可以设置某些字段是否具有排序功能。

- formfield_for_choice_field()：由 BaseModelAdmin 定义，如果模型字段设置 choices 属性，那么重写此方法可以更改或过滤模型字段的属性 choices 的值。
- formfield_for_foreignkey()：由 BaseModelAdmin 定义，如果模型字段为外键字段（一对一关系或一对多关系），那么重写此方法可以更改或过滤模型字段的可选值（下拉框的数据）。
- formfield_for_manytomany()：由 BaseModelAdmin 定义，如果模型字段为外键字段（多对多关系），那么重写此方法可以更改或过滤模型字段的可选值。
- get_queryset()：由 BaseModelAdmin 定义，重写此方法可自定义数据的查询方式。
- get_readonly_fields()：由 BaseModelAdmin 定义，重写此方法可自定义模型字段的只读属性，比如根据不同的用户角色来设置模型字段的只读属性。
- list_display：由 ModelAdmin 定义，格式为列表或元组，在数据列表页设置显示在页面的模型字段。
- list_display_links：由 ModelAdmin 定义，格式为列表或元组，为模型字段设置路由地址，由该路由地址进入数据修改页。
- list_filter：由 ModelAdmin 定义，格式为列表或元组，在数据列表页的右侧添加过滤器，用于筛选和查找数据。
- list_per_page：由 ModelAdmin 定义，格式为整数类型，默认值为 100，在数据列表页设置每一页显示的数据量。
- list_max_show_all：由 ModelAdmin 定义，格式为整数类型，默认值为 200，在数据列表页设置每一页显示最大上限的数据量。
- list_editable：由 ModelAdmin 定义，格式为列表或元组，在数据列表页设置字段的编辑状态，可以在数据列表页直接修改某行数据的字段内容并保存，该属性不能与 list_display_links 共存，否则提示异常信息。
- search_fields：由 ModelAdmin 定义，格式为列表或元组，在数据列表页的搜索框设置搜索字段，根据搜索字段可快速查找相应的数据。
- date_hierarchy：由 ModelAdmin 定义，格式为字符类型，在数据列表页设置日期选择器，只能设置日期类型的模型字段。
- save_as：由 ModelAdmin 定义，格式为布尔型，默认为 False，若改为 True，则在数据修改页添加"另存为"功能按钮。
- actions：由 ModelAdmin 定义，格式为列表或元组，列表或元组的元素为自定义函数，函数在"动作"栏生成操作列表。
- actions_on_top 和 actions_on_bottom：由 ModelAdmin 定义，格式为布尔型，设置"动作"栏的位置。
- save_model()：由 ModelAdmin 定义，重写此方法可自定义数据的保存方式。
- delete_model()：由 ModelAdmin 定义，重写此方法可自定义数据的删除方式。

第11章

项目上线与部署

目前，部署 Django 项目有两种主流方案：Nginx+uWSGI+Django 和 Apache+uWSGI+Django。Nginx 或 Apache 作为服务器最前端，负责接收浏览器所有的 HTTP 请求并统一管理。静态资源的 HTTP 请求由 Nginx 或 Apache 自己处理；非静态资源的 HTTP 请求则由 Nginx 或 Apache 传递给 uWSGI 服务器，然后传递给 Django 应用，最后由 Django 进行处理并做出响应，从而完成一次 Web 请求。不同的计算机操作系统，Django 的部署方法有所不同，随着技术的发展，Django 的项目部署方式趋向多元化发展，比如 Docker、云服务器和云部署平台等，使项目部署变得更加简单和快捷，本章分别讲述 Django 如何部署在 Windows 和 Linux 系统中。

11.1 自定义异常页面

网站异常是一个普遍存在的问题，常见的异常以 404 或 500 为主。出现异常主要是网站自身的数据缺陷或者不合理的非法访问所导致的。比如商城网址为 127.0.0.1:8000/commodity/details.html，该网站在项目 babys 中没有定义相应的路由信息，当用户访问不存在的网址时，网站应抛出 404 异常。

我们在项目的模板文件夹 templates 已放置了模板文件 404.html，模板文件 404.html 作为 404 或 500 的异常页面。首先在 babys 的 urls.py 中定义 404 或 500 的路由信息，代码如下：

```
# babys 的 urls.py
# 设置 404 和 500
from index import views
handler404 = views.page_not_found
```

```
handler500 = views.page_error
```

从 404 或 500 的路由信息看到，路由的 HTTP 请求分别由视图函数 page_not_found 和 page_error 负责接收和处理。我们在项目应用 index 的 views.py 中定义 404 和 500 的视图函数，代码如下：

```
# 项目应用 index 的 views.py
# 定义 404 和 500 的视图函数
def page_not_found(request, exception):
    return render(request, '404.html', status=404)


def page_error(request):
    return render(request, '404.html', status=500)
```

视图函数 page_not_found 和 page_error 使用模板文件 404.html 生成异常页面，我们在模板文件 404.html 中编写异常页面的 HTML 代码，代码如下：

```
# templates 的 404.html
<!DOCTYPE html>
<html lang="en" >
<head>
{% load static %}
<meta charset="UTF-8">
<title>网页逃跑了</title>
<link rel="stylesheet" href="{% static 'css/style.css' %}">
</head>
<body>
<div class="about">
<a class="bg_links social portfolio" href="#">
<span class="icon"></span>
</a>
<a class="bg_links social dribbble" href="#">
<span class="icon"></span>
</a>
<a class="bg_links social linkedin" href="#">
<span class="icon"></span>
</a>
<a class="bg_links logo"></a>
</div>
<nav>
<div class="menu">
<p class="website_name">母婴商城</p>
<div class="menu_icon">
<span class="icon"></span>
</div>
</div>
```

```
</nav>
<section class="wrapper">
<div class="container">
<div id="scene" class="scene" data-hover-only="false">
<div class="circle" data-depth="1.2"></div>
<div class="one" data-depth="0.9">
<div class="content">
    <span class="piece"></span>
    <span class="piece"></span>
    <span class="piece"></span>
</div>
</div>
<div class="two" data-depth="0.60">
<div class="content">
    <span class="piece"></span>
    <span class="piece"></span>
    <span class="piece"></span>
</div>
</div>
<div class="three" data-depth="0.40">
<div class="content">
    <span class="piece"></span>
    <span class="piece"></span>
    <span class="piece"></span>
</div>
</div>
<p class="p404" data-depth="0.50">404</p>
<p class="p404" data-depth="0.10">404</p>
</div>

<div class="text">
<article>
<a href="{% url 'index:index' %}">返回首页</a>
</article>
</div>
</div>
</section>
<script src={% static 'js/parallax.min.js' %}></script>
<script src={% static 'js/jquery.min.js' %}></script>
<script src={% static 'js/script.js' %}></script>
</body>
</html>
```

模板文件 404.html 引入 CSS 样式文件 style.css 和 JS 脚本文件 parallax.min.js、jquery.min.js 和 script.js，然后使用静态图片文件夹 svg 的图片文件作为页面内容，使网页具有动态效果，如图 11-1 所示。

图 11-1　404 页面

11.2　项目上线部署配置

由于项目 babys 还处于开发调试模式，即使定义了 404 页面，但在开发调试模式下依然无法访问 404 页面，因为开发调试模式下的 404 页面会自动提示当前程序的异常信息。如果将网站部署在正式服务器中并且还处于开发调试模式，用户在访问不存在的页面或网站出现异常的时候，网站会把异常信息显示在网页上，这样就泄露了网站的部分代码，很容易遭到网络攻击。

当项目完成开发阶段并准备上线部署的时候，我们需要将项目的开发调试模式改为上线模式，首先在项目的 settings.py 中设置配置属性 DEBUG 和 ALLOWED_HOSTS，同时添加配置属性 STATIC_ROOT，配置信息如下：

```
# babys 的 settings.py
DEBUG = False
ALLOWED_HOSTS = ['*']
STATIC_ROOT = os.path.join(BASE_DIR, 'static')
```

配置属性 STATIC_ROOT 指向项目的 static 文件夹，但创建项目的时候，我们并没有在项目中创建 static 文件夹，只是创建了静态资源文件夹 pstatic。因为项目的 static 文件夹可以使用 Django 内置指令 collectstatic 创建，在 PyCharm 的 Terminal 中输入 collectstatic 指令，如图 11-2 所示。

```
F:\babys>python manage.py collectstatic

266 static files copied to 'F:\babys\static'.
```

图 11-2　创建 static 文件夹

在 PyCharm 中打开项目的 static 文件夹，发现它复制了静态资源文件夹 pstatic 里面的所有静态资源，并且还复制了 Admin 后台系统的静态资源，如图 11-3 所示。

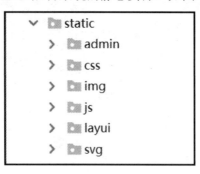

图 11-3　static 文件夹

现在项目中存在两个静态文件夹，第一个是项目的 pstatic 文件夹，第二个是项目的 static 文件夹。Django 根据不同的运行模式读取不同的静态文件夹。这种设计方案已兼顾 Django 的两种运行模式，每次切换运行模式只需改变配置属性 DEBUG 的值即可，详细说明如下：

（1）如果将 Django 设为调试模式（DEBUG=True），那么项目运行时将读取项目的 pstatic 文件夹的静态资源。

（2）如果将 Django 设为上线模式（DEBUG=False），那么项目运行时将读取项目的 static 文件夹的静态资源。

当 Django 设为上线模式时，它不再提供静态资源服务，该服务应交由服务器来完成，因此在项目的路由列表中添加静态资源的路由信息，让 Django 知道如何找到静态资源文件，否则无法在浏览器上访问 static 文件夹的静态资源信息，路由信息如下：

```python
# babys 的 urls.py
from django.contrib import admin
from django.urls import path, include, re_path
from django.views.static import serve
from django.conf import settings


urlpatterns = [
    path('admin/', admin.site.urls),
    path('', include(('index.urls', 'index'), namespace='index')),
    path('commodity',include(('commodity.urls','commodity'),
namespace='commodity')),
    path('shopper',include(('shopper.urls','shopper'),
namespace='shopper')),
    # 配置媒体资源的路由信息
    re_path('media/(?P<path>.*)', serve,
{'document_root':settings.MEDIA_ROOT}, name='media'),
    # 定义静态资源的路由信息
    re_path('static/(?P<path>.*)', serve,
{'document_root':settings.STATIC_ROOT},name='static'),
```

```
]

# 设置 404 和 500
from index import views
handler404 = views.page_not_found
handler500 = views.page_error
```

综上所述，设置 Django 项目上线模式的操作步骤如下：

（1）在项目的 settings.py 中设置配置属性 STATIC_ROOT，该配置指向整个项目的静态资源文件夹，然后修改配置属性 DEBUG 和 ALLOWED_HOSTS。

（2）使用 collectstatic 指令收集整个项目的静态资源，这些静态资源将存放在配置属性 STATIC_ROOT 设置的文件路径下。

（3）在项目的 urls.py 中添加静态资源的路由信息，让 Django 知道如何找到静态资源文件。

11.3　基于 Windows 部署 Django

Windows 系统内置 IIS 服务器，我们可以将 Django 项目部署在 IIS 服务器，因此无须下载安装 Nginx 或 Apache 服务器，从而简化了项目的部署过程。本节讲述的项目部署的系统及软件版本如下：

- Windows 10 操作系统。
- IIS 服务器为 6.0 版本或以上。
- Python 3.8 版本或以上。
- Django 3.0 版本或以上。

11.3.1　安装 IIS 服务器

默认情况下，Windows 10 操作系统没有开启 IIS 服务器，由于每个人的计算机系统设置不同，如果计算机上已开启 IIS 服务器，那么可以跳过本小节的内容，直接阅读下一小节。如果尚未开启 IIS 服务器，那么可以在计算机的"控制面板"找到"程序和功能"，如图 11-4 所示。

在"程序和功能"界面中找到并单击"启用或关闭 Windows 功能"，如图 11-5 所示。进入"启用或关闭 Windows 功能"界面，只需勾选"Internet Information Services"的部分功能选项，然后单击"确定"按钮即可安装和开启 IIS 服务器，如图 11-6 所示。

图 11-4　控制面板

图 11-5　程序和功能

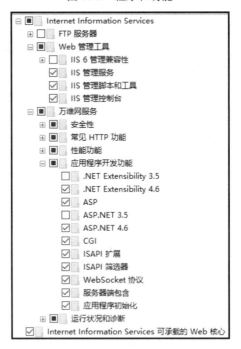

图 11-6　启用或关闭 Windows 功能

当 IIS 服务器安装成功后，打开 Windows 的"开始菜单"，在"Windows 管理工具"中单击"Internet Information Services (IIS)管理器"，如图 11-7 所示。Windows 系统将运行 IIS 服务器，服务器界面如图 11-8 所示。

图 11-7　Windows 管理工具

图 11-8　IIS 服务器

11.3.2　IIS 服务器部署项目

本节讲述如何在 IIS 服务器中部署 Django 项目，以项目 babys 为例，在部署项目之前必须确保项目 babys 已设为上线模式。首先安装 wfastcgi 模块，在命令提示符窗口输入 "pip install wfastcgi" 指令即可完成模块的安装过程。该模块在 Python 与 IIS 服务器之间搭建桥梁，使两者之间实现有效连接。

下一步在 IIS 服务器配置项目站点，右击 IIS 服务器界面左侧的 "网站"，选中并单击 "添加网站"，在 "添加网站" 界面输入项目站点信息，如图 11-9 所示。

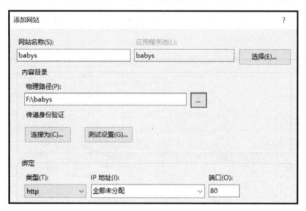

图 11-9　添加网站

我们将网站名称改为 babys；物理路径是网站的项目文件夹；端口号改为 80，默认值为 80。如果默认端口号 80 被其他应用程序占用，可以改为 8000 等其他端口，防止端口重用的情况。

网站添加成功后，在 IIS 服务器界面可看到新增网站 babys。单击新增网站 babys，在 IIS 服务器界面的正中间就能看到网站的配置信息，双击"处理程序映射"进入相应界面，如图 11-10 所示。然后在"处理程序映射"界面的空白处，右击并选择"添加模块映射"，如图 11-11 所示。

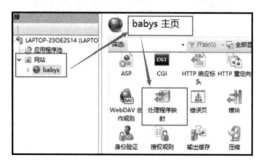

图 11-10　处理程序映射

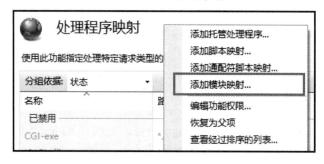

图 11-11　添加模块映射

在"添加模块映射"界面中分别输入请求路径、模块、可执行文件和名称等相关信息，并单击"请求限制"，取消勾选"仅当请求映射至以下内容时才调用处理程序"复选框。其中请求路径和模块是固定内容；可执行文件由"|"分为两部分，E:\Python\python.exe 代表 Python 解释器，E:\Python\Lib\site-packages\wfastcgi.py 代表 wfastcgi 模块。整个模块映射的配置如图 11-12 所示。

图 11-12　设置添加模块映射

模块映射添加成功后，在 IIS 服务器的主页看到新增的"FastCGI 设置"，如图 11-13 所示。双击"FastCGI 设置"进入相应界面，然后在"FastCGI 设置"界面中双击打开当前路径信息，在"编辑 FastCGI 应用程序"界面中设置环境变量，如图 11-14 所示。

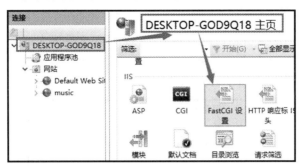

图 11-13 FastCGI 设置

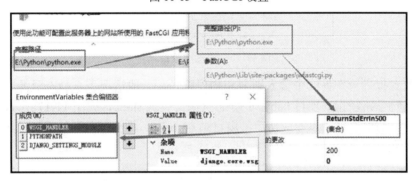

图 11-14 设置环境变量

从图 11-14 看到，"编辑 FastCGI 应用程序"界面的完整路径 E:\Python\python.exe 来自图 11-12 新增的模块映射，我们需要对该路径添加 3 个环境变量，每个环境变量以键值对表示，具体设置如下。

- Name: WSGI_HANDLER:Value: django.core.wsgi.get_wsgi_application()
- Name: PYTHONPATH:Value: F:\babys（项目路径）
- Name: DJANGO_SETTINGS_MODULE:Value: babys.settings（项目的配置文件）

当环境变量设置成功后，在浏览器上访问 http://localhost/即可看到商城首页，如图 11-15 所示。

图 11-15 商城首页

11.3.3 部署静态资源

现在商城已部署在 IIS 服务器，但是网站的静态资源文件尚未部署在 IIS 服务器，本节讲述如何在 IIS 服务器部署静态资源文件。首先右击 IIS 服务器界面左侧的项目站点 babys，然后单击"添加虚拟目录"，如图 11-16 所示。

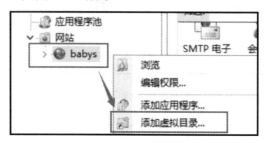

图 11-16　添加虚拟目录

在"添加虚拟目录"界面中输入别名和物理路径。一般情况下，静态资源文件的别名改为"static"，物理路径指向项目 babys 的静态资源文件夹 static，如图 11-17 所示。

当静态资源的虚拟目录添加成功后，项目站点 babys 将会显示网站的目录结构，并且为静态资源文件夹 static 设置虚拟目录，如图 11-18 所示。

图 11-17　设置虚拟目录

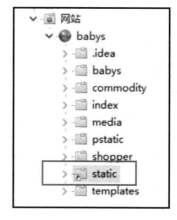

图 11-18　目录结构

综上所述，我们在 Windows 的 IIS 服务器已完成 Django 项目的上线部署，回顾整个部署过程，可以总结出以下的操作步骤：

（1）从计算机的"控制面板"找到"程序和功能"，由"程序和功能"界面进入"启用或关闭 Windows 功能"，勾选"Internet Information Services"的部分功能选项并单击"确定"按钮即可安装和开启 IIS 服务器。

（2）使用 pip 指令安装 wfastcgi 模块，然后右击 IIS 服务器界面左侧的"网站"，选中并单击"添加网站"，在"添加网站"界面中输入网站信息即可创建项目站点。

（3）在项目站点的"处理程序映射"界面中，右击并选择"添加模块映射"。在"添加模块映射"界面分别输入请求路径、模块、可执行文件和名称等相关信息,并单击"请求限制",取消勾选"仅当请求映射至以下内容时才调用处理程序"复选框。

(4)在 IIS 服务器的主页看到新增的"FastCGI 设置",进入"FastCGI 设置"界面,找到路径信息为 E:\Python\python.exe,然后对该路径分别添加 3 个环境变量即可完成网站部署。

(5)在项目站点添加虚拟目录,虚拟目录实现网站的静态资源部署,只需在"添加虚拟目录"界面中输入别名和静态资源的物理路径即可。

11.4 基于 Linux 部署 Django

Linux 操作系统没有内置服务器功能,若想将 Django 项目部署在 Linux 系统,则可以选择安装 Nginx 或 Apache 服务器。本节以 Nginx 服务器为例,讲述如何将 Django 项目部署在 Linux 系统中。

11.4.1 安装 Linux 虚拟机

大多数开发者都是使用 Windows 操作系统进行项目开发的,而项目的部署以选择 Linux 操作系统为主。因此,我们在 Windows 上安装虚拟机 VirtualBox(全称为 Oracle VM VirtualBox)。读者可以在 https://www.virtualbox.org/wiki/Downloads 下载软件安装包或者在网上搜索相关资源下载安装。

虚拟机 VirtualBox 安装成功后,运行虚拟机 VirtualBox,主界面如图 11-19 所示。在图 11-19 中单击"新建"按钮,在虚拟机中创建一个虚拟计算机,然后在"新建虚拟电脑"界面中选择"专家模式",分别输入虚拟计算机的名称、选择计算机系统的类型和设置内存大小,如图 11-20 所示。

图 11-19 虚拟机 VirtualBox

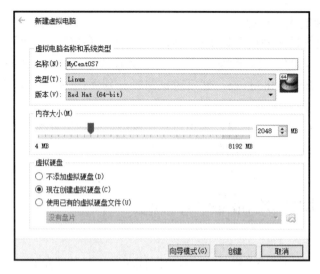

图 11-20　新建虚拟计算机

　　完成虚拟计算机的基本配置后，单击图 11-20 中的"创建"按钮，虚拟机 VirtualBox 生成"创建虚拟硬盘"界面，如图 11-21 所示。在"创建虚拟硬盘"界面中单击"创建"按钮即可完成虚拟计算机的创建。在虚拟机 VirtualBox 的主界面可以看到新建的虚拟计算机，如图 11-22 所示。

图 11-21　创建虚拟硬盘

图 11-22　新建的虚拟计算机

　　虚拟计算机 MyCentOS7 还没有安装相应的操作系统，相当于一台硬件已组装好的计算机。接下来，我们会为虚拟计算机 MyCentOS7 安装相应的操作系统。安装操作系统之前，首先设置虚拟计算机 MyCentOS7 的网络设置。选中虚拟计算机 MyCentOS7 并单击"设置"按钮，进入 MyCentOS7 的设置界面，单击"网络"并设置网卡 1 的网络连接方式，将网络连接方式设为"桥接网卡"，混杂模式改为"全部允许"，如图 11-23 所示。

图 11-23　网络连接方式

　　虚拟计算机 MyCentOS7 的网络连接方式改为桥接网卡，可以在虚拟计算机中使用本地系统的网络服务，实现虚拟计算机和本地系统的网络通信。完成网络设置后，回到虚拟机 VirtualBox 的主界面，然后单击"启动"按钮，启动虚拟计算机 MyCentOS7，首次启动虚拟计算机会提示"选择启动盘"，如图 11-24 所示。

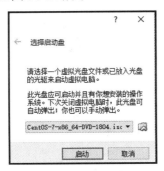

图 11-24　选择启动盘

　　选择镜像文件 CentOS-7-x86_64-DVD-1804.iso，镜像文件可在 CentOS 的官方网站下载（www.centos.org/download/）。单击"启动"按钮，虚拟计算机 MyCentOS7 进入 CentOS 7 的安装界面，如图 11-25 所示。

图 11-25　CentOS 7 的安装界面

选择"Install CentOS 7"并按回车键，等待系统运行完成后即可进入 CentOS 7 的安装主界面。在安装主界面选择语言类型，如图 11-26 所示。

图 11-26　选择语言类型

单击图 11-26 中的"继续"按钮进入系统安装的配置界面，在此界面只需简单设置安装位置，其他选项使用默认配置即可，如图 11-27 所示。

图 11-27　配置界面

在图 11-27 中单击"开始安装"按钮，虚拟计算机 MyCentOS7 会自动安装 CentOS 7 系统，在安装过程中需要设置 ROOT 密码。当系统安装完成后，单击"重启"按钮即可进入 CentOS 7 系统，如图 11-28 所示。

图 11-28　CentOS 7 系统

输入用户密码之后即可登录 CentOS 7 系统，首次登录 CentOS 7 系统需要设置虚拟机系统与本地系统的通信连接。首先修改 CentOS 7 系统的网络配置，将系统路径切换到 network-scripts，并且打开 ifcfg-enp0s3 文件，每个 Linux 系统的 ifcfg-eth0s3 文件可能有细微差异，但格式以"ifcfg-enpXXX"表示，如图 11-29 所示。

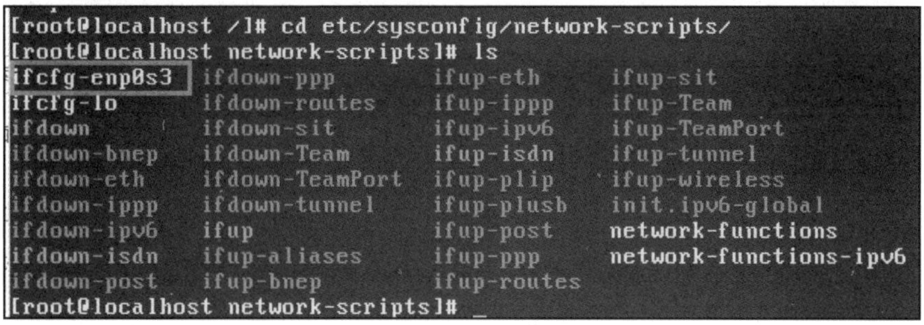

图 11-29　网络配置

使用 vi 指令打开 ifcfg-enp0s3 文件，并将 ONBOOT=no 改为 ONBOOT=yes，如图 11-30 所示，当文件修改完成后，输入"service network restart"指令重启网络配置即可。

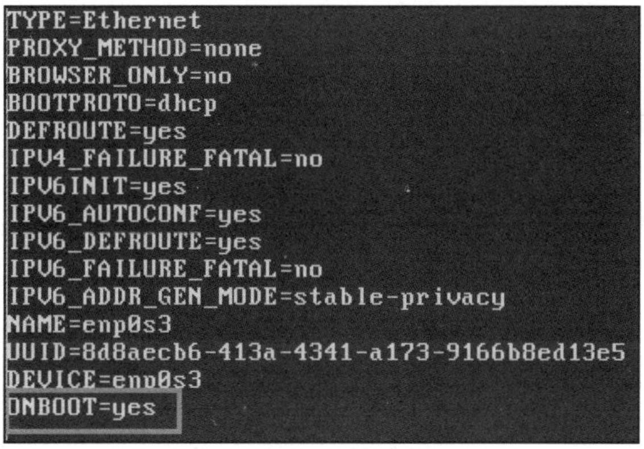

图 11-30　修改 ifcfg-enp0s3

当 CentOS 7 系统的网络重启后，虚拟机系统与本地系统已实现通信连接。然后安装网络功能 net-tools，在 CentOS 7 系统界面上输入安装指令 yum install net-tools，等待安装完成即可。然后关闭 CentOS 7 系统的防火墙，可以依次输入以下指令：

```
sudosystemctl stop firewalld.service
sudosystemctl disable firewalld.service
```

关闭防火墙后，在 CentOS 7 系统中输入 ifconfig，查询 CentOS 7 系统的 IP 地址，如图 11-31 所示。

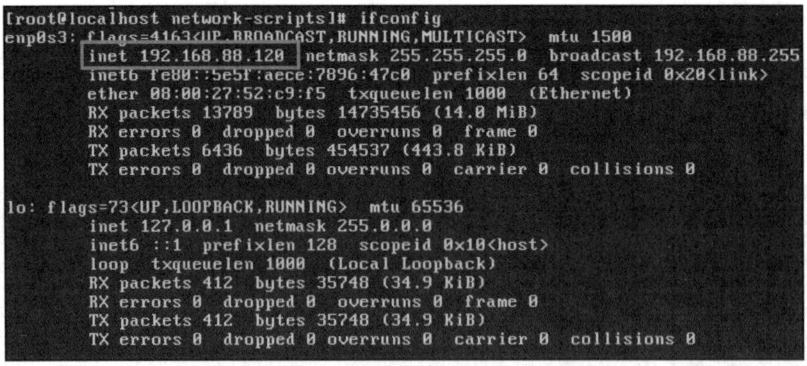

图 11-31 查询 CentOS 7 系统的 IP 地址

最后在本地系统使用 FileZilla 软件连接虚拟机 CentOS 7 系统,在 FileZilla 的站点管理输入虚拟机 CentOS 7 系统的 IP 地址、用户账号和密码即可实现连接。使用 FileZilla 软件实现本地系统与虚拟机系统间的 FTP 通信,这样方便两个系统之间的文件传输,利于项目的维护和更新,如图 11-32 所示。

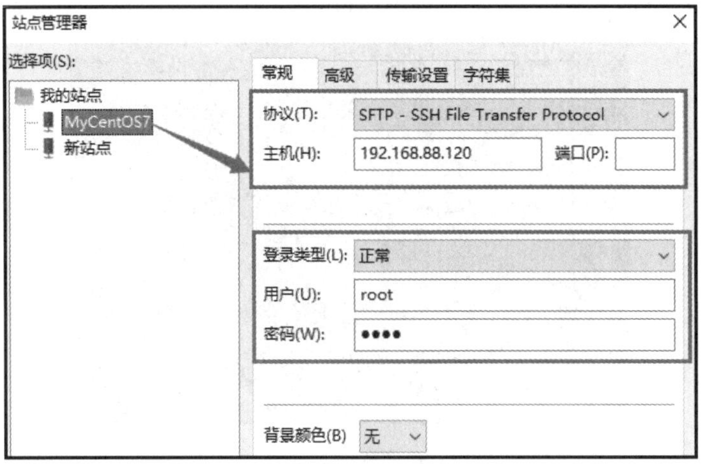

图 11-32 FileZilla 软件

11.4.2 安装 Python 3

CentOS 7 系统默认安装 Python 2.7 版本,但 Django 3.0 不再支持 Python 2.7 版本,因此我们需要在 CentOS 7 系统中安装 Python 3 版本。本节主要讲述如何在 CentOS 7 系统中安装 Python 3.8。

在安装 Python 3.8 之前,我们分别需要安装 Linux 的 wget 工具、GCC 编译器环境以及 Python 3 使用的依赖组件,相关的安装指令如下:

```
# 安装 Linux 的 wget 工具,用于在网上下载文件
yum -y install wget
# GCC 编译器环境,安装 Python 3 时所需的编译环境
yum -y install gcc
```

```
# Python 3 使用的依赖组件
yum install openssl-devel bzip2-devel expat-develgdbm-devel
yum install readline-develsqlite*-develmysql-develliblffi-devel
```

完成依赖组件的安装后，使用 wget 指令在 Python 官网下载 Python 3.8 压缩包，在 CentOS 7 系统输入下载指令 wget "https://www.python.org/ftp/python/3.8.2/Python-3.8.2.tgz"。下载完成后，可以在当前路径查看下载的内容。

下一步对压缩包进行解压，在当前路径下输入解压指令 tar -zxvf Python-3.8.2.tgz。当解压完成后，在当前路径下会出现 Python-3.8.2 文件夹。

Python-3.8.2 文件夹是我们需要的开发环境，里面包含 Python 3.8 版本所需的组件。最后将 Python-3.8.2 编译到 CentOS 7 系统，编译指令如下：

```
# 进入 Python-3.8.2 文件夹
cd Python-3.8.2
# 依次输入编译指令
sudo ./configure
sudomake
sudomake install
```

编译完成后，我们在 CentOS 7 系统中输入指令 python3，即可进入 Python 交互模式，则说明在 CentOS 7 中成功地安装了 Python 3.8。

11.4.3　部署 uWSGI 服务器

uWSGI 是一个 Web 服务器，它实现 WSGI、uWSGI 和 HTTP 等网络协议，而且 Nginx 的 HttpUwsgiModule 能与 uWSGI 服务器进行交互。WSGI 是一种 Web 服务器网关接口，它是 Web 服务器（如 Nginx 服务器）与 Web 应用（如 Django 框架实现的应用）通信的一种规范。

在部署 uWSGI 服务器之前，需要在 Python 3 中安装相应的模块，我们使用 pip3 安装即可，安装指令如下：

```
pip3 install mysqlclient
pip3 install django
pip3 install uwsgi
```

模块安装成功后，打开本地系统的项目 babys，修改项目的配置文件 settings.py，主要修改数据库连接信息，修改代码如下：

```
# 数据库连接本地的数据库系统
DATABASES = {
    'default': {
        'ENGINE': 'django.db.backends.mysql',
        'NAME': 'babys',
        'USER':'root',
        'PASSWORD':'1234',
    # 改为本地系统的 IP 地址
        'HOST':'192.168.88.178',
```

```
        'PORT':'3306',
    }
}
```

由于项目 babys 的数据库是连接本地系统的 MySQL 数据库，因此还需要设置本地系统的 MySQL 数据库的用户权限。我们使用 Navicat Premium 修改 MySQL 数据库的用户权限，首先连接本地的 MySQL 数据库，打开用户列表并编辑用户 root，将主机改为"%"并保存，如图 11-33 所示。

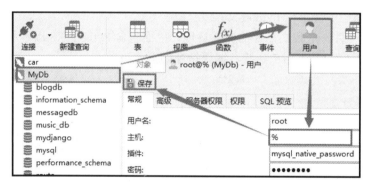

图 11-33　修改用户权限

下一步使用 FileZilla 工具软件将本地系统的项目 babys 转移到虚拟系统 CentOS 7，项目 babys 存放在虚拟系统的 home 文件夹中。完成上述配置后，在 CentOS 7 系统中输入 uwsgi 指令，测试 uWSGI 服务器能否正常运行，指令如下：

```
# /home/babys 是项目 babys 的绝对路径
# babys.wsgi 是项目 babys 的 wsgi.py 文件
uwsgi --http :8080 --chdir /home/babys -w babys.wsgi
```

指令运行后，可以在本地系统的浏览器中输入虚拟系统的 IP 地址+8080 端口查看测试结果，比如在浏览器上访问 http://192.168.88.120:8080/，我们可以看到项目 babys 的首页信息。

uWSGI 服务器测试成功后，下一步为项目 babys 编写 uWSGI 配置文件。当项目运行上线时，只需执行 uWSGI 配置文件即可运行项目 babys 的 uWSGI 服务器。在项目 babys 的目录下创建 babys_uwsgi.ini 配置文件，文件代码如下：

```
[uwsgi]
# Django-related settings
socket= :8080

# the base directory (full path)
chdir=/home/babys

# Django s wsgi file
module=babys.wsgi

# process-related settings
# master
```

```
master=true

# maximum number of worker processes
processes=4

# ... with appropriate permissions - may be needed
# chmod-socket   = 664
# clear environment on exit
vacuum=true
```

我们在虚拟系统 CentOS 7 中查看项目 babys 的目录结构，确保项目 babys 的根目录已存放配置文件 babys_uwsgi.ini，然后输入 uwsgi（uwsgi --ini babys_uwsgi.ini）指令，通过配置文件启动 uWSGI 服务器也可以看到项目 babys 的首页信息。

> **注　意**
>
> 因为配置文件设置 socket= :8080，所以通过配置文件 babys_uwsgi.ini 启动 uWSGI 服务器时，本地系统不能使用浏览器访问项目 babys，因为配置属性 socket= :8080 只能用于 uWSGI 服务器和 Nginx 服务器的通信连接。

11.4.4　安装 Nginx 并部署项目

项目的上线部署最后一个环节是部署 Nginx 服务器。由于虚拟系统 CentOS 7 的 yum 没有 Nginx 的安装源，因此将 Nginx 的安装源添加到 yum 中，然后使用 yum 安装 Nginx 服务器，指令如下：

```
# 添加 Nginx 的安装源
rpm -ivh http://nginx.org/packages/centos/7/noarch/RPMS/
nginx-release-centos-7-0.el7.ngx.noarch.rpm
# 使用 yum 安装 Nginx
yum install nginx
```

Nginx 安装成功后，在虚拟系统 CentOS 7 上输入 Nginx 启动指令 systemctl start nginx，然后在本地系统的浏览器中输入虚拟系统 CentOS 7 的 IP 地址，可以看到 Nginx 启动成功，如图 11-34 所示。

图 11-34　启动 Nginx

下一步设置 Nginx 的配置文件，将 Nginx 服务器与 uWSGI 服务器实现通信连接。将虚拟系统 CentOS 7 的路径切换到/etc/nginx/conf.d，在当前路径中创建并编辑 babys.conf 文件，在 babys.conf 文件中编写项目 babys 的配置信息，代码如下：

```
# 设置项目 babys 的 Nginx 服务器配置
server {
    listen      8090;
    server_name 127.0.0.1;
    charset     utf-8;

    client_max_body_size 75M;
    # 配置媒体资源文件
location /media {
        expires 30d;
        autoindex on;
        add_header Cache-Control private;
        alias /home/babys/media/;
    }
    # 配置静态资源文件
location /static {
        expires 30d;
        autoindex on;
        add_header Cache-Control private;
        alias /home/babys/static/;
    }
    # 配置 uWSGI 服务器
location / {
        include uwsgi_params;
        uwsgi_pass 127.0.0.1:8080;
        uwsgi_read_timeout 2;
    }
}
```

完成 Nginx 的相关配置后，在虚拟系统 CentOS 7 中结束 Nginx 的进程或重启系统，确保当前系统没有运行 Nginx。然后输入 Nginx 指令，重新启动 Nginx 服务器，当 Nginx 启动后，进入项目 babys，使用 uwsgi 指令运行 babys_uwsgi.ini，启动 uWSGI 服务器，输入的指令如下：

```
# 重新读取配置文件
cd etc/nginx/
sudonginx-cnginx.conf
sudonginx -s reload
# 启动 uWSGI 服务器
cd /home/babys/
uwsgi --ini babys_uwsgi.ini
```

当 Nginx 服务器和 uWSGI 服务器启动后，项目 babys 就已成功运行上线。在本地系统的浏览器上访问 http://192.168.88.120:8090/可以看到项目 babys 的首页信息，地址端口从 8080 改为 8090，因为 Nginx 的配置文件 babys.conf 监听 uWSGI 服务器的 8080 端口。

当用户访问 http://192.168.88.120:8090/的时候，Nginx 将 HTTP 请求交由 uWSGI 服务器处理；uWSGI 服务器再将 HTTP 请求交由 Django 处理和响应。

11.5　本章小结

目前部署 Django 项目有两种主流方案：Nginx+uWSGI+Django 和 Apache+uWSGI+Django。Nginx 或 Apache 作为服务器最前端，负责接收浏览器所有的 HTTP 请求并统一管理。静态资源的 HTTP 请求由 Nginx 或 Apache 自己处理；非静态资源的 HTTP 请求则由 Nginx 或 Apache 传递给 uWSGI 服务器，然后传递给 Django 应用，最后由 Django 进行处理并做出响应，从而完成一次 Web 请求。不同的计算机操作系统，Django 的部署方法有所不同，本章分别讲述 Django 如何部署在 Windows 和 Linux 系统中。

在 Windows 的 IIS 服务器中部署 Django 项目的操作步骤如下：

（1）从计算机的"控制面板"找到"程序和功能"，由"程序和功能"界面进入"启用或关闭 Windows 功能"，勾选"Internet Information Services"的部分功能选项并单击"确定"按钮即可安装和开启 IIS 服务器。

（2）使用 pip 指令安装 wfastcgi 模块，然后右击 IIS 服务器界面左侧的"网站"，选中并单击"添加网站"，在"添加网站"界面中输入网站信息即可创建项目站点。

（3）在项目站点的"处理程序映射"界面中，右击并选择"添加模块映射"。在"添加模块映射"界面分别输入请求路径、模块、可执行文件和名称等相关信息，并单击"请求限制"，取消勾选"仅当请求映射至以下内容时才调用处理程序"复选框。

（4）在 IIS 服务器的主页看到新增的"FastCGI 设置"，进入"FastCGI 设置"界面，找到路径信息为 D:\Python\python.exe，然后对该路径分别添加 3 个环境变量即可完成网站部署。

（5）在项目站点添加虚拟目录，虚拟目录实现网站的静态资源部署，只需在"添加虚拟目录"界面中输入别名和静态资源的物理路径即可。

在虚拟机中安装 Linux 系统需要设置虚拟机和本地系统之间的网络通信、Linux 辅助工具的安装和本地系统与虚拟系统的文件传输。这部分知识属于 Linux 的基本知识，如果读者在实施过程中遇到其他问题，那么可以自行在网上搜索相关解决方案。

安装 Python 3 之前必须安装 Linux 的 wget 工具、GCC 编译器环境以及 Python 3 使用的依赖组件，否则会导致安装失败。

uWSGI 服务器是由 Python 编写的服务器，由 uwsgi 模块实现。uWSGI 服务器的启动是由配置文件 babys_uwsgi.ini 执行的，其作用是将 uWSGI 服务器与 Django 应用进行绑定。

Nginx 服务器负责接收浏览器的请求并将请求传递给 uWSGI 服务器。Nginx 的配置文件 babys.conf 用于实现 Nginx 服务器和 uWSGI 服务器的通信连接。

除此之外，随着技术的发展，Django 的项目部署方式趋向多元化发展，比如 Docker、云服务器和云部署平台等，使项目部署变得更加简单和快捷。